数字化转型丛书

数字科技

第四次工业革命的创新引擎

Digital Science
and Technology

the Innovation Engine of
the Fourth Industrial Revolution

中国科学院科技战略咨询研究院课题组——著

机械工业出版社
China Machine Press

图书在版编目（CIP）数据

数字科技：第四次工业革命的创新引擎/中国科学院科技战略咨询研究院课题组著 . -- 北京：机械工业出版社，2021.8（2022.5 重印）

（数字化转型丛书）

ISBN 978-7-111-68946-1

I. ①数… II. ①中… III. ①数字技术 IV. ① TP3

中国版本图书馆 CIP 数据核字（2021）第 162374 号

数字科技：第四次工业革命的创新引擎

出版发行：机械工业出版社（北京市西城区百万庄大街 22 号　邮政编码：100037）

责任编辑：王　颖　　　　　　　　　　　责任校对：马荣敏

印　　刷：固安县铭成印刷有限公司　　　版　　次：2022 年 5 月第 1 版第 3 次印刷

开　　本：170mm×230mm　1/16　　　　印　　张：19

书　　号：ISBN 978-7-111-68946-1　　　定　　价：89.00 元

客服电话：（010）88361066　88379833　68326294　　　投稿热线：（010）88379604

华章网站：www.hzbook.com　　　　　　　　　　　　　读者信箱：hzjsj@hzbook.com

编委会

主　任：张　凤　中国科学院科技战略咨询研究院，副院长，研究员
　　　　王晓明　中国科学院科技战略咨询研究院，研究员
副主任：余　江　中国科学院科技战略咨询研究院，研究员
　　　　吴　静　中国科学院科技战略咨询研究院，研究员
　　　　薛俊波（执行）　中国科学院科技战略咨询研究院，副研究员

课题组主要成员

王晓明　中国科学院科技战略咨询研究院，研究员
吴　静　中国科学院科技战略咨询研究院，研究员
余　江　中国科学院科技战略咨询研究院，研究员
刘海波　中国科学院科技战略咨询研究院，研究员
张赤东　中国科学院科技战略咨询研究院，研究员
李　宏　中国科学院科技战略咨询研究院，研究员
孙　翊　中国科学院科技战略咨询研究院，研究员
裴瑞敏　中国科学院科技战略咨询研究院，研究员
王海名　中国科学院科技战略咨询研究院，副研究员
黄龙光　中国科学院科技战略咨询研究院，副研究员
赵　璐　中国科学院科技战略咨询研究院，副研究员
朱永彬　中国科学院科技战略咨询研究院，副研究员
张　越　中国科学院科技战略咨询研究院，副研究员
吕佳龄　中国科学院科技战略咨询研究院，副研究员
刘昌新　中国科学院科技战略咨询研究院，副研究员

潘　璇　中国科学院科技战略咨询研究院，副研究员

隆云滔　中国科学院科技战略咨询研究院，副研究员

王　鑫　中国科学院科技战略咨询研究院，助理研究员（原）

鹿文亮　中国科学院科技战略咨询研究院，高级分析师

侯云仙　中国科学院科技战略咨询研究院，高级分析师

陈　凤　中国科学院大学公共政策与管理学院，博士后

序

以数字科技为引擎，
引领第四次工业革命

21世纪以来，第四次工业革命开始孕育兴起。它以数字化、网络化、智能化为主要特征，以数字科技为核心，以数字技术与产业深度融合为主线，同时在生物医药、新能源、新材料等多领域实现集群式突破，形成"一主多翼"的发展格局，对全球范围内的产业结构、创新格局、经济发展和社会进步产生了全方位、深层次的影响。随着第四次工业革命的推进，一方面，数字科技的内涵大大拓宽，大数据、云计算、人工智能、区块链、量子信息、脑机接口、数字孪生等新技术层出不穷，由此推动了数字经济和数字社会的纵深发展；另一方面，人机物三元融合推动的数据密集型科研、开源生态、知识共创共享，更是改变了推动人类社会进步的知识生产、传播和使用的方式，促进了相关学科的大融合和知识的人机共创模式的发展。

当前数字中国、网络强国已经上升为国家战略，数字经济、数字社会、数字政府和数字生态成为建设数字中国的重要内容。在新的发展阶段和发展格局下，数字科技作为第四次工业革命的创新引擎，一方面在未来网络、人工智能、量子信息等领域通过颠覆式创新持续发展数字产业化能力，另一方面对传统产业的改造赋能也进入新的阶段和更深层次，通过构建与传统产业深度融合的数据汇集、仿真建模、机器学习、智能决策等"数据—信息—知识"闭环，加快推进传统产业的数字化，使得大数据源源不断地进入经济和社会的价值创造体系。

我国在数字科技的发展中具有独特的数据和产业优势，在第四次工业革命的起步阶段基本上抓住了数字经济发展的机遇，在数字全球化进程中正在发挥应有的作用。随着《中华人民共和国国民经济和社会发展第十四个五年规划和2035年远景目标纲要》的制定，在数字中国、网络强国的国家战略指引下，研究数字科技的发展思路、体系创新、前沿技术布局及产业应用实践，具有了战略性和实践性的双重意义。

作为中国科学院开展国家高端智库试点的综合集成平台和重要载体，中国科学院科技战略咨询研究院发挥多学科综合优势，开展科技战略、创新政策重大问题和基础理论研究，服务国家宏观决策，引领社会创新方向。2016 年以来，在国家高端智库试点建设中提出了智库研究的 DIIS 理论方法和 MIPS 理论方法，在智库实践中持续发挥国家高端智库"小核心、大网络"的优势，不断拓展研究网络，创新智库合作研究模式。近年来，中国科学院科技战略咨询研究院先后和华为、腾讯等数字科技龙头企业签订了战略合作协议，并在多个领域和方向开展了战略合作研究，相关研究成果可以为我国数字科技的发展提供指引。

本书是中国科学院科技战略咨询研究院产业科技创新研究中心在数字经济和数字科技领域的重要研究成果。本书既是中国科学院科技战略咨询研究院与腾讯、华为等数字科技龙头企业合作的成果，也是院内不同部门、不同学科专家学者围绕数字科技在不同维度、不同领域合作研究的成果。希望本书的探索性研究，可以为中国未来数字科技和数字经济的发展提供有益的借鉴和参考。

中国科学院科技战略咨询研究院院长

前言

党的十九大后，数字科技核心技术创新已被提升到国家战略层面，国家深刻认识到推动量子科技发展的重大意义与重要性和紧迫性，开始加强量子科技发展战略谋划和系统布局。在第四次工业革命背景下，数字科技将重塑全球经济和产业格局，必然会成为世界各国和企业竞争的战略制高点。各国及各企业亟须进行战略谋划与系统布局，瞄准世界科技前沿，集中优势资源突破数字科技核心技术，加快构建自主可控的产业链、价值链和生态系统。

从四次工业革命的发展历程来看，蒸汽机的发明触发了第一次工业革命，引领人类社会从手工生产时代跨入机械化生产时代。伴随电力被利用和福特流水生产线的出现而发生的第二次工业革命，使人类社会进入了电气化生产时代。由半导体技术、大型计算机、个人计算机和互联网技术催生的第三次工业革命，推动人类社会进入信息化时代。而正在拉开序幕的由人工智能、量子计算、大数据和物联网等技术共同开启的第四次工业革命，正在推动人类社会进入数字化时代。第四次工业革命不只是技术创新，同时也是"科技—产业—基础设施—经济—制度"的体系化创新。数字经济是第四次工业革命的主要经济形态，数字科技将是推动第四次工业革命和数字经济发展的核心驱动力量之一。

近年来，产业科技创新研究中心数字科技课题组聚焦数字化相关领域的研究，包括数字技术（人工智能、集成电路等）、产业数字化转型、新型基础设施（数字化基础设施）建设、数字治理体系，同时也围绕第四次工业革命、战略性新兴产业发展以及新技术、新业态、新模式等领域开展了长时间的跟踪研究。此外，课题组围绕科技创新战略、区域科技创新发展、数字经济和实体经济融合、先进制造业和现代服务业深度融合、科技和产业融合等创新领域形成了一系列研究成果。以此为基础,课题组认为应该用一个更具包含力和解释力的概念说明数字技术在第四次工业革命中的引领性地位和未来愿景,并提出"数字科技"的概念。我们认为"新一代信息技术"的内涵大大丰富且出现了代际升级,引领第四次工业革命创新的力量正在向纵深发展,其不只是信息技术的发展,更是"数据—信息—知识"的发展,需要相关学科的融合和新的以机器智能为主体的知识自动化等科学技术的支撑。

本书分为总体篇、创新篇、前沿篇、战略篇和企业篇。总体篇对数字科技创新与发展战略进行了整体研究,包括数字科技发展背景、定义内涵、全球数字科技创新特点、我国数字科技创新现状、未来数字科技国家战略及政策建议等;创新篇主要从科研范式创新、科研组织创新、模式创新、资源平台创新等角度进行了阐述;前沿篇主要从类脑智能、量子科技与人工智能治理等前沿角度进行了阐述;战略篇主要从数字科技创新体系、数字科技产业生态、数字科技底座战略(即新计算产业)、数字科技空间组织战略(即虚拟产业集群)、数字科技基础设施战略(即创新类新基建)等角度进行了阐述;企业篇主要从数字科技企业的技术创新(即三方专利)、企业竞争范式(即知识产权)、企业创新路径及创新实践等角度进行了阐述。

本书认为,数字科技是利用物理世界的数据(描述物理世界的符号集),通过算力和算法来生产有用的信息和知识,并建构与物理世界形成映射关系的数字世界,以指导和优化物理世界中经济和社会运行的科学技术,包括数字技术、数据科学以及两者之间的互动转化。从系统部署角度来看,数字科技发展需要搭建一套整体系统,该系统由三部分组成,即顶层统筹(数字科技国家战略)、核心支柱(以数据科学、数字技术和数字科技生态为核心)、底层支撑(政策支撑、要素支撑、基础设施支撑)。数字科技的下一步发展必须要整合到国家网络强国战略、数字经济发展、新型基础设施建设和产业数字化转型中。本书提出要通过数字科技国家战略,充分发挥数字科技龙头企业的独特优势和关键作用,为第四次工业革命国家创新体系下的数字经济和国家战略提供支撑。

从全球各国数字科技创新实践来看,美、德、日、韩等国均围绕数字科技创新和竞争力,不断加大国家战略引领和投入,从创新体系、产业生态维度不断完善发展环境,并从平台、新基建等角度提供有效支撑。我国围绕新一代信息技术和数字经济发展出台了相关规划意见,但尚未形成围绕数字科技的国家顶层战略规划体系;"政产学研融用"创新模式日趋主流,但创新协同机制有待完善,基础研究能力有待提升；我国初步形成数字科技产业生态，在平台和应用方面相对有优势，但在核心器件、核心技术方面差距还较大。国内的科研机构和龙头企业在数字科技发展中正在发挥关键作用，通过强化自身数字科技能力，以打造围绕企业的数字科技产业生态和数字科技创新体系为两翼开展实践，并取得重大进展。下一步我国数字科技的主要任务是从整体上布局，制定数字科技国家战略，强化数字科技生态系统和数字科技创新体系建设，并通过有效的政策供给完善数据人才等要素支撑、新型基础设施支撑。同时一定要注重充分发挥企业的市场需求、应用场景和大量数据优势，以及快速迭代的组织、人才和效率优势，推动企业在数字科技创新发展中发挥更大的作用。

为完成这项研究，课题组实地调研走访了50余家企业和科研院所，企业包括腾讯、华为、百度、中科曙光、中芯国际、长江存储、智芯微、小米、地平线、旷视科技、中国信科集团、华星光电等，科研院所包括中国科学院微系统研究所、中国科学院计算技术研究所、北京智源人工智能研究院、粤港澳大湾区研究院等。同时，在前沿科技、开源生态、资源平台等创新领域开展了大量的专家访谈和研讨座谈。在企业实践领域，重点对腾讯的量子计算、人工智能、自动驾驶、医疗AI、优图等内部实验室，以及华为云和计算等数字科技相关部门进行了深度访谈。经过深入调研和系统研究，课题组最终形成了一份体系化、有深度的研究成果。

本书的撰写是在数字科技相关课题的研究基础上完成的。课题研究得到了腾讯公司的大力支持。中国科学院科技战略咨询研究院副院长张凤研究员给予课题和书稿撰写高屋建瓴的指导和支持，王晓明研究员、余江研究员和吴静研究员承担了书稿组织工作，薛俊波副研究员在全书统稿过程中付出了大量心血。参与书稿内容撰写的主要有王晓明、吴静、余江、刘海波、王海名、黄龙光、赵璐、刘昌新、朱永彬、张越、裴瑞敏、王鑫、隆云滔、潘璇、鹿文亮、侯云仙、陈凤、吕佳龄、张赤东、李宏、孙翙等研究人员，腾讯科技（北京）有限公司的史琳、张谦、刘云，华为技术有限公司的钟来军、李英、车海平，北京中科易合数字科技有限公司的张至善等专家。在此，对给予课题支持的相关企业、专家领导和研究人员一并致以谢意。希望本书能够为我国科研机构和企业面向未来竞争高地布局数字科技方向、产业和科技深度融合、政府制定数字科技相关战略政策提供有益的参考。

目录

序
前言

总 体 篇

创 新 篇

前 沿 篇

第六章　数字科技前沿：类脑智能 ·············· 100

第七章　数字科技前沿：人工智能及其治理 ·············· 112

战　略　篇

企 业 篇

总 体 篇

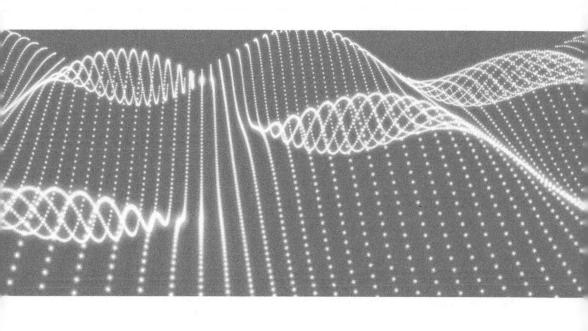

第一章 ┃ Chapter1

数字科技创新与战略[⊖]

一、以数字科技创新为先导和核心驱动的第四次工业革命

(一) 第四次工业革命正在重塑全球科技和产业格局

1. 数字科技为核心、多领域交叉融合共同推动着第四次工业革命的发展

21 世纪以来，第四次工业革命开始孕育兴起，目前仍处于起步阶段。它以数字化、网络化、智能化为主要特征，以新一代信息技术即数字科技为核心（一主），以数字技术与产业深度融合为主线，同时在生物医药、新能源、新材料（多翼）等多领域实现技术集群式突破和融合，技术界限不断模糊，形成"一主两翼"发展格局，共同作为推动力量加速第四次工业革命的发展，给区域及全球范围的产业结构、创新格局、经济结构和社会政治形态等带来了全方位、深层次的影响。但是随着第四次工业革命的推进，以及其引领性技术的发展，一方面，"新一代信息技术"的内涵大大丰富，云计算、大数据、移动互联、物联网、人工智能、区块链等新技术层出不穷。而且"新一代信息技术"出现了代际升级，比如量子计算、脑机接口等技术领域已远远突破原先的信息技术（电子）领域。另一方面，引领第四次工业革命创新的力量正在向纵深发展，其不只是技术的发展，更是"数据—信息—知识"的发展，需要相关学科的融合和新的以机器智能为主体的知识自动化等科学技术的支撑。因此，应该用一个更具包含力和解释力的概念——"数字科技"取代

⊖ 本章执笔人：中国科学院科技战略咨询研究院的王晓明、侯云仙、朱永彬、吕佳龄、张赤东。本章内容是课题组前期研究成果的凝练和总结。

"新一代信息技术"来说明其在第四次工业革命中的引领性地位和未来愿景，这也是本书提出"数字科技"的初衷。

2. 第四次工业革命不只是技术创新，同时也是"科技—产业—基础设施—经济—制度"的体系化创新

从历次工业革命发展演化的规律来看，在核心技术引领下，新的产业、基础设施、经济形态以及组织运行制度都在发生变化。比如第一次工业革命以蒸汽机为核心技术，产生了瓦特等代表企业，铁路、运河成为典型基础设施，出现了纺织业、印刷业、造纸业和榨油工业等新产业，传统农业社会开始向现代工业社会转变，工厂制度代替了工场手工业。第二次工业革命以内燃机、电力为核心技术，产生了奔驰、GE等代表企业；高速公路、电网、机场等基础设施开始大规模建设，石油、电力、钢铁、化工和汽车等新兴产业出现，重工业有长足发展，且逐步占主导地位；垄断与垄断组织形成，主要资本主义国家先后进入帝国主义阶段。第三次工业革命以计算机、通信、信息、空间技术等为核心技术，产生了微软、苹果等代表企业；互联网、信息高速公路等成为新的基础设施；第一、第二产业比重下降，第三产业比重上升，计算机、通信等新兴产业崛起，企业管理模式、产业组织方式、宏观制度环境发生变化。第四次工业革命以数字科技为核心，生物、新能源、新材料等群体突破，正在引领谷歌、亚马逊、腾讯等一批企业创造新的价值高点；人工智能（AI）、物联网、云计算等数字产业，数字融合产业，以及生物医药、新能源、新材料等新兴产业正在崛起；以5G、物联网、工业互联网、卫星互联网为代表的通信网络基础设施，以人工智能、云计算、区块链为代表的新技术基础设施，以数据中心、智能计算中心为代表的算力基础设施，以及智能交通、智慧能源等融合基础设施，都成为典型的新型基础设施；产业边界不断模糊、制造服务融合、实体数字融合，数字经济成为标志性形态；数据成为一种新的生产要素，需要一套新的、敏捷的制度创新，包括数据确权、产权保护、包容监管、政府与社会共同治理、安全等。第四次工业革命实现的是"科技—产业—基础设施—经济—制度"的体系化创新，尽管生物科技、新能源、新材料也将共同引领，但最重要的驱动力量仍然是数字科技。历次工业革命变化及影响如图1-1所示。

3. 数字科技重塑全球经济和产业格局

一方面，尽管进入了后摩尔定律时代，但数字科技仍具有强大的内生创新动力，人工智能、量子计算、区块链等新的颠覆式创新仍在继续；另一方面，数字科技作为第四次工业革命的主导力量，对传统产业的改造（产业数字化转型）已经进入新的阶段和更深层次，原先主要的形态是服务业进入到更复杂的工业、能源和

交通等传统领域，但现在更多的是通过数据处理、仿真建模、机器学习等（数字科技核心内涵）改变"数据—信息—知识"的整个流程，并推动进入知识自动化阶段，使得数据进入价值创造体系。这种力量决定了数字科技将会重塑全球经济和产业格局，也必然是各国和企业竞争的战略制高点。

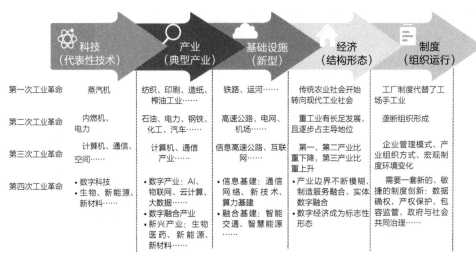

图 1-1 历次工业革命变化及影响

（二）数字科技的定义、内涵及特征

1. 数字科技的定义

数字科技是利用物理世界的数据（描述物理世界的符号集），通过算力和算法来生产有用的信息和知识，并建构与物理世界形成映射关系的数字世界，以指导和优化物理世界中经济和社会运行的科学技术。

数字科技主要围绕从数据产生、流动到信息和知识的产生、反馈、决策等全流程，实现物理世界和数字世界的交互映射和相互作用（如图 1-2 所示），具体包括两方面。

一是实现从物理世界到数字世界的数字化映射，需要经过数据的采集、流动到存储等流程，具体包括感知层（芯片、传感器、微处理器、全光信息、量子信息等）、网络层（5G、6G、卫星等网络融合和传输）、数字层（数据中心、半导体存储、光存储、磁盘存储）等相关的技术。这一阶段的核心目标是利用以上技术将物理世界的信息数字化，打造一个数字化的物理世界。其追求的是用已有的科学技术最大效率地将物理世界转化成数字世界。

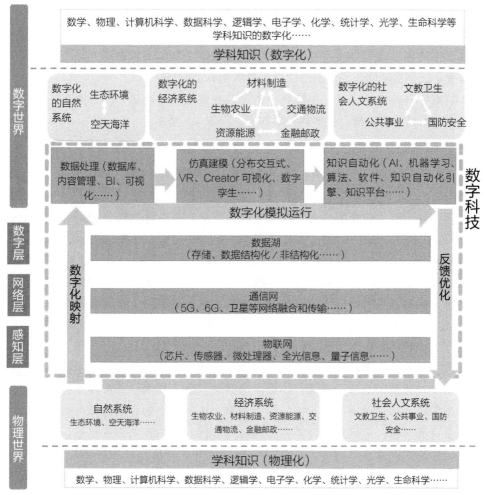

图 1-2　数字科技

　　二是通过数字世界的模拟、运行和优化，将预测和决策反馈给物理世界，帮助物理世界更好地运行和优化。从物理世界中获取一个数据集后，需要在数字世界中围绕数据的研究和处理，对数据集进行勘探来发现整体特性，从而进行数据研究分析或者数据实验，以发现数据规律，并进行数据模型化、模型算法化、算法代码化、代码软件化，在此基础上生产有用的新知识，对已有的不同载体形态的知识进行数字化和自动化等。具体包括数据处理（数据库、数据仓库、数据转换工具、数据挖掘、内容管理、数据可视化）、仿真建模（分布交互式、VR、Creator可视化、数字孪生）、知识自动化（AI、机器学习、进化计算、算法、软件、知识自动化引擎、知识平台）等相关的技术。这一阶段，核心目标是利用科学技术挖掘和不断优化数字世界的运行规则，通过预测和决策，实现数字世界对物理世界的反馈和优化指导，进而完善和优化物理世界的运行效率和模式。其追求的是最大效率的在物理世界数字化的基础上实现知识数字化和知识自动化，并不断与相关学科融合，创造新知识，进而帮助物理世界更好地运行。

从数字科技定义出发，围绕数字世界和物理世界互动融合的全流程，每一环节都能找到其对应的核心技术和科学列表。如表 1-1 所示。

2. 数字科技的内涵

数字科技是基于物理世界和数字世界映射互动的体系提炼出来的一个新概念，包括数字技术、数据科学以及两者之间的互动转化。其中数字技术指借助一定的设备将各种信息，包括图、文、声、像等，转化为电子计算机能识别的二进制数字"0"和"1"后进行运算、加工、存储、传送、传播、还原的技术，当然其本身也在不断迭代和突破中（比如未来的量子计算）；数据科学⊖（数据学和数据科学）指研究探索赛博空间（cyberspace，即数字世界）中数据界奥秘的理论、方法和技术，研究的对象是数据界中的数据。与自然科学和社会科学不同，数据科学的研究对象是数字世界的数据，是新的科学。物理世界的学科知识（以人为载体）在数字世界需要形成相应的数字化的学科知识（以机器为载体）。

数字技术与数据科学之间的互动转化主要表现为：一是数字技术需要借助数据科学实现技术的突破和升级，即数字科技化。数字技术需要依靠围绕数据科学的基础学科和理论的突破进行下一轮的升级。比如未来的智能计算可能会突破现有信息计算架构，迎来量子计算、生物计算时代。显然各大企业也意识到这样的趋势，纷纷成立企业实验室，聚焦前沿领域研究和基础理论的突破，比如腾讯、华为等。二是数据科学需要数字技术的支撑才能实现科学的数字化，即科技数字化。也就是说数据科学本身必须依赖数字技术的支撑才能形成和不断完善，实现学科融合和知识自动化，并且随着数字技术的升级，数据科学也将不断形成新的量级和挖掘出新的数字世界运行规律。在这个过程中，学科将不断融合，形成"融合科学"⊜新范式。

⊖ 数据科学主要以统计学、机器学习、数据可视化以及（某一）领域知识为理论基础，其主要研究内容包括数据科学基础理论、数据预处理、数据计算和数据管理，数据科学的知识体系。

⊜ "融合科学"参考肖小溪、李晓轩所作《"融合科学"新范式及其对开放数据的要求》一文。"融合"整合了生命与健康科学、物理学、数学、计算机科学、工程学及更多种类的不同学科，形成一个全面综合的研究框架。融合科学需要基础性数据实现全学科、全流程和全景式的开放共享，使研究人员可以跨界访问、完整获取解决重大问题所需的科学界、政界、产业界及非营利机构的数据，以支撑重大问题的最终解决。

表 1-1　数字科技的学科、技术、形态和典型企业代表

数字科技 层次 \ 流程/形态		感知			传输（网络层）	存储（数据湖）		
		电子信息	全光信息	量子信息	通信	半导体存储/电存储	光存储	磁盘存储
技术		新型传感技术、半导体、微处理器、芯片、射频技术、无线网络技术、现场总线控制技术（FCS）、物联网	多光谱感知技术、红外感知技术、可见光感知技术	量子精密测量、量子成像、量子探测、量子器件	通信模块、通信系统；5G、光通信（光源、传输介质）、检测器技术、无线通信；波分复用（WDM）、信号处理、量子通信、量子密钥QKD……	嵌入式系统开发、芯片BSP、ECC纠错、RAID数据恢复、重读技术、扫描重写技术、数据随机化、CPLD、FPGA编程……	多阶光存储技术、近场光存储、蓝光存储、激光照射介质技术	自适应存储密度技术、垂直磁性记录（PMR）、叠瓦式磁性记录（SMR）
学科	应用学科	计算机、半导体	光学、光子学	量子力学、信息学	信息与通信	微电子、应用数学、自动化、通信		
	基础学科	数学、物理、计算机科学、电子学	物理学	物理、计算机科学	数学、物理、逻辑学、计算机科学	数学、物理、计算机科学、电子学		
典型企业		博世、意法半导体、德州仪器、英飞凌……	华为、中兴通讯……	谷歌、IBM、微软和Delft	华为、中兴通讯、诺基亚、FINISAR、光迅科技、中国信科住友电工	三星、镁光、海力士、东芝、英特尔	松下、索尼、华录	西部数据、东芝、希捷、东芝

物理世界到数字世界的数字化映射

（续）

数字世界到物理世界的反馈优化

数字科技 层次	流程/形态	数据处理		仿真建模	知识自动化		
		数据组织和管理技术	数据分析和发现技术	仿真建模	AI	算法	计算架构
技术		分布式文件系统Hadoop分布式计算系统：MapReduce；数据库建模；数据仓库；数据转换工具；数据安全	数据挖掘；数据统计；BI；内容/知识管理；数据可视化	分布交互式仿真技术、虚拟现实技术和建模与仿真的W&A技术、Creator可视化、模型数据库优化技术、数字孪生技术	机器学习、进化计算、专家系统、模糊逻辑、计算机视觉、自然语言处理、推荐系统（弱人工智能、强人工智能）	决策树、聚类、贝叶斯分类、支持向量机、EM、Adaboost、进化算法、知识平台……	冯·诺依曼架构、异构计算、其他计算架构、GPU、FPGA、ASIC……
学科	应用学科		大数据学科及经济学、社会学、传播	软件、信息技术	认知科学、神经生理学、心理学、信息论、控制论、软件工程	信息	信息技术
	基础学科		数学、统计学、计算机科学	逻辑学、数学、几何学、生物数学、计算机科学	数学、计算机科学、数学……	数学、计算机科学、生命科学	计算机科学、数学
典型企业		Cloudera；Oracle、Sybase、人大金仓；ADI、Chrontel	SPSS、SAS、NCR；IBM、Oracle、和勤软件；Vignette、Eprise；Style Scope、Space	达索、ANSYS、Altair、西门子、NI、dSPACE、Agilent、Cublic、CAE……	谷歌、IBM、微软、阿里、百度、字节跳动、科大讯飞……	腾讯、Facebook、旷视科技、云知声……	AMD、高通、ARM、三星、IBM、英特尔、华为、CEVA……联发科、Imagination、华夏芯、

注：1. 基础学科按照联合国文教组织规定的七大基础学科：数学、逻辑学、天文学和天体物理学、地球科学和空间科学、化学、生命科学及以下；应用学科从教育部出台的学科门类中筛取，主要是从一级学科及以下。

2. 数据科学作为一个新兴的科学，是全流程各个环节共同的学科基础。

3. 所列技术、学科和企业仅为部分代表。

3. 数字科技的特征

（1）数字科技创新成为汇聚学科创新的核心之一

数字科技是当今世界创新速度最快、通用性最广、渗透性和引领性最强的领域之一。数据科学与生命科学、脑科学的结合将发展出新的前沿交叉学科；人工智能技术重新兴起，类脑计算机、类人机器人、脑机接口、人脑仿真技术、深度学习、自适应系统等发展迅速；量子信息技术、认知技术、光子技术和变革性材料、器件的突破将为数字科技开拓新的发展空间；万物互联的"人—机—物"融合智能是未来十几年数字科技的主要发展方向。比如量子信息技术结合了量子力学理论和信息技术，使变革计算、编码、信息处理和传输过程等成为下一代信息技术的先导和基础，而且量子计算将在化学过程中的设计、新材料、机器学习的新范式和人工智能等领域孕育重大突破，可能对金融模型、物流、工程、医疗健康和电信等领域产生颠覆式影响。以数字科技为核心之一，学科创新正在加速汇聚并产生重大创新进展。

（2）数字科技创新正在推动群体性技术交叉突破

科学技术诸多领域在交叉汇聚过程中，呈现出多源爆发、交汇叠加的"浪涌"现象。数字科技在第四次工业革命中的新材料、新能源、生物技术中都发挥重要的作用，特别是以数字科技（信息技术IT）、生物技术（BT）、能源和环境技术（ET）为代表的第四次工业革命，将以数字科技作为推动IT、BT、ET技术突破的加速器。随着数字科技的发展，各行业领域的跨界成为常态，组织边界、地域边界、技术边界、行业边界日益模糊，数字科技不仅作为工具被应用，而且深入渗透到其他学科的思维方式中，带来计算生物学、生物信息学、社会技术、空间信息学、纳米信息学等新兴交叉学科的发展。比如数字科技和生物技术的融合正在引发多重变革，包括研究新范式、科学新发现、技术新发明、产业新模式等变革，数字科技越来越成为驱动生物科技发展的核心动力之一。

（3）数字科技创新正在形成网络协同创新的模式

在工业经济时代，创新过程组织主要遵循"管道"思维，创新价值链一端的输入经过多个过程变成另一端的产出。创新过程就是从基础研究到应用研究再到产业发展"链式创新"的单向线性过程。数字科技需要面向物理世界和数字世界的互动融合，一方面需要解决实际应用、面向用户需求、开发全新市场的场景式研发与创新，从用户需求出发对科学研究形成逆向牵引，另一方面需要在各类基础学科、基础技术领域的各项基础和应用创新中寻求突破。每个创新主体都是庞大网络体系中的节点之一，都会参与到新科学新技术新产品的开发应用全过程，创新产业化周期大大缩短。网络式生态化和协同式创新正在释放更多的活力，即从基础研究到应用开发的中间环节，呈现出网络式的研究特点，多主体参与，创新模式发生了质变。从创新周期来看，创新节奏加快、周期缩短、快速迭代、持续改进、及时反馈以及敏捷管理的创新正在引领这一轮的数字科技创新，并不断驱动其他长周期的创新领域。

（三）数字科技发展系统

从发展部署角度来看，数字科技发展需要搭建一套"顶层统筹—核心支撑—底层支撑"的整体系统（见图 1-3）。第一层是战略统筹，即数字科技国家战略；第二层是核心支撑，包括以数据科学、数字技术和数字科技生态为核心的三大支柱；第三层是底层支撑，包括政策支撑、要素支撑、设施支撑三大部分。

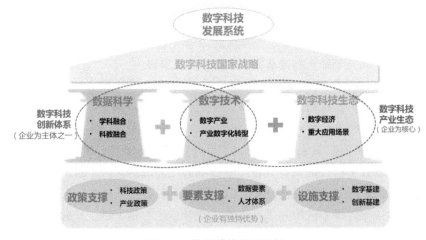

图 1-3　数字科技发展系统

战略统筹层——数字科技国家战略要从顶层设计出发，以国家战略为统领，统筹相关规划制定，统筹科技、产业、教育、经济、基础设施、要素等多领域的相关战略、规划和政策。

核心支撑层——一是围绕数字科技的"科"，以数据科学为核心，加强学科融合和科教融合；二是围绕数字科技的"技"，以数字技术为核心，加强数字产业和产业数字化转型建设；三是围绕数字科技整体，以数字科技生态为核心，加强数字经济和重大应用场景的建设。其中围绕数据科学和数字技术的两个支柱建设重点在于从学科建设、基础研究等前端带动数字技术升级、数字产业发展和产业数字化转型，并从内部驱动数字科技的发展，而这需要不断完善"政产学研融用"协同的"数字科技创新体系"，发挥不同创新主体的力量；围绕数字技术和数字科技生态的两个支柱建设重点在于从数字经济和重大应用场景等后端推动数字产业发展和产业数字化转型，并从外部拉动数字科技的发展，需要搭建多种类型的"数字科技产业生态"，发挥不同产业主体的独特优势。

底层支撑层——一是政策支撑，包括科技政策和产业政策；二是要素支撑，包括数据要素和人才体系；三是设施支撑，包括数字基础设施（信息基础设施和融合基础设施）建设和创新基础设施建设。

企业将主要在数字科技创新体系和数字科技产业生态中发挥关键作用。在数字科技创新体系建设中，企业将作为主体之一，依托数据、组织迭代等优势，不断发挥创新的关键作用；在数字科技产业生态建设中，企业作为核心，将依托自身优势，在技术生态型、应用生态型、平台生态型等不同生态建设中发挥关键和核心作用。并在此基础上，不断拉动围绕龙头企业的企业群体提升数字科技能力，加快数字科技产业生态完善。

（四）数字科技是数字经济时代的核心推动力量

1. 数字科技改造了生产力三要素，推动数字经济时代的到来

按照 G20 杭州峰会的定义：数字经济是以使用数字化的知识和信息作为关键生产要素、以现代信息网络作为重要载体、以信息通信技术的有效使用作为效率提升和经济结构优化的重要推动力的一系列经济活动。数字科技是数字经济时代的核心推动力量，是帮助数据变成数字化的知识和信息的科学技术。数字科技改造升级了生产力三要素（见表 1-2），最终驱动了人类社会的转型升级。核心特点在于数字科技将世界打造成两个"平行世界"，即物理世界和数字世界。具体来看数字科技将劳动者由人变成了"人 + 机器"，劳动者可以呈现指数增长；将生产资料变成了"工农业用品 + 数据"，数据从有形到无形，且没有数量限制；将劳动资料变成了"工农业设备 + 计算力驱动的数字科技设备"，呈现指数增长，生产力得到了空前的解放，人类社会快速进入数字时代。所以说，数字科技从近期看指向数字经济，从远期看指向知识文明。

表 1-2 数字科技变革生产力三要素

数字科技变革生产力三要素，推动人类进入数字经济时代				
生产力要素	农业时代	工业时代	数字时代	
			物理世界	数字世界
劳动者	人	人	人	机器
	缓慢增长（马尔萨斯陷阱）	线性增长（医疗进步、粮食增产）	指数增长	

（续）

数字科技变革生产力三要素，推动人类进入数字经济时代				
生产力要素	农业时代	工业时代	数字时代	
			物理世界	数字世界
劳动对象	农作物	+ 工业用品	工农业用品	数据
	传统原始	物理世界的有形物质，总量限制	从有形到无形，数据越用越多	
劳动资料	农业工具	+ 工业设备	工农业设备	数字科技设备
	生物能驱动	化学能、电能驱动	算力算法驱动，融合，指数增长	

2. 新型基础设施为数字科技提供底座支撑，数字科技为产业数字化转型提供路径参考

新型基础设施为数字科技提供底座支撑，是相辅相成的（见图1-4）。从新型

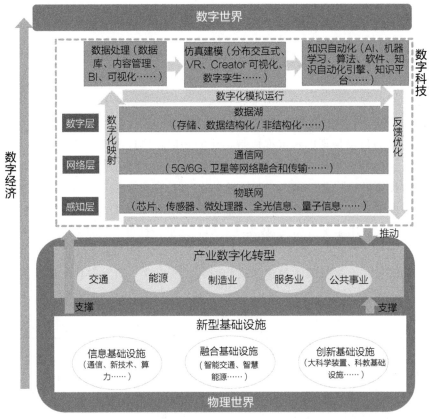

图 1-4 数字科技与新基建、产业数字化转型、数字经济的关系

基础设施分类来看，一是信息基础设施，主要是基于数字技术演化生成的基础设施，比如，以 5G/6G、物联网、工业互联网、卫星互联网为代表的通信网络基础设施，以人工智能、云计算、区块链等为代表的新技术基础设施，以数据中心、智能计算中心为代表的算力基础设施等。二是融合基础设施，主要是指深度应用数字技术和数据科学支撑传统基础设施转型升级，进而形成的融合基础设施，比如，智能交通基础设施、智慧能源基础设施等。三是创新基础设施，主要是指支撑数据科学和数字技术融合科学、技术和产品突破的具有公益属性的基础设施，比如，重大科技基础设施、科教基础设施、产业技术创新基础设施等。同时，数字科技为产业数字化转型提供路径参考。数字科技的近期目标即产业数字化转型，主要包括交通、能源、制造业、服务业、公共事业等。数字科技围绕数据的产生和流程为产业数字化转型提供了路径参考。

二、世界科技强国的数字科技创新战略

(一) 世界科技强国的数字科技创新战略和特点

本章对部分世界科技强国的数字科技发展的整体情况、战略思路、数字科技的国家创新体系、数字科技产业生态，以及企业在其中的作用和地位进行解读。不同国家的数字科技发展情况决定了其国家组织形式、创新主体关系、产业生态路径、企业的角色和地位都不尽相同，各有特点。

1.美国的数字科技创新战略和特点

美国作为数字科技强国，数字科技发展系统相对最完整。美国拥有完整的数字科技发展战略，形成了较强的数字科技创新体系和数字科技产业生态两大支撑，并拥有一批具有全球竞争力的龙头企业。

(1) 美国围绕创新和竞争力，加大基础科研和教育投入，不断强化国家数字科技相关政策和战略

21 世纪，美国的科技政策和战略一直围绕"创新"和"竞争力"这两大主题展开，美国约 50% 的 GDP 增长得益于创新。2006 年《美国竞争力计划》强调通过加大对科研和教育的投入，加强 STEM 领域（科学、技术、工程、数学）的人才培养，用十年时间提高本国的创新能力和长远竞争力。2007 年，美国参议院通过《美国竞争法》，把提高美国的创新能力和竞争力提高到了法律的高度。2008 年国际金融危机以来，为尽快摆脱经济衰退的影响，美国政府再一次举起了创新的大

旗。2009 年，美国首次发布《美国国家创新战略》，并于 2011 年和 2015 年进行了更新，在原有的基础上增加了维持创新生态系统的新政策。21 世纪开始，美国在多项数字科技领域给予重点政策支持。2012 年 5 月，白宫发布了一项数字化战略计划，主要目标是抓住数字化机遇，以"以信息为中心建设共享平台、以客户为中心建立安全隐私平台"为原则，政府采取了一系列相关配套措施来加速其数字化战略落地。以美国先进制造战略发展为例，美国联邦政府及各州政府在研发预算、智力、贷款、税收优惠等方面给予强有力的政策支持，以增强美国制造业的创新能力及全球竞争力。同时美国政府进一步聚焦大数据和人工智能等前沿数字技术领域，先后发布《联邦大数据研发战略计划》《国家人工智能研究和发展战略计划》《为人工智能的未来做好准备》《美国机器智能国家战略》，构建了以开放创新为基础，以促进传统产业转型为主旨的政策体系，有效促进了数字化转型的发展进程。同时为引导实体经济复苏，金融危机后美国继续再工业化，先后发布《智能制造振兴计划》《先进制造业美国领导力战略》，提出依托新一代信息技术等创新技术，加快发展技术密集型的先进制造业，保持先进制造作为美国经济实力引擎和国家安全支柱的地位。

（2）从发展历程看，美国在技术、平台和生态等数字科技方面已占据绝对优势

美国领先的数字科技得益于整个国家过去积累的科技创新力量。美国从完成独立战争，建立美利坚合众国到科技和教育全面超越欧洲，成为科技强国，美国科技强国的发展经历了 100 多年的历史。在此过程中，走出一条"教育强国—经济强国—科技强国"的发展路径。美国科技的发展路径经历了二战前、二战和冷战时期以及冷战后期三个典型的时期：二战前，科技在很长一段时间内是跟随欧洲科学发展的步伐，从最初的自由发展，到科学共同体的成立，到内战后政府开始介入科学技术发展，走了一条从自由发展到政府逐步介入的发展路径；二战和冷战期间，政府策划和支持科技，实现以军事科技为主的跨越发展，成为世界科技中心。二战后期，美国开始实现科学技术军转民的突破，尤其是"冷战"结束后，美国联邦政府的科技政策从注重军事科技转为着力发展基础研究和公益性研究，在科研组织模式上，体现自由研究和大科学计划相辅相成的模式；冷战后，美国企业成为创新主体，带动信息产业变革和数字科技革命，计算机产业发展迅速，并带动全球的高科技信息产业，开拓了新一轮的产业革命，不断巩固科技强国地位，形成促进科技创新的国家体系和生态系统。

美国数字科技处于绝对领先地位。美国作为云计算、物联网、大数据、人工智能为代表的新一代信息技术的技术发源地拥有绝对优势。美国作为第三次人工智能浪潮的发源地，拥有大量人工智能人才，掌握着全球互联网商业市场的命脉，在大数据即将井喷的 5G 时代将保持足够的优势，在云计算、数字技术创新等数字技术产业领域在全球都有较强的话语权。美国数字科技平台居全球霸主地位。以谷歌和苹果为代表的移动互联网平台、以 Facebook 社交网络为代表的互联网 2.0 平台、以亚马逊云计算为代表的企业级平台以及微软是名副其实的国际巨头。

（3）美国高度重视并支持企业作为创新主体的作用，并在国家前沿技术研发、政策和规则制定等活动中给予企业一定的参与空间

政府支持企业成为创新的主体。从 20 世纪 80 年代起，美国企业对科技的投资迅速增加，美国产业界对 R&D 活动的投入逐渐超过了联邦政府，成为科研资源中的最大来源。克林顿政府进一步加大了全美科技投入力度，制订了研发经费达到 GDP 3% 的指令性目标，鼓励产业、学术和各种社会力量共同参与科技发展。这一阶段美国的科技发展资金来源以"企业主导"为特征；布什政府于 1990 年公布了《美国的技术政策》，作为美国联邦政府级制定的第一项全面技术政策，首次把加强和支持工业研究开发纳入国家技术政策，从而结束了美国政府不干预企业研发的历史。美国还通过加强政策引导、实施税收优惠、拓宽投融资渠道等措施，鼓励企业技术创新，促进产学研交流合作，引导知识和技术向企业转移，推动科研联合体的形成。

同时美国大企业如谷歌、Facebook、微软、IBM、亚马逊、苹果等，以及重要行业组织，如美国信息技术产业理事会、美国电气电子工程学会等在美国人工智能研发、政策和规则制定中提出重要建议，担当重要角色。

（4）"官产学研融用"创新模式是美国数字科技发展的内在源泉，尤其是斯坦福大学、国家实验室等培养了大批人才

数字科技之所以在美国兴起和繁荣，最重要的原因是数字科技和数字经济演化处在官、产、学、研、金融、用户各类主体组成的创新网络之中。正是这一网络机制促成以互联网、云计算、大数据、人工智能、量子计算等数字科技的迅速发展，带动整个美国数字科技实力的提升。美国科研体系的特点是政府、企业和大学研究机构单独或联合资助进行研发活动，促成了美国产生大量创新成果，并得以产业化与商业化发展。⊖数字科技正是在这种政府、企业、研发机构、大学科研机构创新体系中由国家投入基础技术开发和基础设施建设，同时企业积极支持和参与的过程中发展起来的。在这种建设新的创新环境的过程中，机构和国家的界限被打破。原来互不联系的主体，即公共（官）、私人（产）、大学（学）、研究机构（研）四方面逐步适应协同工作，并在创新进程的各个阶段建立了相互联系，形成了"四线螺旋体"。以斯坦福大学为主的大学、美国国家实验室培养了大批人才，并不断流向互联网公司。同时，用户的偏好需求驱动企业、大学科研机构的创新方向，引导政府政策与制度的制定。在进一步满足用户偏好的基础上，用户积极广泛地参与在线购物、虚拟社区、数字学习、数字娱乐等，这些都构成推动美国数字科技发展的坚实动力。因此，用户与"官—产—学—研"四线螺旋体创新体系相互作用，形成"官—产—学—研—用"创新模式，为数字经济发展提供了技术创新、产品服务的业务创新，成为美国数字科技发展的内在源泉。

同时风险资本是美国数字科技发展中不可替代的"革新力量"。美国是数字科技最发达的国家之一，也是风险投资的发源地。早在 1946 年，哈佛大学商学院的 George Driot 教授和新英格兰地区的一些企业家在波士顿创建美国研究开发公司，成为世界上第一家风险投资公司。美国数字科技发展的一个重要原因是新技术企业与创业资本或风险资本的互动式发展起到了关键性作用。美国风险资本市场制度是一种以增进和分享创新收益为目标的有效率的融资制度。风险资本投资的运行特点包括三方面：一是投资面向新兴产业（主要是信息产业）中的初创企业；二是风险资本还通过资本经营服务直接参与企业创业；三是风险资本具有良好的退出机制。正是这三个特点使得风险资本能够通过独特的创新试错机制和风险分散机制，把资本、技术和知识联系起来，赋予美国经济支持技术型初创公司发展的优越环境。20 世纪 90 年代，风险资本投资在美国发展迅猛，相继培育出 DEC（数字设备公司）、Intel（英特尔公司）、Microsoft（微软公司）、Compaq（康柏电脑公司）、Apple（苹果公司）等著名的高科技企业。这些高科技公司为美国数字经济的发展起到巨大的示范效应。此外，美国拥有完善的创新环境。为鼓励创新，美国政府先后通过多次立法，明确了联邦实验室技术转让联盟作为全国性的技术中介组织在技术转移活动中的责任，由联邦政府提供稳定的资金支持其开展工作，并赋予其相应的职能。

2. 德国的数字科技创新战略和特点

德国作为数字科技强国，主要形成了以工业 4.0 为国家战略、围绕制造业的数字科技产业生态，龙头企业以制造业为主。

（1）围绕数字科技和创新国家建设，重点支持工业领域新一代革命性技术的研发与创新

德国联邦政府通过制定连续的战略和规划，合理的政策设计和制度安排，以及切实有效的各类行动举措，以创新驱动国民经济及社会发展的成效显著。2012

年联邦议院通过《科学自由法》，给予非大学研究机构在财务和人事决策、投资、建设管理等方面更多的自由。2013 年，德国推出《德国工业 4.0 战略计划实施建议》并将该战略作为经济领域的重点发展对象，旨在支持德国工业领域新一代革命性技术的研发与创新，确保德国强有力的国际竞争地位。在新出台的《新高技术战略——创新德国》中，提出要把德国建设为世界领先的创新国家。

在数字科技领域，2014 年 8 月德国颁布了《数字纲要 2014—2017》，为数字化和智能化建设部署了战略方向；2014 年 9 月印发了《数字化管理 2020》，制定了未来数字化管理的框架条件；2014 年冬季又出台了高新科技战略，确定未来六大研究与优先发展的创新领域，其中数字化经济社会是重中之重；2015 年 3 月发布了《数字化未来计划》；2016 年 3 月在汉诺威博览会上发布《数字化战略 2025》，该战略也是目前影响较大的一个战略，强调利用"工业 4.0"推动德国的生产作业现场现代化，并带动传统产业的数字化转型，提出了跨部门跨行业的智能化联网战略，建立开放型创新平台，促进政府与企业的协同创新，并大力支持数字化教育，要创建一个以数字化技术培训为内容的现代化职能中心。同时针对本国劣势，明确了十大步骤，主要有打造千兆光纤网络，拓宽"数据高速公路"等；德国政府2018 年 11 月发布"建设数字化"战略，提出建设数字化能力、数字化基础设施、数字化转型创新、数字化转型社会和现代国家五大行动领域；2019 年 3 月，德国首次明确并公开其数字化战略的具体目标，提出 9 项任务建立双元制职业教育数字资源交换平台等。

（2）德国在数字科技方面取得的成果主要是以"工业 4.0"为核心，产学研紧密合作，重点依靠平台和龙头企业的自我实践来推动

德国主要以"工业 4.0"为核心开展数字科技领域发展，工业 4.0 平台总体布局是政府统筹，标准和架构先行，西门子、博世等工业综合体巨头与协会推动，中小企业广泛参与，官产学合作效果凸显。德国在原有协会制定的工业 4.0 平台基础之上，设立了国家级的新工业 4.0 平台，形成了顶层的推动组织和机制，加上以西门子、博世等为龙头的平台企业的充分实践，形成了从上至下顶层设计、分层推动的"系统优化"体系，目标是把中小企业群打造成一个"万物互联、数字孪生"的 CPS 整体，组团出海。德国作为一个老牌工业制造国，而中小企业占据了德国企业总数的 99.7%，公司净产值占全国的一半，且中小企业承担了德国就业人数的60%。德国在国际竞争中依赖微观中小企业群的做强，因此在云服务平台建设时强调生产侧赛博机制的打造，强调"纵向、横向、端到端"三大集成的推进。总体上看，德国工业和 IT 业（包括软件和硬件）领先企业是"工业 4.0"计划的积极倡导者和实践者，为"工业 4.0"计划的落实提供了资源保障和试验场。

（3）以基础研究、应用研究转化、跨学科前瞻性研究、合作交流等为导向，德国分工明确的国立科研体系是其保持创新活力的源泉

德国形成马普学会、亥姆霍兹联合会、弗劳恩霍夫协会、莱布尼茨协会四大机构组成的国立科研机构体系，在基础研究、前沿领域研究、应用研究领域形成分工明确、统筹互补、高效运作的科研机构，确保德国在基础与应用研究、科技成果转化等方面位居世界前列。其中马普学会侧重于基础研究，持续为来自世界各地的科学家提供一流的研究环境；亥姆霍兹联合会主要基于大型研究基础设施开展跨学科的前瞻性、战略性研究；弗劳恩霍夫协会侧重于应用研究和应用转化开发，是基础研究与工业应用的桥梁；莱布尼茨学会以问题为导向开展国际交流合作以及实际工程问题的基础研究。德国国家创新体系的多元性不仅体现在其研发领域多样化与高度专业化，同时也反映在来自政治、经济与社会各界的不同角色之间的通力合作，共同推动德国科研与创新健康发展。按照层级划分，德国创新体系可分为政治决策与管理层、咨询与协调组织层、公共部门的科研机构及学会组织以及私营部门的工业协会。

3. 日本的数字科技创新战略和特点

日本作为数字科技强国，在传感器、芯片、显示等数字科技细分领域实力领先，制造业基础好，但缺乏具有整合能力的应用端的平台企业。

（1）日本"科学技术创新立国"的国家战略，使得日本实现了向高新科技自主创新的转变，在数字科技创新领域有一定基础

20世纪90年代以来，日本科学技术创新立国，基础研究夯实创新基础。1995年，日本国会通过《科学技术基本法》，明确提出"科学技术创新立国"战略，指出日本的技术发展要完全摆脱技术引进与模仿，强调加强独立科研创新的能力，推动科研体制改革，建立更为完善的开发体系。近年来，有序的科技规划，科技研发体制的不断调整完善及产学研合作体系的作用，使得日本科技创新实力，特别是基础研究能力得到大幅提升，确保了日本科技强国的地位。

在数字科技领域，为在新一轮国际竞争中取得优势，日本制定和发布了一系列技术创新计划和数字化转型举措，2016年日本发布《第5期科学技术基本计划（2016—2020）》，提出利用数字科技技术使网络空间和物理世界高度融合，通过数据跨领域应用，催生新价值和新服务，并首次提出"超智能社会"，即建立高度融合网络空间和物理空间、以人工智能技术为基础、以提供个性化产品和服务为核心的"超智能社会"概念。"超智能社会"不仅涵盖能源、交通、制造、服务等领域，未来还将涉及法律、商务、劳动力提供和理念创新等内容。日本以技术创新和互联工业为突破口，建设"超智能社会"。日本强大的制造业基础为数字化转型提供了很好的试验田，并在工业互联网发展路径上形成了独特的"日本模式"，同时日本在数字医疗等领域进展较快。在 2019 年 6 月于大阪举办的二十国集团（G20）峰会上，日本提出将致力于推动建立新的国际数据监督体系和 G20"大阪路径"，并希望提升在国际数据治理中的话语权。

（2）日本强调独立自主创新的发展路径，一定程度上"为科学而科学"，在数字科技实践，尤其是平台布局上面临较大挑战

从发展历程上看，二战后，从"贸易立国"，到"技术立国"，再到"科学技术创新立国"，日本走过技术引进、消化吸收再创新，到独立自主创新的发展路径，成为世界科技强国。在技术创造立国阶段，日本的产业结构由资本密集型产业向知识密集型产业发展，重点发展领域逐渐转向了高新技术，如电子信息技术、航天技术、生物技术等，帮助日本在高新技术的研发领域处于前列。20 世纪 90 年代以前，日本尚能通过"引进＋改造"的方式以"后发优势"建立强大的工业体系，但到日本完成了赶超的 90 年代以后，就必须依靠自主创新实现长期可持续的产业和经济发展，在新技术越来越依靠基础理论创新的情况下，基础研究薄弱的问题就成为制约日本发展的重大问题。面对国内产业空心化和国际上竞争激烈化的挑战，日本提出了"创造性知识密集型"的产业政策，"以科学领先、技术救国"成为新的方针。自此日本开始新一轮的产业结构调整，之前的技术密集型开始让位于知识密集型产业，日本的发展模式也由技术变革驱动向科学变革驱动的方式转变。为了实现基础研究能力的提升，加强科学在国家发展中的作用，1995 年日本国会通过了《科学技术基本法》，明确提出"科学技术创造立国"战略，意图以技术创新和发明创造为中心来推动科技革命和科技进步。数字科技作为日本部署的重点产业领域之一，成为着力提升整体科技发展和科技前沿水平的动力之一。

"广场协议"和经济泡沫破灭，使日本出现了严重的产业空心化态势，经济陷入了长期停滞。日本力图振兴科学技术，试图以科学与技术的共同变革来带动知识密集型产业，也确实取得了重要进展，在国际科技竞争中占有了一席之地。但同时，因为一定程度上走向了"为科学而科学"的极端，使得研发活动与产业脱节，且产业政策在一段时间内没有重大进展，未能有效驱动新兴产业的崛起和发展。这也在一定程度上使日本在这波数字科技竞争中，尤其是在整体布局上处于劣势，缺乏领先的数字科技领域的平台企业，在新一轮竞争中受到较大挑战，目前日本对全球数字科技的平台企业，包括美国的谷歌、戴尔以及我国的腾讯、华为、阿里等均有严格的准入制度。

（3）日本以研究成果的社会还原为导向，"产学官"合作促进重大成果产出

日本 20 世纪 70 年代以后的"技术立国"战略总体上呈现出以经济发展为动力、技术开发为目标、基础研究为前提的特点。应用驱动的"产学官"合作研究、多元协作，以及一些开明企业贡献科学的理念都与诺贝尔奖成果有密切联系。如 2002 年东京大学教授小柴昌俊因天体物理学获得诺贝尔物理学奖，在研究过程中除了得到政府给予的"特定研究资助"外，三井金属公司也提供了免费设备和试验场地，更以雄厚的技术与工艺实力在仪器设备方面提供了重要技术支持。

完善的产学研合作体系。随着《产业技术力强化法》在 2000 年的出台，日本政府允许大学教师到企业担任管理职务，为企业和大学构建了交流的桥梁。2000 年日本政府又出台了加快尖端科技领域的产学研合作，促进了大学和企业间的长期合作。日本政府的一系列措施，使其产学研模式日臻成熟；2004 年日本国会修改了《国立大学法人法》，将所有的国立大学法人化，并将大学的使命，在"教育""研究"之上，加上了一项新任务，那就是"研究成果的社会还原"。这里的"研究成果的社会还原"是指通过将大学创造出来的科研新成果应用到社会，使其产生出经济价值和社会价值，在创造社会活力的同时，形成对下一个创新活动投资的良性循环。同时企业与大学、研究机构开展紧密的合作研究。产学研合作研究是将大学具有的研究能力，与企业的技术开发力量结合起来进行的开发研究。最常规的合作模式，是大学接受来自民间企业等外部机构的研究人员和经费，大学教师和民间研究者以对等的立场，根据契约关系共同进行课题研究。经费的负担根据约定来决定，通常大学负担设备和设施的维护、管理费用，民间企业负担直接研究经费，有时日本政府的文部科学省也会给予适当补助，而取得的研究成果、发明专利等通常由国家和民间共有。这种研究被称为"共同研究"。

日本产学研取得有效成果的关键的一点在于各主体积极开展实质性的产学研合作，在于日本各创新主体打破国立与私立，大学与企业，政府与民间之间的阶层壁垒，以日本人特有的团队合作精神，通力合作，共享成果，而不是以各自的利益获取为第一合作条件。

4. 韩国的数字科技创新战略和特点

韩国作为数字科技先进国家，拥有领先和完备的半导体产业基础和链条，在数字政府和数字消费领域表现较好，但缺乏平台型企业。

（1）韩国政府以政府主导推动创新驱动发展为模式，实现了快速赶超

韩国是典型以政府主导推动创新驱动发展为模式的亚洲国家，政府主要通过宏观战略指导和协调、税收优惠政策支持、技术研发资金支持、成果推广支持等手段推进和完善国家创新系统。从国家产业与科技发展路径的选择、国家重点研发计划的制定管理到国家资助系统、国家评估系统都由国家统一执行。从韩国的国家创新体系结构来看，最初主要由政府资助研究机构来承担，企业和大学发挥作用甚微，而目前政府资助科研机构、大学、企业，使其各自发挥重要作用，在技术创新中形成了以企业为主导的模式。

韩国与日本在科技追赶过程中的不同之处，一是日本采取技术联盟的方式，而韩国采取的是产业联盟的方式。1980年，韩国贸工部牵头成立韩国电子产业联盟，韩国三星、现代、LG和大宇等韩国财阀型企业纷纷加入其中。二是日本采取自主研发方式，而韩国采取的是通过购买美国小企业或者采取合资方式获得技术引进的方式。这两种方式之所以存在，一是两国的政治经济背景不同，二是源于两国与美国之间的国际关系的不同。短期来看，韩国在基础技术和通用技术上获得了成功，但在原材料和生产设备上落后于日本，仍然缺乏抗衡美国的能力。

（2）韩国数字科技的发展从产业转移开端，在政府主导下提升自主创新能力，打造出强大的半导体产业，为数字科技创新提供坚实基础

韩国半导体经过近40年发展，已成为半导体产业之林的巨擘，这离不开密集的技术援助、政府的强力保护以及企业的"工匠精神"。韩国的半导体产业以技术引入起步，20世纪70年代开始，面对经济危机韩国开始实行"重工业促进计划"（HCI促进计划），半导体产业化作为重点领域之一被列入。政府采用"政府+大财团"的经济发展模式，韩国政府还将大型的航空、钢铁等巨头企业私有化，分配给大财团，并向大财团提供被称为"特惠"的措施，庞大的资源集中于少数财团，可以迅速进入资本密集型的DRAMs生产，并最终克服生产初期巨大的财务损失，实行了"资金+技术+人才"的高效融合。在韩国的半导体产业进入全球半导体产业的第一梯队后，韩国仍希望保持其自身的优势，不仅通过"BK21"及"BK21+"等计划对大学、专业或研究所进行精准、专项支援，还在2016年时推出半导体希望基金，投资半导体相关企业，旨在聚焦新技术的开发，尤其是储存新技术方面。

整体上看韩国半导体产业战略和路径是，以自主创新和掌握自主知识产权技术为根本目标和定位，从引进技术和从事硬件的生产、加工及服务开始，对引进技术进行消化吸收，到研发一些技术等级简单的芯片，逐步提升自主创新能力，最终掌握高端核心技术。同时企业重视半导体技术研发，为数字科技生态的培育提供了坚实基础。庞大的半导体产业也发展出以三星和SK海力士为龙头，IC制造企业、半导体设备企业和半导体材料企业层层分工的模式，通过外包、代工的方式构建出庞大的半导体产业链，形成了龙仁、化成、利川等半导体产业城市群，支撑着韩国的半导体产业生态。

（二）启示

1. 整体部署

国家统筹谋划和部署数字科技发展的战略和任务，"十四五"期间，国际科技环境发生巨变，由科技合作转变成科技竞争，数字科技创新已成各国科技竞争的重要方面。各国把数字科技作为本轮战略博弈的核心，以物理空间和虚拟空间为竞技场，全球科技竞争堪称残酷，激烈程度前所未有。同时，数字科技发展是一项系统工程，各个环节、各个领域的关联性、耦合性、互动性显著，只有整体推进才能统筹协调。纵观全球经验，美国是从战略、创新体系、产业生态、政策保障等多方面进行综合布局，才实现了数字科技的引领。日本、韩国、德国等国家都存在一定的短板，在数字科技浪潮中都面临一定的挑战。在如此严峻的形势下，我国的数字科技创新必须通过国家统筹谋划、整体部署实现主体和重点任务的协调推进。

2. 双轮驱动

通过强化基础研究和产业应用双轮驱动数字科技发展，一是构建"政产学研融用"分层次的国家创新体系，提升基础研究能力，从研究端（前端）驱动数字科技发展。这也是推动数字技术和数据科学加快演进互动的关键之一。综合全球经验，数字科技创新成功的内在源泉是"政产学研融用"创新体的有效实质性作用，并根据各国国情，发挥重要主体的力量，形成有主导、有辅助、分层次的国家创新体系。比如科研机构或高校在数据科学领域更具优势，企业在数字科学领域更具优势，而从数字科技内涵核心出发，两者通过数字科技化和科技数字化的路径不断互动和融合，这对包括产学研在内的各大主体必然提出了不断融合协作的要求。美国、德国、日本在科研力量的布局和组织方式上都有很大借鉴意义，充分发挥科研、技术、产业等各类社会资源，各主体进行有效联动，最大效率地提升数字科技创新水平。从层次上看，产业（企业）、金融和研究机构为主导，学政用是辅助性的。其中更为重要的主体是产业（企业），尤其是龙头企业，企业掌握着先进科技和各类数据信息资源，是价值实现的最终环节和最重要主体。

二是将制造业等领域以及不同产业间的融合作为主战场，从应用端（后端）带动数字科技发展。数字科技未来要实现物理世界和数字世界互动融合，数字科技只有应用于现实的产业场景才能实现价值创造，进而推动数字科技不断前进，形成正反馈循环螺旋式进步。因此落地产业将从需求端拉动数字科技供给提升。美国、德国、日本都把制造业作为数字科技主战场，我国作为制造业大国，更要抓紧数字科技机遇，完成制造强国的转变。同时我国作为最大的数字化市场，经过充分的实践，在电商、移动支付、社交、5G、移动终端、数字消费、金融科技管理、商业技术等领域形成中国特色并走在世界前列。下一步发展仍要以优势产业应用作为突破，加速不同产业融合进程。

3. 关键作用

发挥企业在数字科技中的关键作用，并给予相应地位，企业在推动基础研究与实际问题相结合，并推动技术的转化应用推广方面具备天然优势。正如许多在硅谷成名并改变了世界的技术，最初都不是诞生在硅谷，大部分在科研院所、大学类的机构里。从全球经验来看，企业在数字科技的国家战略和重大项目中有一定的话语权和参与度。比如美国大企业在人工智能研发和相关政策与规则制定中可以提出重要建议，担当重要角色。我国在数字科技下一步发展中，也应适度考虑企业的参与度，给予其相应的地位。

三、我国数字科技创新的现状和问题

(一) 国家战略层面

围绕科技创新、新一代信息技术和数字经济发展出台了相关规划意见，但尚未形成围绕数字科技的国家顶层战略规划体系。2012 年 11 月，党的十八大提出实施创新驱动发展战略，坚持走中国特色自主创新道路。2017 年 10 月，党的十九大报告为加快建设创新型国家进一步指明了方向，提出到 2035 年基本实现社会主义现代化，我国经济实力、科技实力大幅跃升，跻身创新型国家前列。中共中央政治局委员、国务院副总理刘鹤在 2019 年 11 月 22 日的《人民日报》发表的署名文章中提到，建设现代化经济体系，增强国际竞争力，根本要靠科技创新，必须深化科技创新体制改革。一是要构建社会主义市场经济条件下关键核心技术攻关新型举国体制，把集中力量办大事的制度优势、超大规模的市场优势同发挥市场在资源配置中的决定性作用结合起来，以健全国家实验室体系为抓手，加快建设跨学科、大协作、高强度的协同创新基础平台，强化国家战略科技力量；二是要加大基础研究投入，健全鼓励支持基础研究、原始创新的体制机制；三是建立以企业为主体、市场为导向、产学研深度融合的技术创新体系，支持大中小企业和各类主体融通创新，创新促进科技成果转化机制，积极发展新动能，强化标准引领，提升产业基础能力和产业链现代化水平。

同时我国高度重视数字化机遇，数字科技处于政策利好期。一是支持数字科技相关技术和产业发展。2012 年将云计算工程作为"十二五"中国发展的二十项重点工程之一，陆续还出台了《"十三五"国家信息化规划》等文件，并制定关于宽带中国、云计算、物联网、工业互联网、新一代人工智能等方面的国家战略，2017 年首次将数字经济、人工智能等概念写入政府工作报告中，推动中国数字经济全面发展，缩小数字鸿沟。二是从数字科技赋能的角度，鼓励加快数字经济和实体经济融合发展的进程，提升传统行业的数字化水平。2016 年《智能制造发展规划（2016—2020 年）》和《"十三五"国家信息化规划》相继出台，将提升我国信息化、数字化水平作为重要目标，推动传统制造业与数字经济相结合。同年工信部等三部门印发《发展服务型制造专项行动指南》，提出制造业企业要不断创新优化生产组织形式、运营管理方式和商业发展模式。以服务型制造为代表的新业态都是在数字科技浪潮中出现的，国家已经在重点推进中。三是对新型基础设施的支持，重点从信息基础设施（5G、物联网、AI、数据中心、云计算、区块链、智能计算中心等）、融合基础设施（智能交通、智慧能源等）和创新基础设施（重大科技基础设施等）三大类别提供数字转型、智能升级、融合创新等服务的基础设施体系。

尤其是在 2019 年末，新型冠状病毒肺炎疫情暴发以来，数字经济成为支撑我国社会有序运转的关键力量，我国数字科技企业也正通过灵活多样的创新科技手段，以数字化和智能化全方位参与到疫情防控和经济建设中，为社会治理提供充足的物质保障和数字化手段。同时，疫情也将倒逼数字科技迭代升级加速，并加速下沉行业应用。网络办公、远程会议、线上教育、远程医疗等数字化应用得到爆发式发展，对于传统行业和企业而言，将管理、运营、渠道、产品由线下转为线上，积极进行数字化转型，将成为未来主要发展方向。数字需求市场已经打开，数字科技将迎来持续机遇和快速发展期。

但是从国家层面尚未形成围绕数字科技的整体发展战略。数字科技内涵很丰富，新科技层出不穷，需要将数字科技、数字经济、产业数字化转型、新基建等相关概念和领域进行统筹和有重点分层次的支持。

（二）创新体系层面

"政产学研融用"创新模式日趋主流，但创新协同机制有待完善，基础研究能力有待提升。

一是创新主体定位不清，权责不明，导致协同创新过程中产生冲突。不管是以企业为主导的合作还是以科研院所为主导的合作，最终目的都是促进科技创新成果转化，将科技创新成果落实到企业中去，落实到产业发展中去，但是当前产学研合作过程中，企业仍未成为合作中的决策主体、投入主体和风险承担主体，工作重心仍然没有落到企业。科研院所在尖端前沿技术研究方面往往只顾追求先进性，不注意顾及企业市场需求现状，不注意推动成果及时转化落实，造成企业资金投入长期看不到回报，影响企业在产学研合作中的积极性。高校在产学研合作中应该是提供技术和智力支持的主体，但在创新主体合作的实际过程中，高校往往主动性不强，选择被动等待。同时产业技术创新需求侧"管理"不到位，科研院所为前端、企业为后端的连接转化机制没有形成。产学研合作过程中仍然偏重供给侧管理，存在一定程度的路径依赖，表现在产业技术创新方面就是注重科技项目承担和研发，促进科技成果转化，但却一定程度上忽视了需求侧管理，如行业和企业发展的技术需求调查、创新产品的初期市场培育和营销等。

二是我国基础科学、基础研究和底层理论短板依然突出。基础科学仍是国内薄弱环节，重大原创性成果缺乏，基础研究投入不足、结构不合理，顶尖人才和团队匮乏，全社会支持基础研究的环境需要进一步优化。目前我国在数字领域的基础科学方面，从芯片到操作系统，甚至到人工智能、量子计算等，依然十分缺乏基础科学的基础，这对我国整个数字科技的进程是非常大的威胁。回看世界历史，欧美国家的崛起也无不与其基础科学水平的提高有关。没有热力学、牛顿力学以及麦克斯韦的电磁学等科学作为基础，两次工业革命根本不可能出现。发扬"数字工匠精神"，将更加依赖底层与前沿技术的突破。"数字科技"定义本身就强调了基础科学在数字经济发展中的重要性，未来要回归基础科学研究，没有基础科学的支撑，没有理论突破和革命性的基础技术发明，就没有产业的未来发展。从根本上来说，科学应该是主干，技术是主干上发展出来的枝叶，没有科学只去做技术，将不利于自身把握核心话语权。主要体现在：一方面，国家基础研究和产业共性关键技术研发投入低于美国、日本、德国等发达国家。根据世界主要国家研发经费情况，日本科学技术振兴机构下属研究开发战略中心于 2019 年发布《主要国家研究开发战略报告》（见表 1-3），数据显示，我国的研发设计（R&D）经费占 GDP 的比重为 2.11%，低于日本、美国、德国、法国等。另一方面，国内缺少提供行业共性技术研发的科研机构，尽管行业主管部门的公益性科研专项资金（现已整合使用）还在支持关键共性技术研发，但覆盖领域和投入力度明显不足，这也导致我国引领性前沿技术创新和颠覆性原始创新能力不强。

表 1-3　世界主要国家 / 地区研发经费情况⊖

国家 / 地区	2016 年 R&D 经费		
	总额 / 亿美元	占 GDP 比例	经费占比最高的领域（占 R&D 总经费比例）
美国	5111.0	2.74%	防卫（51%）、健康科学（24%）、航空探查和运用（9%）
欧盟	3920.0	1.93%	社会课题解决（40%）、卓越科学计划（33%）、产业引领（23%）

⊖　表中数据摘自日本科学技术振兴机构下属研究开发战略中心 2019 年发布的《主要国家研究开发战略报告》。

（续）

国家 / 地区	2016 年 R&D 经费		
	总额 / 亿美元	占 GDP 比例	经费占比最高的领域（占 R&D 总经费比例）
英国	472.0	1.69%	科学知识扩充（33%）、健康科学（23%）、防卫（16%）
德国	120.0	2.90%	科学知识扩充（源自大学资金）（40.2%）、大型设备（工业生产和技术）（12.2%）、航空技术（5.1%）
法国	60.0	2.22%	健康科学（7%）、防卫（6.4%）、能源（6.3%）、航空探查和运用（5.9%）
中国	4512.0	2.11%	航天宇宙（25%）、电子通信和自动化（14%）
日本	1686.4	约 3%	能源（12.1%）、工业生产和技术（7.0%）、航空探查和运用（6.2%）
韩国	793.5	—	工业生产（29.3%）、科学知识扩充（20.9%）、防卫（13.5%）

三是创新要素之间的相互作用和转化机制不畅，尚未形成成熟的体系和环境。目前国内在数字科技创新主体的激励机制、科技创新的金融支持、技术市场的发展水平、创新成果转化的支撑环境，知识产权的保护等方面仍存在问题。高校和科研院所受限于国资管理等相关要求以及专利制度、财会制度、税收制度等政策管理规定，在成果定价、转化过程、人员激励等环节中仍存在不同程度的短板。科技服务业专业化、市场化程度不高，科技成果转化服务质量和效率不高也严重制约了科技成果的转化和扩散。企业创新的动力机制是市场决定的，然而适宜企业创新的良好生态环境还没有形成。要从根本上提高数字科技创新能力，还需要从体制机制改革和政策创新入手对创新生态进行系统性的优化和改善。

四是政府的数字治理能力和数字制度建设还有差距。随着数字科技与实体经济深度融合，线下线上问题聚合交错，市场运行更加复杂，线下不规范问题在线上被快速复制放大，一些新型经营不规范问题持续涌现。现有监管框架条块化与属地化分割，而数字经济发展跨领域与跨地区特点突出，传统监管已不能适应跨界融合发展需要。还有些新的业务领域存在制度空白，给行业发展带来较大的不确定性。比如我国数字医疗存在医疗数据的相关权利不明确，上市前监管较严而上市后监管不足，以及针对数字医疗的伦理尚不明确等短板。而纵观全球，美国、英国、日本等发达国家在普遍升级医疗系统时，其大方向也在围绕数据、应用和伦理来进行政策与制度创新。具体来说，在数据方面，以标准化为前提，保护和开放平衡推进，法律做保障；在应用方面，首先是纳入医疗监管，其次是专设监管方式，最后是对低风险的放宽监管、促进创新；在伦理方面，包括国家、地方均设多级伦理协会，正在探索医疗人工智能等新伦理要求，开展第三方独立审查认证等。我国在推进数据、应用、伦理协同开展方面还有待出台政策组合拳。其中，医疗数据的基础建设，需要行政考核与激励的协同；医疗数据的共享开放，需要国家规范和地方试点的协同；数字医疗的应用监管，需要上市前审批和上市后监管协同；数字医疗的应用发展，需要鼓励创新与规范行业协同；数字医疗的伦理建设，需要政府和市场协同。同时由政府牵头解决需要重点解决隐私保护、知情同意、利益分配、数字鸿沟、算法歧视、权责分配以及医患新型关系等尚不明确的关键问题，数字科技领域作为新领域，一般面临相对复杂的环境和要求，政府需要在标准、规范、规则等方面提供一个公开公正的创新环境。

(三) 产业生态层面

我国初步形成数字科技产业生态，在平台和应用方面相对有优势，但在核心器件、核心技术方面差距还较大。

一是从整体上看，我国在数字硬件、软件、系统、平台和应用各领域和环节均有企业布局，在推动物理世界和数字世界的形成、互动和融合方面初步形成数字科技产业生态。其中硬件以电子信息制造为主，包括传感器、网络、存储和其他硬件基础设备，负责数据的采集、传输和生产执行；软件和系统相对薄弱；平台培育和建设已初见成效。同时不同行业数字化转型已经形成特色的应用实践，并在特定领域保持国际领先。国内媒体、零售、交通、医疗、公共事业、教育、政府等行业数字化转型进程较快，工业、电力能源等行业数字化潜力较大。如制造业数字化转型已经出现服务型制造、工业4.0、大规模网络定制，医疗行业出现医药分离、医联体、精准医疗、大数据科研等，能源行业出现了能源互联网、智能网格等新业态、新技术和新模式。同时国内在社交电商、移动支付、新零售等部分数字化领域取得突破。

二是我国数字经济在核心器件和核心技术上仍然落后于世界先进水平。CPU、存储器芯片等集成电路芯片存在短板，操作系统、数据库等基础软件研发能力依然较为薄弱，目前我国基础软件几乎依赖于美国企业，国产软件虽有部分产品但尚无法形成生态。关键技术、核心零部件、基础元器件、关键材料等对外依存度高，支撑产业升级的技术储备不足，导致很多技术创新生态缺乏可依托的核心技术载体。

三是我国消费级数字应用领先，但在企业级数字应用还存在较多问题。从数字经济相关技术发展情况来看，我国数字经济在大量的消费级应用领域技术较为发达，在社交、电子商务、金融科技、基于位置的服务（LBS）等应用领域，已积累了一定的技术基础，并有个别领域在全球领跑。但是，生产领域技术和资源投入仍然不足，创新、设计、生产制造等核心环节的实质性变革与发达国家还有差距，工业级核心层技术仍然比较落后，尤其是在数字制造装备、芯片技术、系统软件、材料技术以及人工智能等方面缺乏核心技术，受制于国外企业。

（四）龙头企业层面

国内以应用和平台类企业为引领，但在核心技术、基础研究和创新能量释放等方面还有空间。

一是龙头企业在围绕数字科技应用生态和平台方面表现突出。在应用方面，国内以腾讯、阿里等数字科技龙头企业带动引领，集聚了一批中小企业深耕场景，不断迭代平台力量，形成了围绕社交、数字内容、电子商务、新零售、金融支付等消费级应用场景，并在全球内形成领先优势。在平台方面，国内腾讯、百度、阿里巴巴等15家人工智能头部企业建设了国家新一代人工智能开放创新平台，骨干科技企业牵头、联合产学研各方培育建设重点领域的国家技术创新中心，强化产学研协同开展关键技术攻关与重大成果转化，科技企业正在通过平台发挥越来越强的主导力量。

二是数字科技龙头企业在核心技术、基础研究和创新能量释放等方面还有空间。首先，从数字科技的内涵出发，数据科学、数字技术、数字科技化和科技数字化的融合互动过程本身就强调了基础科学的重要性，数字科技要实现物理世界和数字世界的交互映射和相互作用，需要围绕数据产生和流动到信息和知识的产生、反馈、决策等全流程，意味着更要强调数据科学和数字科技化（数字技术和升级），要回归基础科学研究，没有基础科学的支撑，没有理论突破和革命性的基础技术发明，就没有产业的未来发展。尽管国内科技已经通过企业实验室布局自身的基础研究能力，但整体上在核心技术、底层架构和基础理论、基础研究方面相比谷歌、微软、亚马逊等全球科技巨头差距还较大。其次，我国作为制造业大国，数字科技在制造业上的赋能相比德国、美国和日本差距还非常大。国内的科技企业在与制造业等传统产业（企业级市场）的投入、资源储备、人才、经验以及能力方面还有待提升。而且，企业尤其是龙头企业在数字科技发展中依托独特的要素、组织迭代等优势，在 AI、量子计算、新计算等领域已经形成一定的技术引领，但在国内尚未给予企业更好的地位和角色定位，在一些国家重大项目和研发方向上，企业尚有更大的能量可以发挥。

四、我国数字科技的国家战略及主要任务

（一）制定数字科技国家战略

以数字科技强国战略为统领统筹相关规划制定。以"十四五"开局之年为契

机，在"数字科技强国"战略目标的指引下，加强宏观顶层设计，统筹科技、产业等各领域相关战略、规划和政策。建议由国家发改委牵头，联合科技、工信等相关职能部门制定数字科技发展的总体指导意见，对数字科技体系建设予以方向性指引，并列入我国中长期以及"十四五"规划重点任务。在面向2035的国家中长期科技发展规划、"十四五"战略性新兴产业发展规划以及数字技术产业化发展相关规划中，围绕数字科技加强研究布局，并研究制定相关配套政策，从顶层设计上，横向贯通科技、产业主管部门，纵向贯通科学（学科）、技术与产业创新链条，加强数字基础设施、数据与人才要素保障，紧紧围绕数字科技创新和数字产业发展，引导科技力量、要素向数字科技布局，以数字科技创新驱动为牵引，数字产业应用和数字经济发展为途径，数字社会转型为目标，实现数字科技创新驱动发展战略。

（二）加强数字科技创新体系建设

数字科技是不同于信息化时代的科学与技术的代际跃升。构建面向数字科技的国家创新体系要提升数据科学与传统科学汇聚融合的基础研究能力，重点解决知识创造和知识自动化问题；要突破数字技术未来发展瓶颈，在代表未来数字时代的量子计算、光子计算、类脑计算等新技术方面有所建树，重点解决数据处理和计算能力，为数据科学提供数据和算力基础；要加强数据科学与数字技术的产业化应用和对经济社会转型的全方位支撑。

加强数据科学基础研究，面向数据科学建设一批国家重点实验室。推动研究型高校和科研院所在数据科学领域加强研究，推动数据科学与脑科学、生命科学、材料科学等基础科学领域汇聚融合，建立科学研究新范式，打造面向数字科技的学科体系。鼓励企业基于量子通信、量子计算、类脑计算、光子计算、人工智能等新技术探索不断向数据科学基础研究领域延伸。依托国内一流数字科技团队，在数据科学基础理论及面向特定领域的数据科学汇聚研究前沿，如脑数据学、行为数据学、生命数据学等领域，部署建设一批数据基础科学国家重点实验室。

重点突破关键数字技术，布局一批产学研新型研发机构。加强数字科技领域协同创新载体统筹布局，依托数字科技优势企业和数字领域重点高校、科研院校，合作建设一批新型研发机构和产学研创新共同体。在数字科技领域国家（省）级协同创新载体建设中，针对性地向产学研合作机构或有数字科技企业参与的平台载体倾斜。面向数字技术前沿，如量子通信、量子计算、区块链、物联网、人工智能以及5G、智能网联无人驾驶、车联网、能源互联网等重点技术和工程领域部署建设一批国家（省）级重点实验室、工程研究中心、工程技术研究中心；面向传统产业数字化转型升级，建设一批国家（省）级数字技术创新中心、企业数字技术中心；面向数字技术成果转化与产业示范应用，加快建设跨区域数字创新共同体和成果转化基地，推进数字科技成果转化基地建设，探索区域协同创新载体共建模式，推进数字技术跨区域、跨主体转化，促进数字技术产业化创新。支持数字科技企业牵头，联合高校和科研院所一流数字科技研究团队，组建一批国内领先的集基础研究、应用开发、成果转化和产业化于一体的新型研发机构。支持数字科技龙头企业、大中型数字科技领军企业与中小微企业组成联合体搭建共性技术平台，共同参与数字共性技术研发，增强企业技术创新能力。

深化产学研新型合作关系，围绕创新链加强合作"软机制"探索。鼓励产学研各主体围绕如何构建更紧密联结关系进行合作机制探索，加强在方向选题确定、技术路线选择、科研团队组建、科研经费筹集、数据开放共享、知识产权和成果收益分配等不同环节的机制探索。围绕数字科技加强产学研各主体在优势领域的研究能力，形成基于优势能力的合作效能提升。鼓励应用型大学与企业加强对新技术产业化应用的研究，促进新业态、新模式诞生，实现科技创新的价值化反哺数字科技投入。针对不同的数字科技创新领域，形成以具有优势能力主体为核心，其他主体为补充的产学研合作共同体，在研究方向、技术路线和团队成员构成上反映核心主体的话语权，在成果产业化和利益分配阶段创新基于创新要素配置和知识创造贡献的知识产权共享与利益分配机制，形成具有内生动力的良性合作模式。

（三）打造融合数字科技产业生态

数字科技只有应用于现实的产业场景才能实现价值创造，进而推动数字科技不断前进，形成正反馈循环螺旋式进步，因此产业生态的发展将从需求端拉动数字科技供给提升，并与数字科技创新共同推进数字科技强国和数字中国建设。数字经济时代，基于数字平台的产业生态，可以通过马太效应最大化数据价值，带动数字科技实现质的提升。

提升面向数字科技的新型基础设施建设水平，强化数字科技底层支撑。围绕数据资源开发、感知、收集、传输、计算、调用、存储、分发、处理和分析，基于海量数据和海量算力，大幅改进的算法和机器学习方式，大幅提升的算力，构建"万物智联"的信息网络体系、战略计算平台、开源社区和数字孪生体，实现远程实时调用数据资源和算力，塑造数字产业化及产业数字化生态，以支撑数字经济、网络强国、数字强国和智慧社会建设。建设智能化数字基础设施，包括以5G、新一代全光网、工业互联网、物联网、卫星互联网等为代表的通信网络基础设施；以数据中心、灾备中心等为代表的存储基础设施；以人工智能、云计算、区块链、边缘计算、量子计算、类脑计算、光子计算等为代表的新技术基础设施；以超算中心、智能计算中心等为代表的算力基础设施等，最终打造互联互通、经济适用、自主可控的分布式、智能化信息基础设施体系，为数字科技及其产业生态发展提供底层支撑。

搭建服务垂直行业的新型数字平台和数字科技共性研发平台，解决数字科技产业化应用的数据与技术问题。鼓励具有垂直行业专业背景、熟悉行业业务流程的市场主体承担面向整个垂直行业、服务行业内所有接入主体的新型数字平台与共性技术研发平台的建设任务，保证平台的第三方公共属性。加快工业智能终端的互联互通、智能控制和协同运行，构建低时延、高可靠、广覆盖的工业互联网，推进农业互联网、能源互联网和交通互联网等面向重点行业的数字化平台建设。在数据获取方面，探索新型数字化平台与行业用户之间新型合作模式，确保用户数据安全，推进数字产权明确界定和基于数据产权的利益共享机制建设，提高行业用户共享私有数据积极性，将基于数据价值创造的企业核心竞争力转化为新型数字化平台的竞争优势，通过海量行业用户数据的接入实现数字价值最大化。引导新型数字化平台差异化发展与共享合作，避免平台同质化竞争，发挥知识发现的最大价值。在产业数字化平台建设方面，支持互联网企业和其他市场主体根据市场需求，联合行业内企业打造数字化公共平台，激发数字平台的倍增效应，推动重点产业领域从业者、设施、设备等生产要素数字化，在确保数据安全的基础上开发行业数字资源，提供网络化服务。在数字科技支撑社会服务数字化平台方面，加大社会服务领域数据共享开放力度，提升数据资源利用效率。建设完善国家数据共享交换平台体系，加强跨部门政务数据共享，探索企业数据平台与全国一体化在线政务服务平台等对接，在保障隐私和安全的前提下，提供社会服务所需的数据资源和核验服务。鼓励发展互联网医院、数字图书馆、数字文化馆、虚拟博物馆、虚拟体育场馆、慕课（MOOC，大规模在线开放课程）等，推动数字科技在医疗、教育等社会服务领域的应用，支持社会服务各领域间、各类主体间的数据交易流通。

培育面向产业应用的数字科技产业生态。基于数字化互联网平台，围绕产业创新链条，培育面向产业领域的地方性数字科技产业生态。每个数字科技产业生态由行业龙头企业／平台型企业、产业链其他配套企业、国家／地方级技术研发中心、产业联盟、新型研发机构等实体和组织构成，围绕某个特定行业，集中产学研力量形成完备的技术创新和产业发展链条和以数字化互联网平台为核心的产业生态。通过数字科技产业生态的培育，鼓励并探索数字科技在产业实践中的创新应用，推进大数据、云计算、人工智能、物联网等技术在经济部门和社会服务领域的集成应用，促进向研发设计、生产管控、供应链管理、市场服务等关键环节渗透融合。依托数字科技产业生态，培育壮大数字新产品、新产业、新业态，重点围绕科技产业融合、数字实体融合、制造服务融合，围绕新技术、新模式、新业态、新产业培育创新生态，一方面对接数字关键核心技术供给，另一方面对接地方性产业集群的生产技术需求和市场应用，有利于前瞻性布局未来核心关键工程技术，实现"产业带技术，技术促产业"的良性循环。根据各地战略性新兴产业发展需要，遴选需重点培育的创新生态，把对重点战略性新兴产业的培育，最终落脚到所选创新生态的扶持与培育上，例如智能制造生态、智慧物流供应链生态、未来出行生态、智慧医疗生态、数字金融生态、能源互联网生态等。鼓励开展同步课堂、远程手术指导、沉浸式运动、数字艺术、演艺直播、赛事直播、高清视频通信社交等智能化交互式创新应用示范，引领带动数字创意、智慧医疗、智慧旅游、智慧文化、智能体育、智慧养老等社会服务领域内新产业和新业态发展。

统筹布局区域性重点数字科技产业集群。聚焦构建现代产业发展新体系的战略目标，围绕区域创新体系建设和经济社会发展实际，加快推动创新型数字科技产业集群发展。加快启动数字科技产业集群建设工程，依托数字化水平较高和数字产业发展较快的重点区域，打造创新型产业集群，推动数字产业链相关联企业、研发和服务机构在特定区域集聚，通过分工合作和协同创新，形成具有跨行业、跨区域带动作用和国际竞争力的产业组织形态。加强政府引导、制定发展规划、优化市场配置，提升数字产业链协同创新水平，促进传统产业数字化转型升级和新兴数字科技产业培育发展。加强数字科技产业集群空间统筹布局，根据各区域重点战略性新兴产业布局和产业发展基础和创新资源优势，培育不同级别的数字化战略性新兴产业集群，纳入国家总体布局给予培育与扶持。一方面促进包括互联网、大数据、云计算、人工智能和物联网等数字科技企业集聚，另一方面促进传统制造业和数字科技互相渗透、融合，借助数字科技，推进传统制造业向产业链中高端升级。精心打造重点专业数字科技产业园区，打造产业集聚高地。瞄准数字科技专业方向，主攻核心功能，加快推进现有数字产业高新技术产业开发区、经济技术开发区等重点产业园区提高产业集聚能力，着力推动园区合作共建，在更大的区域空间尺度上打造更高级别的数字科技产业集群。积极探索境外投资，鼓励数字科技企业以"一带一路"沿线国家为重点，推广我国前沿数字科技和实践经验，拓展企业国际合作新市场和新空间。

五、政策建议

推进数字科技健康快速发展，需要在数字科技产学研合作机制、数据要素、数字人才及财税金融等政策保障方面强化支撑。其中，数据要素流动是关键，数据产权、数据标准、数据使用规范等问题的解决是前提，只有消除数据壁垒，实现数据跨行业、跨主体、跨领域的打通，才能实现数字科技纵向集成、横向集成和跨领域集成，以及数字科技创新效能和产业化发展。此外，数字科技发展的最大短板是人才，培育数字化高素质人才是决胜数字科技强国的关键。

（一）深化数字科技产学研合作制度改革

破解影响产学研深度合作的各项体制机制障碍，优化合作创新环境。梳理并取消各项弱化企业创新主体地位的歧视性政策，在面向国民经济主战场的数字科技领域，国家科技政策应对不同性质科研主体一视同仁，甚至可以向数字科技企业适度倾斜。一是提高企业在产学研合作中的话语权和技术路线选择权，支持数字科技企业加强基础研究，向创新链上游延伸。二是改革高校、科研院所绩效考核评价体系，引导高校、科研院所科研人员参与面向产业化的数字科技创新，在职称晋升、工资绩效等方面给予考虑。三是提高企业科研人员社会地位，赋予企业科研人员与高校、科研院所科研人员同等的社会地位，畅通科研人员流动渠道，鼓励高校、科研院所研发人员创办企业或在新型研发机构兼职（日本允许大学教师到企业担任管理职务），同时鼓励企业科研人员向科研院所流动，重点解决制约人才双向流动的各种障碍。

专栏1-1：加快提升企业在数字科技创新体系中的主体地位

在提升企业主体作用方面，鼓励并支持企业参与国家级科技计划项目，建立适应企业特点的科技计划管理方法，引导和激励企业积极参与数字科技创新。改进国家实验室和国家重点实验室等国家级研发机构认定管理方法，主要依据科研实力而非主体性质进行统一认定，允许同一领域同时认定科研院所与企业等多家依托单位，侧重不同成果的产出。扩大对企业科研创新活动的界定范围，将现有产品改进以及生产线改造等纳入企业研发投入范围，并给予相应税收抵扣减免优惠，在一些应用技术研究领域，应统筹考虑企业先行预支的研发费用进行后续补贴。细化并完善国家支持研发机构的研发优惠政策，对于企业内部建立的研发机构以及在企业内建设的国家（省）级研发机构加大人才、补贴等优惠政策，鼓励被认定的实验室面向行业开放研究成果。

在提高企业科研人员地位方面，创新评价激励方式，激发人才创新活力。一是探索建立基于贡献的人才评价体系，如苏联物理学家朗道提出的朗道等级，目前国内部分科技企业已经开始尝试这一评价体系，未来可以在行业或国家层面推行。二是构建适应数字经济新型生产关系的人才激励机制，硅谷的成功做法是向特定贡献人才发放期权，将员工个人利益与企业的业绩增长挂钩。同时，要在全社会形成尊重知识、尊重专业人才的文化，如工程师文化，重视对企业科研人员的精神激励和产权激励，鼓励企业设立首席科学家制度，对企业科研人员给予适当的精神激励，给予相应的地位和荣誉。研究机构和企业实验室应采用人性化的管理措施激励科技人员实现自我导向和自我管理，为他们提供足够的空间，增强自我价值，同时会使科研人员具有主人翁意识，提高科研人员的创新积极性。

加强政产学研公共服务平台支撑。以政府为主导，探索建立中国特色的产学研协同"新型 PPP"发展模式，由企业、政府和平台三方充分发挥各自的角色和作用，搭建面向数字科技的高水平科技创新公共服务平台，为数字科技创新合作提供公共服务支撑。进一步简政放权，赋予新型研发机构更大的科研自主权（德国给予非大学研究机构在财务和人事决策、投资、建设管理等方面更多的自由），打破传统科研机构管理方式，采取与国际接轨的治理模式和市场化运作机制，根据新型研发机构类型和实际需求给予不同方式的支持。政府重点提供新型基础设施、推动企业平台合作、推动数据共享、参与平台治理、对重点产业领域的数据提供必要的安全授信以及提供有效的政策供给；而平台作为新的市场主体，以科技龙头企业牵头为主，要在超前布局共性平台关键技术、加速迭代平台力打造一批系统解决方案和创新应用、跨界合作培育平台生态等方面不断发挥作用。

（二）强化数据要素使用的法律标准保障

构建符合数据特征的权属法律体系，消除数据要素流动障碍。随着大数据应用产生的经济价值不断显现，学界、商界对于数据确权的问题产生了一些新的争议，如何在隐私保护和尊重价值发现的前提下明确数据的权属，成为亟待解决的问题。数据权利归属的界定具有区别于一般物权、知识产权和商业规则的特点，需要基于现有的物权、知识产权和商业规则，在发展"可用不可见"的数据匿名化处理技术的基础上，构建符合数据基本特征的权属法律体系。

推动行业数据标准制定，规范数据使用行为。数据标准在规范数据采集、处理和使用中具有重要作用，有助于在更广的范围内促进不同数据的开放共享，最大化发挥数据的知识发现价值。因此，要引导行业组织、企业牵头研究制定数据的行业标准、团体标准、企业标准，并适时将成熟的行业标准、团体标准上升为国家标准。建立健全社会数据采集、存储、交易等制度，保障数据有序、规范应用，保证科技企业使用数据的合规合法性。加强标准体系与认证认可、检验检测体系的衔接，促进标准应用。

加强数据安全保护体系建设。强化行业数据和个人信息保护，明确数据在使用、流通过程中的提供者和使用者的安全保护责任与义务。加强数据隐私保护和数据伦理的安全审查，健全相关数据使用法律和规范，加强监督执法，提高惩罚力度，严厉打击数据不正当使用行为，推动数字产业内企业加强自律。

（三）强化数字人才要素支撑的政策保障

构建适应数字科技发展需求的分层级人才培养体系。针对我国数字科技发展面临的人才短板，加强对相关领域不同层次人才的培养力度。结合数字科学国家实验室和国内一流研究团队建设，培养数据科学基础研究顶尖人才；出台类似于美国 STEM 领域（科学、技术、工程、数学）人才培养计划，培养面向数字科技的基础研究人才、创新型人才、工程技术人才和高端复合人才；鼓励数字科技型企业在实践中培养数字技术专业化人才。参照德国创建以数字化技术培训为内容的现代化职能中心和支持数字化教育的做法，将数字科技相关学科内容纳入大学专业课程，以及在职培训中提高全民数字科技素养。

推动数字科技学科体系建设，完善产学研用协同育人模式。深化教育体制和学科体系改革，改变传统人才培养模式。鼓励教育机构与企业合作，探索联合招生、联合培养、一体化育人的人才培养模式；借鉴德国双元制和职业教育培训经验，建立完整的职业教育培训体系。开展数字化转型相关学科体系和相关专业建设，培养满足数字化转型发展需求的高素质经营管理人才、专业技术人才和技术技能人才。支持数字企业与研究机构加强合作，开展有针对性的人才培训，持续提升劳动者的数字素养，推进数字化转型领域领军人才、创新团队、人才示范基地、人才培训平台的培育和建设。

改革高校、科研院所绩效考核评价体系。引导高校、科研院所科研人员参与面向产业化的数字科技创新，在职称晋升、工资绩效等方面给予考虑。一是探索建立基于贡献的人才评价体系，如前文提及的朗道等级。二是构建适应数字经济新型生产关系的人才激励机制。重视对科研人员的精神激励和产权激励，深化数字科技产学研合作制度改革，发挥知识产权转移转化利益分配机制以及股权期权在人才激励上的作用，让人才在创新成果运用中有份额、有股权，成为"科技富翁"。三是创新人才评价制度，激发人才活力。优化科技人才评价激励制度，完善人才评价体系、收益分配机制和多层次的人才政府表彰奖励制度，激发科研人员创造力。四是完善科研人员成果评价体系，建立完善的科技成果转化绩效评价标准，将科研人员科技成果转化绩效纳入职称评定范围。

（四）完善数字科技产业化的政策体系

　　研究制定促进数字科技发展的配套政策体系。强化财政资金导向作用，吸引社会资本广泛参与，对从事数字科学基础研究、数字技术创新研究的科研机构和学科专业给予持续稳定支持。加大对数字科技中小微企业技术创新的财政支持，创新鼓励数字科技企业的税收优惠政策，建立适应数字科技创新链需求的科技金融体系，在创新数字科技金融产品与服务、拓宽数字科技产业融资渠道和扩大直接融资比例方面加强探索。

　　秉持包容审慎原则，推动数字科技在部分行业先行先试。数字科技的发展及其产业化离不开鼓励创新的宽松环境。因此，要鼓励数字科技在医疗、教育等领域先行先试，创新对新兴数字产业的监管，为其营造宽松的发展环境。数字化治理要综合考虑产业领域特殊情况，结合技术的发展进程，联合行业龙头企业、行业平台，充分发挥协会等第三方机构的作用，形成多方共治格局，不断提升依法治理、协同治理能力。

创　新　篇

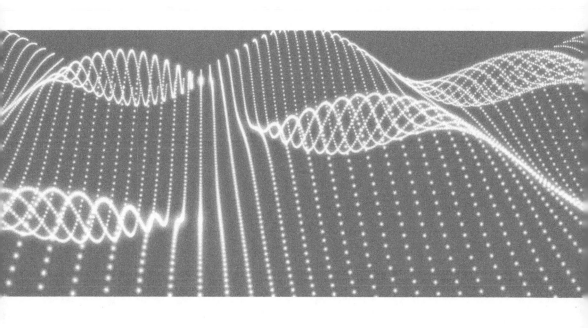

第二章 | Chapter2 |

数字科技助力科研范式创新：第四范式[⊖]

一、第四范式解析

（一）第四范式

人类最早的科学研究，主要以记录和描述自然现象为特征，称为"实验科学"，即第一范式，这是科学发现的初级阶段。例如，伽利略的重力加速度实验。但由于科学实验条件的限制，第一范式难以完成对自然现象更精确的理解，为此科学家们尝试从复杂的自然现象中提炼普适性的原理，简化实现模型，然后进行归纳总结，从而形成第二范式。例如，牛顿三大定律对经典力学的解释。然而，随着验证理论的难度提高和研究的深化，实验设计的计算复杂性也逐渐增加，直到 20世纪 50 年代，计算机科学的发展推动了科学研究进入第三范式阶段，即计算科学阶段，人们可以对复杂现象通过模拟仿真，推演出越来越多复杂的现象，典型案例如模拟核试验、天气预报等。

21 世纪以后，随着新一代信息技术的快速发展，数据爆炸性增长，计算能力迅猛发展，计算机将不仅仅能做模拟仿真，还能基于数据挖掘背后的原理，实现知识自动化。2007 年，图灵奖获得者、微软研究院（Microsoft Research）吉姆·格

⊖ 本章执笔人：中国科学院科技战略咨询研究院的吴静。

雷（Jim Gray）在美国加州山景城召开的 NRC-CSTB 会议上发表演讲[⊖]，提出"新的研究方式是通过仪器捕获数据或通过计算机模拟生成数据，然后用软件进行处理，并且将所得到的信息或知识存储在计算机中。科学家们只是在这个系列过程中的最后阶段才开始审视他们的数据"。数据密集范式从第三范式中分离出来，成为一个独特的科研范式，即第四范式，也称为数据密集型科学。图 2-1 展示了科研范式演变的历程。

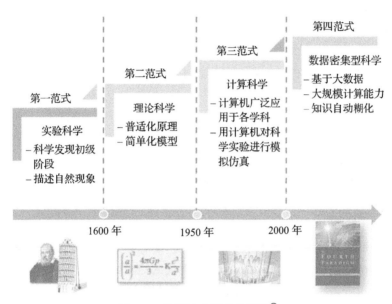

图 2-1　科研范式演变的历程[⊖]

　　第四范式与传统科研范式的差别在于，传统科研范式是由假设驱动，先提出可能理论，再收集数据，最后通过计算来验证假设的真伪；而第四范式则是在大量已知数据的前提下，通过计算得到未知的原理，从而对现有理论进行完善，这是由科学数据驱动的研究过程。但不论第一范式、第二范式、第三范式还是第四范式，每种类型的科研范式并不是孤立存在，也不是完全对前一个科研范式的取代，而是四种范式并行存在，彼此存在紧密的联系。理论研究为计算仿真和实验模型提供原理性支撑，计算仿真与实验设计相互指导，而计算仿真与实验得到的数据基于大数据、云计算和人工智能等技术展开分析，从而得到新的科学发现，进一

　　⊖　Tony Hey, Stewart Tansley, Kristin Tolle, et al. 第四范式：数据密集型科学发现 [M]. 潘教峰，张晓林，等译. 北京：科学出版社，2012.

　　⊖　该图取自 Tansley S、Tolle K、Kristin Tolle 等所作《第四范式：数据密集型科学发现》一书。

步完善已有的理论。从而形成从理论到计算、实验再到知识自动化和理论完善的闭环，不断促进人类科学发现的能力。

　　从第四范式的角度，任何学科都存在两个进化分支[⊖]：计算学分支和信息学分支。计算学分支基于现有理论，进行理论演绎，并采用信息技术对假说进行检验，从而发展新的学科理论；而信息学分支则先对实验、设备、档案、文献等各方面的数据进行采集，通过编码的方式存储在信息空间中，通过信息系统进行分析，研究者通过计算机向信息空间提出问题，并由系统给出答案。从这里可以看出计算主义和数据主义的本质区别：计算主义从计算的角度出发，将某一具体学科作为数据的集合，将数据集合作用于计算模型中进行验证；而数据主义从数据的角度出发，不依赖模型和具体假设，甚至不依赖于具体学科，是将计算作用于数据，从而更好地理解数据。

（二）第四范式与知识经济

　　虽然吉姆·格雷在提出第四范式的出发点是数据密集型科学发现，但基于密集型数据的知识发现模式却可以应用于各个领域，产生更加广泛的经济社会价值。

　　1996 年，联合国经济合作与发展组织（OECD）发布《以知识为基础的经济》的报告，其中提出"知识经济"是建立在知识和信息的生产、分配和使用之上的经济。知识经济表征了经济体趋向于对知识，信息和高技能投入水平的更大依赖的趋势，以及商业和公共部门对所有这些现成的需求的增长。在知识经济中，人力资本和无形资产（如专利、数据等）的作用上升至与传统物质资本同等重要的地位。知识经济的知识包括四种类型[⊖]，即关于是什么（know-what）的知识、关于为什么（know-why）的知识、关于怎么做（know-how）的知识、关于是谁（know-who）的知识。

　　近年来，随着云计算、大数据和人工智能技术的全面成熟和相互融合，数字化、网络化、智能化拓展了知识发现边界，加速了知识共享与扩散的效率，促进了知识紧密融合到生产、生活、学习的各个环节，为人类活动的提质增效创造新的空间。第四范式作为数字化、网络化、智能化的知识创造模式，将极大推动知识经济发展。

　　第四范式突破人类知识发现的可能性。1916 年，爱因斯坦预言引力波的存在，但传统实验观测的方法仅能间接证明引力波的存在，直到 2016 年，美国激光干涉

　　⊖ 顾峥，高阳.第四范式视角下的大数据科学 [J].南京信息工程大学学报（自然科学版），2019，11（03）：251-255.

　　⊖ OECD.以知识为基础的经济 [M].杨宏进，薛澜，译.北京：机械工业出版社，1997.

引力波天文台（LIGO）宣布直接探测到了引力波，人类首次直接观测到引力波（见图 2-2）。在这背后，超级计算等信息技术发挥了关键的支撑作用。例如，LIGO 通过探测仪采集了海量数据，需要通过数据网格传输给相应计算中心的超级计算机进行快速分析，而为了识别引力波信号中的噪声、评估设备的响应函数和分析引力波的来源，LIGO 采用了机器学习等先进算法对引力波天文大数据进行了深入挖掘，以上过程又得到了多核处理器、GPU、科学工作流系统等软硬件的支持[○]。引力波的发现突显了数字科技对知识发现的突破性贡献，丰富甚至改变了人类认知的可能性。

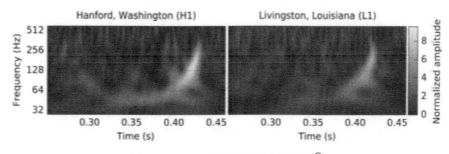

图 2-2　LIGO 观测到的引力波图示[○]

　　第四范式拓展知识发现覆盖面。一般对事物规律知识的研究有两个基本假设[○]：一是假设事物各组成部分机器相互关系遵从某些规律，然后通过实验或数理逻辑的方法得到该事物的整体规律；二是假设所研究的事物集合具有某种同质性且事物在行为演化过程中互不影响，随机地选择该集合中的少量事物进行观测并获取相关数据，然后进行数据处理和分析，进而得出该事物集合整体上所遵循的统计规律。但事实上，很多事物集合不能满足独立同分布假设，且很难做到随机采样，这就在很大程度上影响到分析的结果，甚至得到误导性的规律发现。在第四范式下，密集型数据有效解决了上述数据采集偏差问题，在数字科技的驱动下，各类数据通过各种传感器、移动终端等多种途径汇聚成海量数据集合，弥补了传统数据采集不全面不充分问题。

　　第四范式开辟知识认识新角度。大数据时代，人类对"是谁"的认识早已突

○　唐川，房俊民，田倩飞. 支撑引力波探测的信息技术基础设施：LIGO 的经验与启示 [J]. 世界科技研究与发展，2017，39（06）：463-466.

○　该图取自唐川、房俊民、田倩飞所作《支撑引力波探测的信息技术基础设施：LIGO 的经验与启示》一文。

○　参考自第 89 期双清论坛论证报告：《大数据技术和应用中的挑战性科学问题》。

破传统基于物理空间的认识模式。与传统知识发现相比，第四范式下的知识发现更关注研究的关联性、适用性和时效性。以在线购物为例，用户的基本信息和购物行为特征，被加以标签化，形成海量的用户画像，而平台企业则借助数据分析、数据挖掘获取用户喜好和需求，从而实现个性化推荐和动态精准营销。相较于传统营销模式，第四范式下的"是谁"知识发现提高了认知精准性，实现了知识认知的时效性，从而使得用户的需求得到更好的满足，消费端的个性化需要也能及时传达到生产端，形成用户直连制造（Customer-to-Manufacturer）的生产新模式，充分发挥数据的价值。在这个过程中，平台企业甚至不需要深入了解用户消费偏好的内在经济学、社会学成因，而更多是基于用户标签挖掘用户类型与用户需求的关联关系。对于知识内在机理的研究传统是人类进步本质性的、根本性的驱动力，但基于关联性的知识发现在数据高速迭代的数字时代同样具有极为重要的应用价值。

第四范式拓展人类知识使用宽度。在人类生产生活中，要提升生产能力，一个关键决定因素在于充分使用领域知识。传统的生产模式下，领域知识往往只掌握在少数具有高技能水平的人手中，同时基于领域知识的判断决策更离不开生产环境的动态信息；知识使用具有显著的空间、时间局限性。在数字时代，第四范式促进知识自动化、知识解耦和知识价值化，拓宽知识使用宽度。一是促进知识自动化，生产生活过程的领域知识和隐性知识被固化封装，并形成模块化、标准化、智能化的软件组件，特别是人工智能的广泛应用，深度学习对知识的理解、推理、学习能力得以空前提升，加速信息自动化到知识自动化的跃迁；二是促进知识解耦，组件化的知识模块以灵活的云服务和标准接口进行链接，不同领域间知识共享的信息被准确地定义在接口中，尽可能降低不同模块知识的耦合度，促进跨领域知识的组合利用，极大促进了知识复用，加速领域知识传播扩散；三是促进知识价值化，知识自动化、知识解耦配合互联网、物联网的应用，生产环境数据得以实时采集反馈，更甚至实现现实世界和虚拟世界映射的"数字孪生"，使生产过程的知识使用和在知识指导下的生产优化成为可能，知识的价值化成为可能。

二、数字科技支撑下的第四范式

第四范式的发展得益于大规模计算能力、存储能力和科学仪器的共享支撑，庞大的实验数据集能被高效地处理。数据密集型科学所涉及的"计算"既包括搜索、查询等传统的数据处理，也包括分析和理解等"智能"处理。数字科技将从算据、算力、算法三大方面有力支撑第四范式发展。

（一）第四范式的算据特征

数据增加的速度在未来只会增加，不会减少，这将促进第四范式不断发展应用。当前传感器、物联网、社交媒体等新一代信息技术和产品所引发的自然、社会数据呈指数级增长，表现出"4V"的特点，即海量（Volume）、高速（Velocity）、多样（Variety）、真实性（Veracity），催生第四范式下算据在格式、存储、访问这些方面的不同特征。

一是数据格式多样化。在大数据背景下，知识发现的过程往往是跨学科的，这些数据来自不同学科、不同行业，既包括结构化数据，又包括非结构化数据，或者半结构化数据，不同结构数据整合难度大，要实现这些不同类型数据的整合使用需要有统一的数据标准和数据接口，促进数据的融合。由于采集的原始数据往往缺乏一致性，需要通过数据清洗审查和校验数据，纠正存在的错误，删除重复信息，提高数据可利用性。

二是数据存储全生命周期化。传统科研数据规模较小，类型较为单一，研究人员通过分析科学数据来获取科研成果，而缺乏对科学数据的统一规划。在第四范式研究中，科学数据的长期保持和共享将成为重要的环节，以助于数据的重用和验证。面对海量数据，未来将形成数据全生命周期管理，建立对大数据集创建、存储、分析、发布、共享的数据管理尤为重要。自2011年以来，美国国家自然科学基金会要求科研项目申请中需要同时提交数据管理计划（DMP），以描述如何管理在研究项目过程中获取或生成的数据，以及数据分析和存储的机制，从而有助于在项目结束时共享和保存数据。

三是数据访问远程化。由于第四范式下数据集变得巨大，不可能仅仅用文件传输协议（FTP）来传输数据或按给定模式搜索数据文件，这就要求数据密集型计算需要在海量存储和高性能计算平台上实现，因此数据密集型计算通常无法在本地提供服务，而需要从远程提供接口和服务。

（二）第四范式的算力特征

第四范式创立的初衷就是期望通过机器学习或者人工智能等技术手段，帮助各行各业发现规律，提高行业的效率。

数据密集型科学以数据为驱动，其知识发现是一个以数据为核心的过程。但密集型数据多呈现量大、离散的特征，必须要通过数据间的充分互动才能寻找到数据间的联系。随着数据量的暴增，对数据"互动"和挖掘的技术需求也随之改变。密集型数据使传统人工处理方法不再有效，而必须使用更为智能的、自动的、高效的现代数据挖掘技术。云计算、人工智能成为数据密集型知识发现的必然选择。

云计算或是应对科研领域算力需求的解决方案。云计算可提供高效的集群计算能力和海量数据存储能力，部署在云计算中心的数据结合云计算中心的计算能力，实现数据存储和计算的一站式解决。同时，异构加速硬件的需求将上升，从传统图形处理器（GPU）到张量处理器（TPU）、深度计算器（DCU）等，高性能计算的效率和响应需求逐步提升。在硬件非功能需求方面，第四范式下数据的增加、计算的增加，也要求应用平台具备快速开发、可扩展、可兼容、可重用、生态完整等特性，为科研人员提供更具弹性的支撑环境，云计算可以很好地满足上述应用需求。

未来人工智能将在第四范式的科学研究中发挥重要作用，实现知识自动化。然而，AI技术的应用对数据存储和计算资源也提出更高要求。近年来，谷歌 AlphaGo 的突破，引发了全球范围对人工智能的极大关注和投资热潮。分析 AlphaGo 的成功原因，主要得益于三大因素的完美统一，即 GPU 强大的计算能力、深度学习算法的突破和围棋棋谱图像大数据，三者缺一不可。人工智能诞生60 年来，这一轮的突破，其关键点就在于超级计算机计算能力突飞猛进的发展和深度学习算法的成功结合。高性能计算与人工智能、大数据正在呈现出深度融合发展的趋势——高性能计算为人工智能应用提供了强劲的计算力，大数据则为人工智能提供数据资源，反之，人工智能与大数据也在推动高性能计算机发展出各种新的形态。

深度学习是高性能计算领域的杀手级应用。在语音识别、图像识别、自然语言处理的深度学习基础上，通过与各个领域应用场景的结合，衍生出全新的应用，如自动驾驶、个性化精准医疗、人脸识别、智能工业机器人、实时语音翻译、人机互动、生物基因工程、证券交易机器人等。在传统的科学计算领域，随着数据量的增加以及对实时处理分析需求的增加，机器学习问题也开始变得突出，如表 2-1 所示。

表 2-1 不同领域的机器学习问题和方法

科学领域	机器学习问题	机器学习方法
气候	极端天气检测	监督 / 半监督 / 无监督
天体物理	光晕发现	无监督
等离子物理	磁重联跟踪	半监督

（续）

科学领域	机器学习问题	机器学习方法
材料科学	合成材料预测	监督
光源	模式 / 异常检测	监督 / 无监督
可控核聚变	模式 / 异常检测	监督 / 半监督
天文观测	瞬态检测	监督
生物成像	聚类	无监督

　　人工智能的快速发展使得计算能力成为瓶颈。随着摩尔定律走向物理极限，在 X86 处理器前进步伐放缓的情况下，人工智能促进了加速器和异构计算的发展。如微软用 FPGA 集群加速 BING 搜索等应用；百度将面向人工智能的 FPGA 芯片 XPU 用于加速自动驾驶等应用；NVIDIA 研究院与斯坦福大学的吴恩达团队展开合作，将 GPU 应用于深度学习，加速深度神经网络，其测试表明，12 颗 NVIDIA GPU 可以提供相当于 2000 颗 CPU 的深度学习性能。

　　由于 GPU 相比 CPU 可以提供更高的准确性，可以大幅度降低计算成本，且耗时更小，功耗更低，逐渐成为目前市场上的主流技术，美国 NVIDIA、AMD、Intel 公司的产品占领了我国深度学习加速器市场几乎 100% 的市场份额。

　　在 AI 服务器和 AI 超级计算机系统方面，业界也在不断创新。如日本富士通公司正在利用 NVIDIA 的 DGX-1 技术构建深度学习 AI 超级计算机，重点支持医学和制造业领域的应用。曙光公司 2017 年新推出的 SuperBOX 服务器是专为密集型深度学习市场设计的超高密度异构计算节点，在 4U 空间可最大内置 20 颗主流加速卡，具有极高拓展性，利用几个甚至几十个 SuperBOX 进行互联拓展可以构建大型高密度 GPU 计算集群。在 GTC 2018 大会上，NVIDIA 刚刚发布了全球最大 GPU DGX-2——搭载 16 颗 GV100 GPU，宣称相当于 300 台服务器的深度学习处理能力，能够实现每秒 2000 万亿次浮点运算（2 Pflops），性能比 2017 年 9 月推出的 DGX-1 性能提高了 10 倍，售价也高达惊人的 39.9 万美元（人民币约 250 万元）。

　　目前，谷歌、微软、IBM、Facebook 等全球 IT 巨头都投巨资加速超大规模人工智能计算平台的研发，旨在抢占新计算时代的战略制高点，掌控人工智能时代主导权。从发展趋势上看，在服务器平台层面开启的新一轮计算模式变革拉开帷幕，是人工智能产业正式走向成熟的拐点。

（三）第四范式的算法特征

　　算法是知识发现的核心，只有好的算法才能从海量数据中挖掘得到有价值的信息，而好的算法将成为组织的核心竞争力，也将构成国家的未来竞争力。

　　数据密集型科学所需要的数据分析和理解不仅是单一的数据分析，这些算法必须能够在海量、分布和异构数据管理平台上实现高效的数据挖掘。但基于大规模、动态、异构数据的特性，数据密集计算需要的是与存储和管理平台紧密结合的、具有高度灵活性和定制能力的、易用的算法。在远程服务平台上，用户的需求将包括从数据获取到预处理再到数据分析、处理的整个过程，既需要有通用和专业软件的支撑，还将涉及知识发现的复杂流程。

　　高性能、可扩展的数值计算也对算法提出挑战。传统的数据分析包只能在适合 RAM 的数据集上运行，为了处理较大数量级的分析，需要在维持数据准确性的同时，重新设计这些分析包，使其以多阶段、分而控制的方式运行。这就需要一种能将大规模问题分解为小模块，而把其余数据集保留在磁盘中的方法，以使 RAM 有能力处理。为此，需要对问题进行分解，通过解决小问题获得大问题解决的还原论方法是科研第四范式的重要支撑。

专栏 2-1：美国基于大数据的高性能计算发展思路

　　大数据使高性能计算机从单纯追求提升计算速度（scale-up）变成同时着重提高系统的吞吐率（scale-out），促使高性能计算设计理念从传统的"以计算为中心"转向"以数据为中心"。高性能计算与大数据的内在逻辑是相通的，在平台扩展、应用落地等方面具有互补优势，因而就满足了它们进行融合的充分条件，两者在产业生态链上的紧密衔接可以更好地推进信息资源组织模式的深入变革与发展。

　　美国 2015 年 7 月发布的"国家战略计算计划（NSCI）"总统令指出要增强建模/模拟计算与数据分析计算之间的相关性，提出"高性能计算与大数据融合"思想，并认为此举将影响美国未来的科学发明、国家安全和经济竞争力；作为呼应，2016 年 5 月发布的《联邦大数据研发战略计划》则强调要投资发展高性能计算技术、研制百亿亿次计算系统。Cray 公司在 SC15 上宣布了"统一平台战略"，将未来的超级计算机看作是大数据基础设施，确立了"分析、大数据、高性能计算"三位一体技术路线，并于 2016 年 5 月推出了专门为处理大数据而设计的 Urika-GX 超级计算机，该系统可在 OpenStack 开源云计算平台上运行，支持 Hadoop 和 Spark 等开源大数据处理工具。IBM 公司认为 Hadoop 及 Apache Spark 等配置方案在本质上其实属于超级计算机。秉持这一思路，IBM 开始调整其超级计算机管理代码以处理 X86 集群之上的各类应用。IBM 正在与密歇根大学合作研发以数据为中心的高性能计算系统，希望将大量数据集与HPC能力无缝集成，形成新的预测模拟技术。此外，目前许多典型HPC系统（如TSUBAM、BlueWaters、Hopper等）都已配备图计算环境，涵盖社会关系分析、信息传播仿真、生物计算、深度学习等应用领域。

此外，第四范式将在科研方面引发一些更加深刻的变化。一方面，算力资源将更加倾向于商品化，未来关于算力共享租赁将逐渐成为一大产业；另一方面，算力资源呈现出个性化的需求，不同研究领域的科研人员算力需求构成千差万别，即便是同一领域，由于其研究问题的差异，也会表现出不同的硬件和软件资源的需求差异。调研发现，科研人员对定制化的私人算力资源部署有很大的兴趣。在数据为源，算力为根的第四范式下，商品化和个性化的趋势将得到快速发展。

三、第四范式发展的需求展望

长期来看，第四范式的发展仍面临一些技术和制度的限制，需要数字科技发展领域的内外协同，共同创造"算据可用，算力可享，算法可靠"的发展模式。一是需要对第四范式的算据、算力、算法的质量和数量进一步优化完善，满足第四范式有别于传统科研范式的计算需求；二是需要在体制机制层面，从设施建设、运营、使用以及数据管理等各维度构建保障第四范式长远发展的制度体系。

（一）第四范式发展的计算环境需求

未来，第四范式将更广泛融合到科学研究、经济社会发展的各领域。这对数字科技的发展提出新的挑战。

一是对数据质量的需求。在第四范式研究中，各个学科研究的数据采集不再满足于传统抽样数据所获取的近似结果，转而追求在更长时间和更广空间的维度上采集更多类型和更大规模的科学数据，从而服务于高精度的模拟仿真和信息挖掘。例如，在计算生物学基因测序中，电子健康记录及智能传感设备的应用，将极大提高数据更新的频度和维度，形成高度异质的数据集合，成为第四范式研究的基础。

二是对网络传输系统的需求。网络的连接将影响科学数据的获取速度和科学交流的效率。一方面数据传输速度、完整性和保密性将成为科研领域网络数据传输面临的重大挑战。未来 5G 通信技术的广泛应用将极大提高传输速度，支持更多的终端接入网络，缩短网络延时。另一方面，在密集型数据处理中，数据 I/O 等从存储到计算的频繁程度和带宽需求也将大幅上升，而计算进程之间通信更多以小消息为主，约占消息总数的 95%，因而对存储网络和计算网络的性能需求将产生显著分离。

三是对软件基础设施的需求。相比于数据增长的速度和规模，目前数据分析软件的发展显著滞后。第四范式对软件基础设施的需求包括：①发展专业软件的需求。在科研领域，不同学科具有不同的专业软件需求，同时现有数据分析软件难以有效处理海量异构的原始科学数据，为此科研领域亟须更为高效的数据分析算法和软件。②软件格式的一致性需求。当前软件的多样性导致了科研工作流程中上一个环节软件输出的数据不能被下一个环节的软件所识别，软件间的数据兼容性有待提高。③提高软件友好性。针对科研领域应用跨学科的特点，很多非计算机专业的科研人员需要使用人工智能、机器学习等软件，这就要求未来针对数据密集型科研的软件具有较强的友好性，降低非专业领域用户使用的难度，全面服务第四范式应用。

（二）第四范式发展的体制机制保障需求

数字时代，第四范式对算据、算力、算法的使用，提出了建立一个共享、开放、创新的数字科技相关体制机制的新需求。

一是科学数据管理方面，第四范式下海量数据的产生对数据质量、数据安全、数据确权、数据共享等数据流通全生命周期问题提出新需求，迫切需要建立新的数据管理保障体制，以促进数据更好地利用。开放科学成为各国支撑数据开放、共享，促进科学创新的重要途径。欧盟地平线 2020（Horizon 2020）战略发布的出版物与科学数据开放存取背景声明中，将科学数据与出版物作为同等重要的开放存取研究成果，以避免重复工作提高效率，加快创新速度，并提高科学过程的透明度。美国成立了开放科学中心（Center for Open Science，COS），致力于打造一个科研过程、内容和成果全开放的未来学术社区，提升研究的开放性、完整性和可重复性；我国于 2018 年出台了《科学数据管理办法》，对科学数据的职责认定、数据采集、汇交、保存，数据共享与利用、数据保密与安全等多个方面做了全面的阐释。以生命科学为例，在美国国家生物技术信息中心（NCBI）、欧洲生物信息学研究所（EBI）、日本 DNA 数据库（DDBJ），科学家不仅可无偿使用存储在这些数据库的数据，且有大批计算机专家和生物学家维护着数据库，免去了科研人员后顾之忧。

　　二是在硬件基础设施建设方面，未来科研数字基础设施需建立多层次的科研基础设施运营架构，协调政府、科研机构、企业等多方主体关系，充分发挥各方在科研基础设施建设、运行、维护中的作用。政府在其中发挥主导作用，以国家科学发展长期规划为指引，合理布局，为国家科技创新提供最强有力的支撑；而科研机构、企业可在运维、投资、管理等多个维度参与其中。在这方面，欧美的经验或可作为借鉴。欧洲科研基础设施主要依托大学和公共科研机构建设，通过新建、升级、改造并在欧洲范围内进行整合共享。为协调不同国家及组织的利益，由多元化的建设主体从事投资和管理。美国也已经形成了政府拥有，高校、企业、非营利机构等各种类型组织多样化协同运营科研基础设施的模式。欧美都十分注重科研基础设施、大型仪器、中型仪器、网络基础设施等工具和功能的投资比重和组合，注重学科之间的平衡，并设立专门组织开展评议。同时，资金来源多元化，重视吸收国际资金开展协同建设。

　　三是在科研数字基础设施运营方面，在开放、共享、创新的理念下，充分发挥基础设施的社会价值。未来科研数字基础设施除了科研领域的计算需求，在全社会也将存在相关的需求，需要根据基础设施分类，有选择地开发科研基础设施，提高全社会共享率，包括技术、数据、方法、软件等多个维度的共享。可采取成本补充收费方式，采取会员制模式，对加入共享的会员按照年度收费。对于不同的申请对象在时间分配、付费等方面建立不同的共享机制。

　　四是在软件基础设施建设方面，需积极促进专业科研单位与社会组织合作，加快专业软件和通用软件开发。专业软件的开发既需要有专业的领域知识，也需要有软件开发的技术支撑。在社会效益最优的目标下，需鼓励科研院所积极与专业软件开发公司合作，开发各学科应用软件。同时，软件开发公司、云计算供应商应合作形成完整的计算生态，为科研提供一站式计算支撑。这一方面 IBM 做了很多的工作，先后投资了 SPSS、i2、OpenPages、Algorithmics、Clarity 等公司，并雇用了近万名专业的大数据分析专家，从事数据密集型的商业研究。此类通用软件的开发为科研计算需求提供了极大的支撑。

第三章 | Chapter3

数字科技的科研组织方式创新：
数据密集型科研组织[⊖]

一、数据密集型科研

（一）数据密集型科研的概念

伴随着新一代信息技术的不断发展、互联网普及以及海量数据的涌现，科学研究范式逐步转型，科学研究的组织形式也不断发生重大变化。科研范式（paradigm）是由托马斯·库恩在《科学革命的结构》中提出的，指"得到公众认可的典型模式，作为一种模式或范例，它能够替代作为一般科学存在的难题解决方法的明确基础性原则"[⊜]。在不同的发展阶段，科学活动的组织范式均基于不同的科学需求、经济社会需求，以及研究对象和研究手段的不同而不同，其中国家科学活动主导主体和科研活动实施主体（科研机构和科研人员）发挥着关键

⊖ 本章执笔人：中国科学院科技战略咨询研究院的裴瑞敏。

⊜ 托马斯·库恩在《科学革命的结构》一书中指出，在过去 500 年里，科学领域发生了 7 次由概念驱动的革命。这些革命都与哥白尼、牛顿、达尔文、麦克斯韦尔、弗洛伊德、爱因斯坦和海森堡的名字联系在一起。大约在同一时期，有 20 次工具驱动的革命，从天文学的望远镜到生物学的 X 射线衍射。

作用[⊖]。

科学的发展推动科学知识体系的丰富和分化，并逐步形成现代的学科门类体系。科学的发展经历了以实验为主的经验科学，到以归纳总结为主的理论科学，再到以计算机仿真为特征的计算科学，目前发展到了以数据驱动为特征的数据密集型科研的"第四范式"时代，科学进入第四范式，聚焦于数据密集型科研系统和科学交流，数据密集型科研是对科学方法的一次革命[⊜]，在数据密集型科研中，数字技术是科学研究的推动者。

所谓数据密集型科学是指从海量数据中通过计算开展科研活动的一种科研方式，有以下必备要素：①研究对象是大数据；②数据的渠道来源是计算机通过模拟仿真实验产生或是通过仪器抓取采集；③数据处理工具是各式软件；④数据存储工具主要是计算机等；⑤知识理论的获得是在无理论前提和假设下基于数据得出新结论或新理论[⊜]。

数据密集型科学第四范式继承前三种科研范式的优势，将实验、推理和模拟综合起来，同时作为应对大数据时代挑战的新科研范式，具有不同于前三种科研范式的独有特点：

（1）研究客体变为数据

科学家直接研究的是数据而非实验对象，数据不再仅仅是科学研究的结果，而是变成科学研究的基础。在数据密集型科学范式中，通过对数据的分析和挖掘，揭示数据中的有用价值，来探寻其反映的物理世界。

（2）科研范式转变为数据驱动

大数据时代，科学研究正由传统的假设驱动向数据驱动转变。传统的科研范式中，由于所能采集和使用的数据有限，假设驱动型研究方法是一种较为有效的模式，通过假设而后推理验证的方式一定程度避免了数据不足带来的问题。而随着大数据时代科研数据的涌现，数据愈来愈成为科学研究的核心内容和对象，科学家更倾向于直接从数据中去挖掘获取信息、获得知识，数据成为科研活动直接驱动力。

⊖　姜明智，曲建升，刘红煦，等 . 科学组织范式的演变及其发展趋势研究 [J]. 图书与情报，2018，183（05）：50-55，146.

⊜　Tony Hey, Stewart Tansley, Kristin Tolle, et al. 第四范式：数据密集科学发现 [M]. 潘教峰，张晓林，等译 . 北京：科学出版社，2012.

⊜　Tony Hey, Stewart Tansley, Kristin Tolle, et al. 第四范式：数据密集科学发现 [M]. 潘教峰，张晓林，等译 . 北京：科学出版社，2012.

（3）科学分工中科学家的核心主导作用在降低

在实验科学、理论科学和计算科学中，科学家在科研过程中起到核心主导作用，从实验开始的设计到后面的推理验证都需要科学家智力的参与；而数据密集型科学范式主导的研究中，从数据的采集到存储，管理和分析过程，智能化的仪器、计算机，高效的数据处理技术等在整个科研活动的工作已经替代了很多过去科学家的工作份额，以数据为中心的计算机技术、各类数据研究工具和各种数据管理分析方法成为大数据时代科学活动必不可少的组成部分。

（二）数字技术对科研活动的影响

数字技术正在给科学、技术和创新（STI）带来革命性变化，在选题到实验、知识共享、公众参与、知识传播等多个方面都有体现。

数字化正在改变企业、大学和科研机构的研究开展和传播的方式。国际科学作者调查（International Survey of Scientific Authors，ISSA）分析了数字化是如何影响科学家的工作的，包括他们是否认为数字工具让科研更有效率；他们在多大程度上依赖大数据分析，或者共享通过研究开发的数据和源代码；以及他们在多大程度上依赖数字身份和存在来交流彼此的研究。初步结果显示，不同领域的数字化模式截然不同⊖。图 3-1 展示了各个学科领域对数字技术和数字工具的使用情况，可以看出计算机科学大量使用了大数据分析等数字工具，其次是多学科研究、数学、地球和行星科学，大部分学科都会共享数据和 / 或代码为他人所用，而社会科学、艺术和人文学科领域的研究目前还较少使用数字和数据 / 代码传播工具，但这些领域可能是使用社会媒体来开展外部交流。从材料科学到生物学，与数字化没有传统联系的、发达经济体所依赖的研究领域，在性质上正日益数字化。与此同时，数字技术正在改变科学的过程，扩大科学的范围。

数字技术成为"开放科学"实践的关键推动者。数字化有助于降低交易成本，促进数据重用，增加精确性和再现性，减少重复研究。扩大科学出版物、数据和代码的获取范围是开放科学的核心，以便尽可能广泛地传播潜在的好处⊖。数字化正在使科学更加协作化和网络化。

⊖　https://doi.org/10.1787/1b06c47c-en。

⊖　http://dx.doi.org/10.1787/5js04dr9l47j-en。

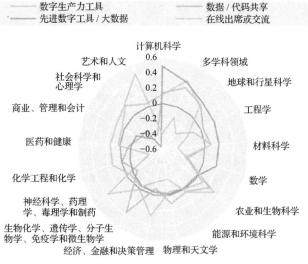

图 3-1　不同学科数据化程度[⊖]

数字技术能提高研究生产率。一些学者声称科学正变得越来越低效。他们认为，容易摘到的知识果实已经被摘过了，实验的成本越来越高，科学必须越来越多地跨越更多学科之间的复杂边界进行。科学家们也被数据和信息淹没了。科学家平均每年阅读约 250 篇论文，但仅在生物医学领域就有超过 2600 万篇同行评审的论文。此外，科学产出的整体质量可能正在下降。Freedman 估计，仅在美国每年就有大约 280 亿美元被浪费在不可重复的临床前研究上。在某些证据表明研究生产力可能下降的同时，人工智能可能会提高科学生产力[⊖]。人工智能正被用于科学过程的所有阶段，从科学文献中的信息自动提取，到实验（制药行业通常使用自动化的高通量药物设计平台）、大规模数据收集和优化实验设计。人工智能已经预测了混沌系统在遥远时空的行为，解决了遗传学中复杂的计算问题，提高了天文成像的质量，并帮助发现了化学合成的规则[⊜]。

数字技术加快科学技术应对全球挑战的能力。环境挑战包括大气变暖、生物多样性丧失、表土枯竭和缺水，健康挑战包括疾病威胁——从耐多药细菌到新的大流行病，人口挑战包括人口老龄化的问题和治疗神经退行性疾病的迫切需要，要应对这些挑战，并在成本效益方面取得突破，就必须在科学和技术方面取得突破。

数字技术可能扩大各国之间的科学能力差距。各国在互补资产（如计算资源、人力资本和数据访问）本就分布不均，此外，支撑从交通网络到金融市场等重要基础设施的复杂数字系统，可能也会变得更难进行安全管理。诸如如何应对所谓的"掠夺性"在线科学期刊，以及如何保持个人研究数据匿名等问题表明，数字技术的新应用可能令人产生新的政策担忧。

总之，数字技术与科学家的相遇催生了 eScience，科研人员利用传感器、CCD 到超级计算机、粒子对撞机等许多不同的方法收集或产出数据。科学的世界发生了变化。新的研究模式通过仪器收集数据或通过模拟方法产生数据，然后用软件进行处理，再将形成的信息和知识存储于计算机中。科学家们只是在这个工作流中相当靠后的步骤才开始审视数据。用于这种数据密集型科学的技术和方法与传统的方法迥然不同。

专栏 3-1：区块链在科学和创新中的可能应用

区块链本质上是一个共享数据库，存储于其中的数据或信息具有"不可伪造""全程留痕""可以追溯""公开透明""集体维护"等特征。基于这些特征，区块链技术奠定了坚实的"信任"基础，创造了可靠的"合作"机制，具有广阔的应用前景。区块链在科学和创新中可能的用处包括：

第一，为科学建立加密货币。使用加密货币，可以支付科学文献，还可以促进奖励系统的建设，例如统计支持、实验室设备交换、数据托管和管理、同行审查等[⊖]。

第二，储存和共享研究数据。建立包含大量研究数据的数据库在技术上是可行的，但从集中管理和所有权鉴别的角度，共享数据系统的实现则比较复杂。同时，数据安全和访问的便捷性也是待解决的问题。区块链可以使可扩展、安全和分散的数据存储变得更加易于实现。它还可以通过自动跟踪和记录、统计、分析等工作，增强科学的再现性，同时降低数据欺诈的风险。

第三，促进数据的使用。由于多种原因，数据共享可能存在困难，包括制度和技术的问题以及法规。此外，数据持有者还担心数据被不恰当使用，或意外造成客户数据的泄露。在技术层面上，一些数据集太大而难以共享，例如，100 个人类基因组可能会占用 30GB 的空间；关于数据来源的不确定性也可能妨碍数据共享或购买。此外，监管机构可能会越来越多地要求人工智能系统展示

⊖ van Rossum, J. The blockchain and its potential for science and academic publishing. Presentation at the digital technology for science and innovation workshop, Oslo, 5-6 November.

可审计的数据使用行为。在这种环境下，人们正在努力地将区块链和 AI 应用在一个系统中，该系统为数据持有者提供数据协作，同时可以提供完全的控制和审计。"海洋协议"是一个由非营利组织创建的项目，它开创了这样一个系统，即在一个用例中，数据既不共享也不复制。相反，算法将数据用于训练，将对数据的所有操作都记录在分布式账本中[一]。

第四，使创造性材料的所有权更加透明。商业服务可以通过提供一个区块链验证的加密 ID 来证明创造性作品所有权的安全归属[二]。例如成立于 2018 年的 Artifacts 是一个发布研究人员认为值得分享的任何材料的平台，在这个平台中，从数据集到单一的观察记录，所有研究结果都记录到区块链中。Artifacts 的目标是以安全且可跟踪的方式传播更多科学信息，这比同行评审的方式更快[三]。

第五，扩大超级计算机的使用范围。例如 Golem 的目标是利用闲置计算机和世界各地的数据中心的处理能力，创建一个全球超级计算机，任何人都可以使用。用户可以相互租用计算时间，并使用区块链来跟踪计算过程并完成支付，确保数据安全[四]。

（三）数据密集型科研的主要特征

科研数字化转型需要具备四个要素：技术、数据、业务流程变化和组织变革。在学科知识体系为主的科研范式下，科研主要是从提出假设开始，数据仅是作为科研的基本记录形式之一；数据密集型科研的基本逻辑发生了根本性变化，在大数据和人工智能（AI）主导的科研范式下，数据和 AI 结合本身能产生新的知识，打破了原有科研范式下人脑是新知识产生的主要场所的事实，通过机器挖掘数据来获取知识成为科研的主要范式。因此，科研产生的机理、机制和场所都发生了相应的变化，人在科研中的作用和与科研资料的关系也发生了变化。

数据密集型科研由采集、管理和分析三个基本活动组成[五]，具有如下特征：

[一]　www.oecd.org/sti/inno/digital-technology-for-science-and-innovation-emerging-topics.htm。

[二]　Stankovic, M. Using blockchain to facilitate innovation in the creative economy. Presentation at the digital technology for science and innovation workshop, Oslo, 5-6 November.

[三]　www.nature.com/articles/d41586-019-00447-9。

[四]　https://golem.network/ (accessed 20 June 2019)。

[五]　Tony Hey，Stewart Tansley，Kristin Tolle，et al. 第四范式：数据密集型科学发现 [M]. 潘教峰，张晓林，等译 . 北京：科学出版社，2012.

第一，人与数据的协同。数据密集型科研与科研信息化不同的是，在科研信息化中，数据仅对科研起到辅助的作用，而在数据密集型科研中，大数据和 AI 与科研活动结合，数据参与到新知识的创造中，数据与人协同产生新知识，科研组织模式朝着数字化、网络化、智能化转变，科研流程发生了根本性的改变。

第二，多源异构数据与知识的协同。数据密集型科研中，数据的来源和形式多样化，现代化的数据与文件存储体系是数据密集型科研的基础设施。因此，数据密集型科研需要多源异构的数据和知识，需要学科交叉，创建一系列通用的工具以支持数据采集、验证、管理分析和长期保存等全部流程，以支持多源数据分析。

第三，科研人机的协同。数据密集型科研中，人工智能技术的快速发展为人机协同提供了更大的可能性，机器和人共同参与到科学发现和知识创造过程中，机器的智能和人的智能之间实现协同。AI 工具和技术可以快速分析大量研究数据，例如在抗击新冠肺炎疫情中，AI 帮助医学界和政策制定者了解病毒，并加快治疗研究；AI 文本和数据挖掘工具可以帮助科研人员揭示病毒的历史、传播、诊断和管理措施，以及从以前的流行病中吸取教训；AI 还可以帮助科研人员检测、诊断和防止病毒的传播等[一]。

以上三个协同相辅相成，共同构成数据密集型科研活动的基本特征，围绕数据密集型科研的基本特征，科研流程发生了改变，而变动的流程需要对组织、对人的激励方式等进行相应变革。

二、数据密集型科研的组织形式

（一）科研组织结构的转变：从科层制组织到网络型组织

随着现代科学的不断发展，科研机构的服务对象由传统工业转化为创新性产业产出，传统科研机构的组织特征，包括权责分配、组织目标和人员结构等方面都在不断发展进步，逐渐转化为新型组织范式。

传统的科研组织结构主要有科层制组织、权威接受型组织、责任型组织，其中科层制（又称官僚制）由马克斯·韦伯提出，是一种按照职能进行分工、分层，自上而下地对组织工作进行安排，并以规则来管理上下级活动的管理方式。科层制组织具有稳定性强、专业化水平高、严密、效率高等优点，同时存在人员不够

　　⊖　https://www.oecd.org/industry/oecd-digital-economy-outlook-2020-bb167041-en.htm。

灵活、缺乏创新性和积极性等问题。科层制包括直线职能制、事业部制、矩阵制等经典结构。权威接受型组织由巴纳德提出，是对韦伯理论的继承和发展，即任务的权威性不是由任务提供者决定，而是由任务的接受者决定。在这种组织中，可以通过增强个体协作意愿，加强沟通交流，开展有效协作来使下级接受上级的任务和权威。责任型组织更能满足外部环境的不确定性，比起科层制组织和权威接受型组织，责任型组织通过内部人员的责任将其联系在一起，构成一个完整的责任共同体，组织内部成员具有共同的目标，通过自愿参与的协作方式，根据各自职责进行分权，每个成员对自己的岗位负责，并承担整个共同体的责任，享受整个共同体的利益。

随着社会生产力不断发展，人员流动性不断增强，组织对于创新性和灵活性有了更高要求，为了进一步提高组织灵活性和效率，流程型组织和网络型组织应运而生，组织范式也在逐渐向着更加灵活、有效的方向转变。

新型的科研组织结构又分为流程型组织和网络型组织。其中，流程型组织强调组织的整体性，根据科研活动的各个流程来配置相应人员和工作，通过人员之间的相互协作，将组织的投入转化为最终产出。网络型组织是以核心机构为主导，利用外部其他组织的优势，共同开展科研任务。网络型组织没有集权控制，组织成员通过交流网络实现权责分明。除了组织结构的转变，科研机构也从最初的实体机构变成虚拟的网络型组织，科研人员可以跨越时空进行交流。

传统组织结构和新型组织结构在组织对象、结构特征、权责分配、组织目标、组织人员等方面有明显差别。通过对科研机构组织范式分析研究，可以发现，组织范式从最初的集中管理到分散管理，权力下放，权责逐渐明晰；组织范式也更加注重效率与灵活性，组织与外界联系更加密切，应变能力变强。除此之外，组织范式也更加注重组织内部与其他组织之间的关系，向着平等协同的方向发展。

科研组织范式的演变是历史发展、社会进步的产物。随着科学技术的发展，社会需求的改变，原有的组织范式不断调整，新的组织范式由此产生并发展。正是由于这种保持适应性并随着社会需求变化的能力，组织才能不断生存、发展和进步。机构在不同的发展阶段会有不同的组织战略和发展目标，为了满足不同的需求，需要对人力物力资源调配，更好地适应变化。各组织发展到一定程度，会进入到一个平稳发展时期，同时也会出现新型组织能够更好地满足和顺应时代要求，但这并不意味着原有机构已经失去了价值，这些机构仍然存在且随着科学不断发展而调整自己的组织范式与管理模式，并积极与其他新兴科学组织相互合作，跨学科、跨部门地开展科学研究活动。

（二）数据密集型科研的组织范式

数据密集型越来越成为现代科研的典型特征，数据密集型科研的研究对象发生了变化，因此要求相应的组织形式也要发生变化，按照科研过程输入—过程—输出（Input-Process-Output，IPO）的阶段划分，数据密集型科研在输入环节主要是输入数据，在执行过程中主要是用数据处理技术分析数据，输出主要是数据和文献。因此，在组织形式上，根据数据来源、数据特性、数据出口的差异等对数据密集型科研的组织范式有不同的要求。

在数据密集型科研活动中，数据的来源大致可以分为两种途径，一是外部数据源（外源数据），二是机构内部所产生的数据（内源数据）；数据的输出相对应着有开源数据和闭源数据，例如依托大科学装置的科研组织，数据更倾向于内源数据和闭源数据，而生物领域的数据，更多的是要从各个不同的外部渠道获得数据，实验产生的数据和一些代码也会有人共享，这样就形成了开源数据。随着科研数据的价值越来越凸显，数据和新兴技术在科研中起到越来越重要的作用，集成的数据将发挥更大的作用，数据驱动、开放协作的科研组织范式将越来越成为主流，科研组织将跨越机构边界，有边界的机构则成为一种平台，跨机构、跨学科、平台化、体系化、分工细化、开放协作的特征愈加突出，全新的科学组织范式正在形成之中。具体来看，主要有科研活动、科研管理、科研人员组织范式的变化。

（1）科研活动的组织范式

科学研究活动的组织范式从第一范式的实验科学到第二范式的理论科学，再到第三范式的计算和模拟科学，直到最新的第四范式数据密集型科学，每一次变化都是随着科学认知的拓展、科技应用的发展、社会和公众需求的改变等因素而产生。当前科学研究效率的快速提升、科学成果的加快涌现，均得益于过去数十年间信息技术和数据科学的支持。开放式的网络化协作科研和数据驱动的数据密集型科研已成为科研活动的重要组织方式，而且可以预期，这一趋势将持续加强，并最终建立基于先进技术、开放理念的全新的科研活动组织范式。

（2）科研管理的组织范式

科研管理组织范式的演变具有以下特点：一是从最初的集中管理到分散管理，权力逐渐下放，权责不断明晰；二是由最初的自上而下集中制向交互协助、职权分明方向转变；三是由最初森严的集权制向平等和谐的权责分明制转变；四是更加注重效率与灵活性，组织与外界联系更加密切，应变能力逐渐变强。科研管理的组织范式将更加注重组织内部与其他组织之间的关系，科研机构和学科的边界也将被打破，并形成以科学问题为主线，跨机构、跨地域、跨学科进行资源组织、人员管理和设施配备的新型科研管理组织范式。

（3）科研人员的组织范式

先进的科研设施与技术的发展，在两个方面影响着科研人员参与科研活动的方式：一方面，专业人员的分析测试、观测监测、模拟研究等手段和水平快速提升，支持专业人员向更专业的层面发展；另一方面，技术的发展也降低了科技活动的成本和准入门槛，在一些研究区域或研究对象宽泛的科学领域，公众的参与度不断提高，远程、分布式、网络化的科研人员组织范式日益普遍，允许更广泛参与的开放科学成为传统严谨科学的积极补充。新型科研人员组织范式的发展，也将在分布式科研任务的众包管理和多源科学成果的集成等方面提出全新的管理要求。

三、数据密集型新型研发组织 GHDDI 案例研究

全球健康药物研发中心（Global Health Drug Discovery Institute，GHDDI）于2016年在北京成立，是由比尔及梅琳达·盖茨基金会、清华大学和北京市政府联合创办的一所独立运营、非营利性质的创新药物研发机构，也是政府与社会资本合作（PPP）模式在国内科技领域的首次实践。通过汇聚世界顶尖资源、发挥中国特色优势，GHDDI致力于开发引领性的新药研发能力和创新转化技术，攻克发展中国家面临的重大疾病挑战等问题并改善全球健康。

随着新冠肺炎疫情的全球蔓延，快速低成本药物研发成为行业的共同挑战，而大数据挖掘和机器学习等技术驱动的药物发现方法的潜力与价值越发凸显。为了应对数据密集型科研业务流程方面的变化，GHDDI在科研组织模式方面也进行了相应的调整，例如建立嵌入全球创新网络的共享开源知识平台、AI技术医药研发应用平台以及科研数字孪生技术的应用及组织等。

（一）嵌入全球创新网络的共享开源知识平台

GHDDI聚焦多个疾病领域，包括传染病（结核病、痢疾、寄生虫感染）、肠道疾病、神经系统疾病等，发挥专业优势；其组织运行特点是通过项目组合的方式发展多元化的项目组合和丰富的候选药物管线，包括靶点验证、苗头化合物发现、先导化合物优化、临床研究申请；建立结构生物学、临床前/临床研究等模块化的药物研发过程，灵活高效地配置资源；此外，与美国加州生物医学研究院、结核病联盟、疟疾药品事业会、葛兰素史克、药明康德等机构合作，建设全球顶尖合作网络，获取互补资源和关键能力，共同开发新药与新技术。

GHDDI将自己打造成一个药物研发的共享开源知识平台，在疫情期间，为

了全球更多人的健康，GHDDI 开放更多的资源，携手更多致力于创新药研发的组织、团队和机构，共同助力全球新药研发，这就体现了资源共享和团结合作的意义。GHDDI 的人工智能团队（AIDD）用了 4 天的时间在 GitHub 上搭建了TargetingCOVID-19 一站式科研数据与信息共享平台，在第一时间公布研究新冠病毒所需的历史文献和数据下载链接。之后在疫情的发展过程中，针对不断更新的科学认知又逐步搭建完成新冠病毒人工智能全球共享云计算系统，向全球科研群体开放由中心自主研发的新冠病毒人工智能虚拟筛选服务，包括开放式的前端一键计算功能，可预测任何所查询化合物的新冠病毒相关靶结合能力和表型药效特征。同时针对具体项目提供新冠人工智能高通量虚拟筛选定制服务，支持多个科研机构课题组筛选新冠药物，通过开放顶尖数据库和超算资源，避免重复的工作，为具有药物研发专业知识但不具备全流程研发能力的机构和个人提供支持，赋能全球科研人员，共同加速针对新冠病毒的药物研发，整体架构如图 3-2 所示。

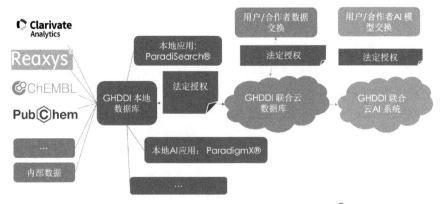

图 3-2　GHDDI 的联合数据库和联合学习系统[⊖]

　　GHDDI 将这种疫情开发的共享科研平台模式常规化，通过集聚医药领域的相关数据，形成在其他新药研发方面的数据和信息资源共享平台，其中数据主要来自药企、学术界、公共部门和商业数据库。GHDDI 的目标是最终通过能爬取的数据来预测无法获取的数据（目前用买来的数据进行训练）。

专栏 3-2：数据密集型医药科研数据来源

　　数据来源 1：医药企业产生的数据，此部分基础数据质量较高。不同领域的

⊖　该图由 GHDDI 提供。

医药企业分享数据的意愿不同，比如不是很赚钱的传染病领域（如疟疾），药企分享数据的意愿更强烈一些。

数据来源 2：学术界数据。在开源的环境中，学术界的数据具有零散、误差大、噪音大等特点，且学术界在癌症领域积累的数据比较多。

数据来源 3：公共数据库。欧盟、美国等国家和地区都有公共维护的医药数据库，但其质量受投入的影响较大。

数据来源 4：商业数据库。首先由人工读文献、筛数据，将数据从文献中提取出来，然后通过订阅数据或者 API（Application Programming Interface，应用程序接口）等方式进行商业化运营，例如爱思唯尔、科睿唯安等。

（二）AI 技术医药研发应用平台

GHDDI 秉承科技向善原则（Tech For Social Good），积极推动医药结构化知识数据与 AI 算法在开源社区中的自主进化，促进 AI 技术良性发展并最大程度实现制药领域的知识开放与社群协作。GHDDI 成立人工智能研发团队（AIDD），该团队持续探索人工智能在新药研发过程中提供的帮助与价值链。在认知病理机制方面，AI 自然语言处理技术可代替人工，及时有效地采集整理全球范围内疾病的研究进展并将所采集的信息进行挖掘分析，结构化拓展补充相关疾病领域的知识谱系。基于这种结构化知识谱系，利用神经网络算法在不同维度的生物医学数据上建立推理模型，全面验证并回答从微观到系统不同层面的问题，进而助力科研人员加速新药研发、探索新型治疗方案。AI 用于药物研发的平台架构如图 3-3 所示。

从人员结构上来看，利用 AI 技术进行药物研发不仅需要生物学家，了解一定的生物和化学知识，还需要计算机、人工智能和大数据技术等方面的专家，也需要进行数据处理的工程师，如图 3-4 所示。

疫情期间，世界各国齐心协力共克时艰，更加体现了资源共享和团结合作的重要性。为了全球更多人的健康，GHDDI 开放更多的资源，携手更多致力于创新药研发的组织、团队和机构，共同助力全球新药研发。为此，GHDDI-AIDD 团队研发并维护四个人工智能平台，包括新冠 GitHub 开源平台 TargetingCOVID-19，COVID-19 人工智能虚拟筛选平台和 ADMET 预测评估平台，基于靶点结构的超高速虚拟平台，免费向高校和制药行业提供支持。

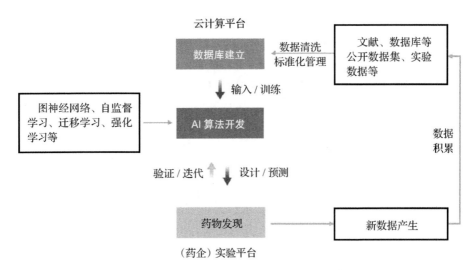

图 3-3 AI 应用于药物研发的平台架构[一]

图 3-4 生物医药领域 AI 系统人员组成[二]

[一] 该图取自澎湃新闻所发《腾讯进军 AI 新药研发，十余个研发项目正运行》一文。
[二] 该图由 GHDDI 提供。

专栏 3-3：GHDDI-AIDD 团队的四个人工智能平台

1. TargetingCOVID-19 开源平台（URL: https://ghddi-ailab.github.io/Targeting2019-nCoV/）

该平台自 2020 年 1 月 29 日上线以来，持续维护更新，并随着新冠科研动向增加了新功能和模块。新增的功能模块包括：（1）新冠小分子药物体外实验数据模块，是基于自然语言处理自动化实验数据抓取算法，实时跟进小分子药物抗新冠活性；（2）基于自然语言自动化算法，新冠临床试验数据汇总和挖掘模块，实现了实时跟进临床试验国家分布、临床试验种类及小分子药物状态；（3）文献推荐模块，收录了超 7 万篇新冠相关文献，并通过主题模型算法和自然语言处理文献推荐系统，针对 20 多个热点主题，每天实时推荐跟进文献。此外，新冠蛋白结构模块、抗冠状病毒数据挖掘模块、新冠老药新用计算模块等也及时对相关科研动态进行了追踪和跟进。

2. COVID-19 人工智能虚拟筛选平台（URL: http://aidd.ghddi.org/covid19/）

此平台是 GHDDI-AIDD 团队开发的线上免费小分子药物虚拟筛选平台。该平台已上线三个模块：基于配体的虚拟筛选模型、基于知识网络的虚拟筛选模型以及高级搜索引擎。基于新冠数据共享 TargetingCOVID-19 平台中的历史数据，该平台已搭建了针对新冠靶标活性、表型活性、抗病毒选择性等不同维度的深度学习模型，为全球新冠科研工作者提供了免费的药物虚拟筛选工具。

3. ADMET 预测评估平台（URL: http://aidd.ghddi.org/ADMET/）

ADMET 性质是药物研发管线的关键考量维度。GHDDI-AIDD 团队通过汇总药物研发不同管线的共同经验，针对关键的共同关注的 ADMET 性质，构建了 62 个深度学习预测模型，通过 ADMET 预测评估平台免费对外开放。新药研发工作者只需上传化合物结构或列表，即可一键式全面预测 ADMET 性质，在吸收、分布、代谢、排泄、毒性和相关蛋白 6 个维度，进行综合预测和系统评估。

4. 基于靶点结构的超高速虚拟平台（URL: http://aidd.ghddi.org/sbvs）

传统计算机辅助药物设计利用基于经典力学的分子对接模型筛选蛋白靶点的有效化合物有几大误差，包括理论误差和打分函数误差，蛋白质口袋自由度大，且算力消耗巨大。GHDDI 自主研发的蛋白质靶点深度学习虚拟筛选模型不需要经过分子对接，直接用图神经网络构造蛋白质和靶点的增广网络代替分子对接，在 185 个靶点的回述实验中 AUC=0.945，计算效率为单 GPU 一天 1400 万化合物，且比传统分子对接节省近千倍算力。

（三）数字孪生技术在新药研发中的应用

数字孪生的概念最初是由航空航天工程中对产品生命周期管理效率的需求推动的，后被用于产品设计、产品制造、医学分析、工程建设等领域，而目前关注度最高、研究最热的是智能制造领域的数字孪生技术。与生产管理中的概念相似，科研数字孪生指还原出科研过程中的数字化信息。生物系统复杂、流程不可控的特点使其需要通过数字孪生来确定哪个环节出了问题，最终提升科技资源配置的有效性。

GHDDI 将数字孪生技术应用到新冠药物研发过程中，认为病毒的序列是不断演化的，科学家可以通过数字孪生技术实时跟踪病毒演化过程，以促进针对小分子和抗体的治疗策略，数字孪生成为一种描绘病毒演化和医药发现过程的有效方式。例如，新型冠状病毒不是一个单一的病毒，而是一组在不同时间和地点不断演化的病毒，可以使用病毒序列信息精确构建 3D 结构模型（图 3-5），构建新型冠状病毒实时 3D 结构和自动药物设计系统，并在不久的将来，构建新的病毒一键式 3D 结构和知识投影数字孪生系统，构建基于新病毒一键实时结构的药物和疫苗设计 AI 系统，这将作为真正药物研发的虚拟孪生系统，辅助新药研发。

在 GHDDI 对新冠病毒进行研究的实践中，数字孪生存在于以下几个层面：①物理层面。根据病毒的基因组序列建靶点结构，基于瑞士的开源图一键生成，基于 3D 靶点结构设计药物和疫苗。②信息层面。主要是追踪病毒基因组序列方面的变化，比如全球对于新冠病毒做了什么样的追踪、哪些信息进行了实时更新、哪些序列变化了等，并在 GitHub 上搭建平台。③科研层面。搭建了 2 个基于自然语言处理的自动更新平台，一个是抓取全球 P3 实验室抗病毒药物的数据；另一个是新冠相关的文献标题的地图，可以查看热门主题和热门论文的变化。

数字孪生技术在新药研发中的应用将进一步改变科研的组织形式，随着新技术在科研领域的推广应用，以跨机构、跨学科、产研协同、科研众包等为特征的新型研发组织形式将不断涌现。数据密集型科研的组织形式将逐步由最初的科层制，历经实验室制度、扁平化、跨机构，最终走向平台化组织形式，以及以不同科研机构为组织节点的科研组织生态群。

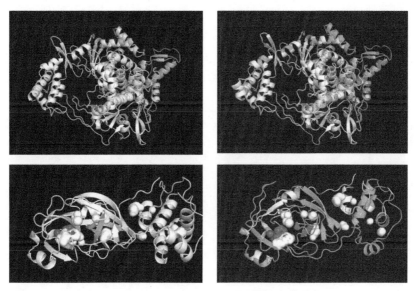

图 3-5 序列信息 3D 结构示意图[⊖]

　　总之，随着信息技术的不断发展，各个学科的数据规模和复杂性发生了巨大的变化，丰富的数据有助于研究人员探索新问题，在前沿研究中取得进步，越来越多的学科领域进入了数据密集型的研究阶段，例如英国生物技术与生物科学研究理事会（Biotechnology and Biological Sciences Research Council, BBSRC）2020年11月提出了"数据密集型生物科学"的概念。数字科技在科研中起到的作用越来越大，科研组织范式取得突破，从科层制的组织结构逐步向平台化、生态化的组织结构转型，同时要求科研经费和科技人力资本等科技资源的配置方式等发生相应的变革，也给科研评价和科研奖励体系带来了巨大的冲击。

　　⊖ 该图由 GHDDI 提供。

第四章 ｜ Chapter4 ｜

数字科技的模式创新：开源生态[⊖]

开源指的是将源代码、设计文档或其他创作内容开放共享的一种技术开发和发行模式，这些内容的版权由开源协议规定。开源理念诞生自计算机软件行业。来自全球的开源实践者在软件领域成功打造包括操作系统、编译器以及各类应用软件在内的"基本盘"后，逐渐发展壮大形成一个庞大的产业生态，并向硬件、芯片、知识共享等领域渗透，对政产学研用各界产生了持续而深远的影响。

当前，全球经济愈来愈依赖数字科技的创新与进步，新冠肺炎疫情的全球大流行加速了这种依赖。世界主要经济体都将数字科技的创新和应用作为应对疫情威胁、推动经济发展的新动力。传统数字科技巨头如微软、IBM 也纷纷将发展的目光投向开源，将开源作为推动企业持续发展的创新模式选择。具有开放协同、持续创新特征的开源模式，正成为数字科技领域最主要的技术实现途径之一。在这种态势下，打造完善的开源生态对实现未来数字科技持续创新具有重要的现实作用，对我国实现关键核心技术的自主可控具有重要的战略意义。

一、开源的发展历程及其价值

（一）从开源到开源生态

开源理念诞生于计算机软件领域，不过早期甚至没有明确的名字。开源软件

⊖ 本章执笔人：中国科学院科技战略咨询研究院的隆云滔。

（Open Source Software，OSS）的实践最早可以追溯到 20 世纪 50 年代末期[⊖]。彼时计算机作为一个新兴产业主要由美国政府和军方资助，软件开发基本遵循为机器和应用量身定制研发的模式，软件技术研究主要集中在一个相对较小的群体，如斯坦福大学、加州大学伯克利分校、麻省理工学院等大学的研究人员。此时的软件开发主要作为一种学术研究而非工程行为而存在，研究的成果"软件"天然具备自由分享的特性。这些软件开发人员在新的知识领域所面临的困难以及为解决困难而引发的交流实践中，渐渐催生出一种团结合作、不懈探索但又乐于分享的文化氛围，即后人熟知的"黑客"文化的核心组成部分。这个阶段可视为开源理念的萌芽。一直到 20 世纪 70 年代，业界都一直遵循着软件是一种公共"信息品"、应该自由分享的理念[⊜]，软件和源代码伴随硬件提供，不需单独付费。

1983 年，一些大型软件厂商开始实施闭源策略，如美国电话电报公司（AT&T）将 Unix 的开源免费授权模式变成闭源收费软件，IBM 开始实施"仅二进制代码"策略——不再随软件发布源代码，商业软件的发行逐渐演变成只提供二进制代码的模式。这种闭源的"封闭"商业模式与此前形成的软件（及源代码）应开放共享的"黑客"文化背道而驰。为抵制日益商业化的软件文化，拯救因商业冲击而渐渐衰落的"黑客"文化，重现软件界合作互助的团结精神，麻省理工学院人工智能实验室的著名计算机专家理查德·斯托曼（Richard Stallman）于 1983年发起了 GNU（GNU's Not UNIX）计划，提出研发自由软件，即用户可以自由"使用、复制、修改和发布"的软件，这成为"自由软件（free software[⊜]）"运动的标志。此后，斯托曼相继发表 GNU 宣言，成立自由软件基金会（Free Software Foundation，FSF），起草 GNU GPL 许可协议，推行旨在维护自由软件精神的"反版权"（或"著佐权"，即 copyleft）理念等。当然也包括参与编写自由软件，他不遗余力推动自由软件运动发展，并取得了巨大的成功。

1998 年 1 月，一家商业软件公司——网景通信公司宣布将其旗舰产品、当时流行的网页浏览器软件 Netscape（4.0 版本）发布为"自由软件"。这一事件对自

[⊖] Berry, D M. Copy, Rip, Burn: the politics of copyleft and open source. London: Pluto Press, 2008.

[⊜] 这一理念也在当时的版权法中得到体现，美国直到 1980 年才通过《计算机软件版权法》将计算机软件正式纳入版权法的保护对象，在此之前计算机软件被认为不具备版权属性。英国甚至更晚，到 1992 年才颁布《版权（计算机程序）条例》。

[⊜] "free software"中的"free"，指的是用户获取、修改和分享的自由，而不是指价格上的免费。这一点，斯托曼在 GNU GPL 协议中进行了澄清。但由于"free"兼具"自由"和"免费"双重含义，"free software"常被误解为"免费软件"，并由此引申出"无偿"（意味着不能商业化）和"业余"（意味着质量不好）等属性。为避免误解，有时特意在"free"后再附上"libre"，合写成"free/libre software"，以强调"free"的"自由"之意。

由软件阵营有所触动，促使运动的组织者开始考虑对品牌进行重塑以突出共享源代码的业务潜能，吸纳包括商业软件公司在内的实体参与并贡献力量，更全面地发挥自由软件的价值。于是，1998 年 2 月"开源软件（open source software）"被采用以替代"自由软件（free software）"[⊖]，并成立公益组织"开源促进会（Open Source Initiative, OSI）"推动开源软件发展。自由软件运动开始进入开源软件时代，并发展成我们现在所熟知的形式：研发、交流开源软件的社区被称为开源社区，开源软件所遵循的许可协议被称为开源协议（或开源许可证），专门支持开源软件发展的基金会被称为开源基金会。

从自由软件到开源软件，虽然两者承载的理念一致，但斯托曼坚持两者之间有着强烈的哲学分歧而拒绝使用"开源软件"一词[⊜]。不过他后来还是赞同用一个较中性的词"自由和开源软件（Free/Libre and Open Source Software，FLOSS 或 FOSS）"将两者统一起来[⊜]。学术界在研究开源历史的时候，也大多采用 FLOSS 或 FOSS 的表述，将两者统一起来。

经过开源社区三十多年（算上自由软件运动时期）的努力，世界上不但有了开源操作系统、开源编译器、开源数据库、开源虚拟机、开源云平台构件等基础性软件，也有开源 Web 服务器、开源浏览器、开源 DevOps 工具、开源版本管理系统、开源编辑器等各种各样的应用软件。随着越来越多的个人和组织从开源中受益，开源理念越来越被认可和接受，并逐渐向软件领域之外发展，形成包括开源硬件、开源芯片、知识共享等在内的开源产业生态。

抛开开源的具体内容形态，一个完整的开源生态应至少包含开源基金会、开源社区、开源项目、开源许可证和代码托管平台等要素。

第一，开源基金会。开源基金会是开源项目的孵化器、连接器和倍增器，为开源项目的早期发展提供必要的资金支持。开源基金会通过对开源内容的开放治理以便于形成事实标准，连接产学研共建开源生态，为开源项目找到更多的应用场景。开源基金会管理开源项目，但基金会的管理办法差异较大，而基金会旗下的开源项目也可选择不同管理办法。现有的大型开源基金会有 Linux 基金会、Apache 基金会、OpenStack 基金会、Eclipse 基金会等。

第二，开源社区。开源社区是开源活动参与者围绕共同的开发目标（或开发项目）自愿发起成立的一个松散组织，通常使用一个高性能的协作环境

⊖ 关于"自由软件"到"开源软件"用语转变的更多信息，可参考：http://www.catb.org/~esr/open-source.html。

⊜ https://www.gnu.org/philosophy/open-source-misses-the-point.en.html。

⊜ https://www.gnu.org/philosophy/floss-and-foss.en.html。

（Collaborative Development Environment，CDE）作为活动平台来执行这些项目，实现共同开发、交流学习及共同治理。从成员角色的角度看，开源社区通常被描述成典型的洋葱结构（如图4-1所示）。不同的层对应不同的角色（如项目负责人、核心开发人员、开发人员、活跃用户和普通用户等），但一个个体可同时拥有多个角色。

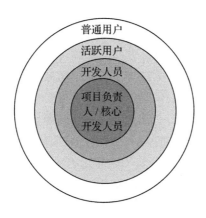

图 4-1　开源社区成员的洋葱模型⊖

开源社区是开源项目的集中讨论地。开源社区的存续意义是希望通过技术交流和研发合作来打破知识交流与传播的屏障，以实现个人意志自由和改善社会公共福祉的目标，它是开源产业进步的策源地。对开源软件来说，开源社区除了开放代码，还包括配套文档、测试用例、问题管理、版本发布和升级，等等，这些资源都有效地支撑了参与人员的协作。随着开源运动的不断推进，开源产业的拥护者围绕开源产品与开源技术，形成了以 Apache、Debian、Linux、Gnome 以及 Mozilla 等为代表的一批在世界范围内享有盛誉的开源社区。

第三，开源项目。开源项目是开源产品的研发组织形式，开源基金会资助的基础对象，开源社区的基本研发单位。

第四，开源许可证。开源许可证是开源运动重视个人自由与追求公共利益的价值主张在法律层面的体现。开源许可证与知识产权关联，规定了受许可证保护的目标内容在知识产权权属和内容流动性方面的价值取向。因此，开源许可证对开源社区参与者在项目合作和协作方面有着重要的影响。截至 2020 年 12 月，被 OSI 认可的开源许可证有逾百个，其中被广泛使用或具有强社区影响力的开源许可

⊖　该图取自 Joode R V W D 所作 " Understanding Open Source Communities ： An Organizational Perspective" 一文。

证有近十个[⊖]，如 GPU GPL、GPU LGPL、BSD、MIT、Mozilla、Apache 等。这些流行的开源许可证各具特色，但大体都围绕目标内容的版权说明、修改后是否可以"闭源"等问题展开，具有鲜明的"自由"特性。有观点认为，开源许可证保护的是知识产权，其自身与出口管制和司法管辖权并无关联。不涉及其他的国家法律层面的条款（如出口管制、司法管辖权等）。

第五，代码托管平台。在自由软件运动时期，项目研发人员之间的协作是以通过邮件列表（mailing list）进行讨论的方式进行的，时至今日，它仍是许多重要开源项目的首选交流方式。但另一方面，2010 年左右，开源代码托管平台的可用性和普及性得到显著提高，大大减少了参与自由软件项目的障碍，成为此后涌现的开源项目的首选协作方式。代码托管平台一般会采取某种版本控制系统来实现源代码的版本管理。版本控制系统允许远程访问源代码，并允许多个开发人员同时处理同一版本的源代码。当前流行的大型代码托管平台有 GitHub、SourceForge、BitBucket、Gitlab[⊜]、码云（Gitee）、CODE.CHINA 等。

为利用开源的优势，越来越多的企业参与开源，建立起很多商业—开源混合开发的项目，如 Tensor Flow、安卓等。开源社区逐渐发展成为由来自企业的专业开发人员和独立的开源志愿者共同支撑、呈现兼具中心化治理和社区离散性的复杂组织结构。这种开发模式常被称为开源 2.0，至此开源进入 2.0 时代。

（二）我国的开源发展

开源软件在我国兴起于 20 世纪 90 年代中后期，最初主要是为解决 Linux 系统的汉化问题[⊜]。经过二十多年的发展，开源软件已成为我国软件生态的重要组成部分，创造了显著的经济和社会效益。目前，我国开源软件的应用已逐渐渗透到互联网、移动互联网、操作系统、云计算、大数据、数据库等信息技术的方方面面，并开始往开源硬件、知识创造等领域扩张。总体来看，我国开源产业的发展主要体现在如下几个方面。

一是开源发展环境日益向好。国家政策层面，我国《"十三五"国家信息化规划》明确指出，支持开源社区创新发展，鼓励我国企业积极加入国际重大核心技术的开源组织，从参与者发展为重要贡献者。《软件和信息技术服务业发展规划（2016—2020 年）》也要求"发挥开源社区对创新的支撑引领作用，强化开源技术成果在创新中的应用，构建有利于创新的开放式、协作化、国际化开源生态"，要

⊖ 关于开源许可证更全面的信息，可参考：https://opensource.org/licenses。

⊜ 此处指 gitlab 托管平台（https://dev.gitlab.org/），而非 gitlab 软件产品（https://about.gitlab.com/）。

⊜ 崔静，刘亭杉. 国际开源软件发展对我国的启示 [J]. 科技中国，2020(02):42-44.

"支持企业、高校、科研院所等参与和主导国际开源项目，发挥开源社团、产业联盟、论坛会议等平台作用，汇集国内外优秀开源资源，提升对开源资源的整合利用能力。通过联合建立开源基金等方式，支持基于开源模式的公益性生态环境建设，加强开源技术、产品创新和人才培养，增强开源社区对产业发展的支撑能力。"在企业行动方面，许多大型互联网企业纷纷实施开源战略，积极参与国际开源基金会并贡献开源项目。截至 2020 年 4 月，Linux 基金会和 Apache 基金会的中国会员有 32 个，来自中国的项目有 26 个[⊖]。为推动实施开源战略，华为设立了专门的开源软件中心，腾讯公布了开源路线图并成立开源管理办公室，阿里将开源升级为技术战略并成立开源技术委员会。截至 2020 年 9 月，阿里有开源项目 2172 个，华为有开源项目 161 个，腾讯有开源项目 150 个。政策的高度重视，加上企业界的积极投入，正促进我国开源模式不断成熟。

二是中文开源社区逐渐成熟。随着开源软件在我国的推广和发展，中文开源社区已从最初的爱好者团体发展到开发、应用、服务功能全面的稳定社区。以开源中国（OSChina）、绿色计算产业联盟、中国开源云联盟、中国人工智能开源软件发展联盟等为代表的开源组织通过整合产业链上下游资源，推动了我国开源软件的快速发展。开源中国成立于 2008 年，是目前国内最大的开源技术社区，拥有超过 300 万用户，形成了由开源软件库、代码分享、资讯、协作翻译、讨论区和博客等平台化的社区工具。2013 年，开源中国推出代码托管平台码云（Gitee），为广大开发者提供团队协作、源码托管、代码质量分析、代码评审、测试、代码演示平台等功能。2016 年，开源中国推出码云企业版，提供企业级代码托管服务，成为开发领域领先的 SaaS 服务提供商。截至 2020 年 12 月，码云已有超过 500 万开发者用户，此外还有超过 15 万家企业、2000 多所高校选择码云托管代码，托管的项目总数超过 1000 万，汇聚几乎所有本土原创开源项目。2020 年 9 月 10 日，中国专业 IT 开发者社区 CSDN 正式推出全新升级的开源平台 CODE.CHINA，成为我国开源社区建设的又一重要进展。

三是配套"软设施"（开源基金会、开源许可协议等）逐步就位。2019 年 8 月，中国开源云联盟发布"木兰宽松许可证"（MulanPSL），并成为首个通过 OSI 认证的本土开源许可证，也是首个中英双语国际开源许可证，可被任一国际开源社区采用。码云随后宣布率先支持中国开源许可证——木兰宽松许可证。目前，码云上使用木兰宽松许可证的开源仓库已经超过 4000 个。2020 年 6 月，中国"开放原子开源基金会（OpenAtom Foundation）"[⊖]登记成立。这是我国首个，也是目前唯一一

⊖　数据来自中国信息通信研究院 2020 年发布的《开源生态白皮书》。

⊖　开放原子开源基金会的官方网站为 https://www.openatom.org/。

个以开源为主题的基金会，中国本土的开源基金会终于实现了零的突破。百度超级链（XuperChain）成为首个捐赠给开放原子开源基金会的项目。截至 2020 年 12 月，开放原子开源基金会已孵化了 7 个开源项目，项目均来自华为、百度、腾讯、阿里、浪潮、360 等国内大型互联网企业。

四是开源软件应用日益广泛。根据中国信息通信研究院发布的《开源生态白皮书（2020）》，我国开源项目涵盖底层操作系统、物联网操作系统和编译器，中间层容器、中间件、微服务、数据库和大数据。另外还有人工智能、运维等，基本覆盖目前主要的技术领域。该报告执行的调查还显示，2019 年我国已经使用开源技术的企业占比为 87.4%，使用开源技术部署云计算服务器的企业占比高达 59.3%。从行业看，我国互联网、金融、软件和信息技术服务业是开源服务企业的主要服务对象。开源软件降低了技术应用门槛，而我国巨大的应用市场也为开源软件带来了发展机遇，随着各大科技企业对开源的关注持续升温，开源软件在我国的应用会越来越广泛。

据《2019 中国开源年度报告》[一]显示，截至 2018 年，中国成为 GitHub 贡献排名第二的国家，排名仅次于美国。国内大型互联网企业在 GitHub 的开源贡献度开始提升，阿里位列全球第 12 位，百度和腾讯则分列 21 和 23 位。中国的用户数量和开源使用量（以 forks 和 clones 衡量）也居第二，仅次于美国。GitHub 社区来自亚洲的总贡献中，31% 来自中国。在最受关注的 GitHub 五大账户中，有两个是华裔。这些数据都说明我国在开源方面已取得了较好进展。

但是，需要看到，我国开源生态的建设才刚刚起步，国内对开源的参与在贡献力度和领导力方面跟欧美等相比还有较大差距。开源产业的发展与良好的开源生态是相辅相成的。我国专门的开源软件基金会、开源许可协议才刚刚实现零的突破，运作经验不够丰富，在行业的凝聚力和对产业的贡献度均需要时间来积累。在运营方面，也缺乏专业化的开源社区运营体系，目前我国开源项目托管平台仍处于起步阶段，与 GitHub 等国际知名托管平台差距甚大，开源软件的公共服务平台和开源软件推进机构的建设还需加强。此外，从开源文化上看，大部分开源组织和企业仅仅希望快速应用开源软件以获取价值，彼此之间缺乏信任基础和合作意愿，不少企业选择将部分开源项目托管到国际开源社区，导致我国原本薄弱和稀少的开源资源更加分散，制约了我国开源生态的良性可持续发展。再者，我们尚缺乏有影响力的开源项目。开源项目是开源生态系统的核心，我国开源软件项目多聚焦特定的应用，缺少基础核心和原创类的开源项目。

⊖ 报告详情可参考：https://kaiyuanshe.cn/2019-China-Open-Source-Report/。

（三）开源的经济社会价值

最原始的开源是一种崇尚自由的哲学，一种生活和工作方式。开源软件的初心之一就是为了和"封闭"的商业软件文化相抗衡，避免被商业软件所"吞噬"。早期的程序开发人员有许多都是无拘无束、自由自在的"黑客"⊖，崇尚拥有一个完全自主和可控的世界。而在计算机软件的世界里，源代码的存在就为这些"黑客"们或具备"黑客"心态的人们提供了自主掌控的可能。如果一切都能开源，这就是"黑客"们感觉最自由的环境，这是他们的理想。当软件商业化的现实威胁到这个理想的时候，他们继而组织起来、行动起来，为维系自由、开放的软件文化而努力。

如今，开源已成为开放式创新的生力军。2017 年，Linux 基金会被《时代周刊》评为最有影响力的机构，被视为与苹果、谷歌这种超级企业同等重要的组织，影响着全球 IT 发展。开放的软件和开发平台对全球发展意义非凡。今天，基于开源技术已经诞生了如红帽等世界级的软件公司，而这些开源技术也已经几乎被所有的 IT 厂商或多或少地采用。以超级计算机市场为例，据统计（见图 4-2），全球 500 强超级计算机已连续 4 年全部为开源操作系统（GNU/Linux 或其分支）。作为对比，1998 年，Linux 操作系统的这一份额为 0，当时大多数超级计算机都运行 Unix，但最终，Linux 成为超级计算机操作系统的首选，市场份额高达 100%。

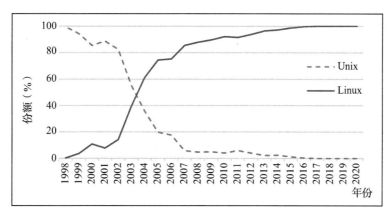

图 4-2　超级计算机 500 强中 Linux 和 Unix 操作系统的市场份额变化（1998 ～ 2020）⊖

⊖ 斯托曼就自称为最后一位真正的黑客，见 Levy 在其著作中" The Last of the True Hackers"这一章。

⊖ 图中数据来自 https://www.top500.org/statistics/details/osfam/1/。1998 年之前的这一份额为 0，因此图中没有列出。Top500 是 1993 年推出的一个独立项目，旨在为超级计算机提供基准测试，它每年发布两次（6 月和 11 月）500 强超级计算机的详细信息。本图选取 11 月发布的数据作为年度数据。

这还只是开源技术统治力的一个方面。据中国信息通信研究院的《中国云计算开源发展调查报告（2018年）》显示，在已经构建私有云的企业中，85.3%的企业表示已经应用了开源技术。根据IDC的调研数据，智能手机市场中Android操作系统的市场份额已高达85%[⊖]。另外，据微软的Linux内核开发人员Sasha Levin透露的消息[⊜]，微软Azure云上Linux承担的负载已超过Windows，而这距微软原CEO鲍尔默称Linux为"毒瘤"仅仅18年。事实上，微软已于2018年收购全球最大的源代码托管平台GitHub，在开源生态进行布局的意味明显。微软对开源的态度，从敌视转为拥抱，从一个侧面说明世界越来越认可"开源"的价值，越来越重视开源生态的作用。

开源来自软件，但如今早已超越软件的边界，成为人类协作推进开放式创新的重要合作方式。开源正在促进更大规模、更加开放创新的全球性合作。

二、数字科技时代的开源战略

开源除了给开发者带来借鉴先进实践和避免重复造轮子等实用价值外，还可为科技企业的技术生态培育、人才吸引等创造长远价值，也为数字科技生态创造经济与社会价值。开源对数字科技生态构建具有至关重要的作用。数字科技时代的开源发展为互联网创新与信息技术的进步带来了新的机会与挑战。

（一）数字科技的开源趋势

1. 各国普遍重视开源模式价值

开源技术所具有的大众协同、开放共享、持续创新等开发模式和快速发展、颇具潜力的商业模式使其得到不少国家政府和科技巨头的广泛重视。许多政府机构已经将开源技术和开放创新作为建设信息社会的基石，注重开源生态打造，在政策制定、政府采购、技术指导、平台支撑等方面全方位推动。各国政府采取的策略主要包括：①支持开源基金会等开源组织和开源基础设施的建设，如美国政府先后支持成立了Apache基金会、Linux基金会、OpenStack基金会等国际主流的开源组织，支持开源社区等基础设施和协作平台的建设与发展。②支持和推广开源技术及产品的使用，如美国联邦政府于2016年推出联邦源代码政策要求政府采

⊖　https://www.idc.com/promo/smartphone-market-share，数据更新日期为2020年12月15日。

⊜　https://www.openwall.com/lists/oss-security/2019/06/27/7。

购的软件中 20% 的代码需开源，英国在 2019 年发布的最新版《数字服务标准》中要求政府部门选择合适的许可证开源所有新的代码，等等。③引导产业关注开源风险问题。如美国联邦金融机构审查委员会发布有《开源软件风险管理指引》，英国政府发布有《开放代码的安全注意事项指南》，欧盟和澳大利亚等有针对性地推出旨在解决开源许可证风险的计划或框架，等等。

2. 科技巨头主导开源生态建设

互联网服务发展到今天，开展成功的产品研发已不是企业强大的关键，构建好生态才是。经过三十多年的快速发展，开源已经成为技术创新和产品创新的重要模式，科技企业愈发意识到开源在生态构建上的巨大作用，同时也认为他们有责任推动开源继续发展。通过参与开源，企业一方面可以提升创新能力和声誉，对通过持续创新巩固业界地位起到了至关重要的作用，另一方面有助于利用外部可用知识和资源，可将开发任务开源（外包）到开源社区从而节省开发成本。而且，若他们有兴趣，还有机会对外提供与开源技术适配的服务。

开源 2.0 时代已呈现由科技巨头主导的局面，就连传统商业软件巨头微软、IBM 也加大了对开源世界的贡献，全面投入了开源的怀抱。2018 年，微软收购全球最大的源代码托管平台 GitHub，IBM 收购开源产品服务供应商红帽。科技巨头收购开源平台或开源技术服务商的行为，其实质就是通过开源生态强化其产业地位。这些借助开源战略、加强开源生态建设的举措，对我国实现核心基础技术自主可控的借鉴意义重大。

3. 开源开始引领行业发展方向

在开源发展史上，许多大型开源软件曾事实上一度在模仿成功的商业软件，包括从最早的 Linux（模仿 Unix）、Eclipse（模仿 Visual Studio）、Apache Hadoop（实现谷歌三篇经典论文成果），到近几年的 Xen/KVM（模仿 VMWare）、OpenStack（模仿 Amazon AWS）等。但在最新一轮技术迭代上（如容器技术的发展），开源不再是商用软件的简单模仿，而是开始引领行业发展方向。从容器技术开始，没有任何一家企业处于绝对技术领先地位，也没有企业率先在容器技术上实现盈利，所有参与方都在一个起跑线上，可以说开源技术牵引着整个行业的发展方向。

开源代表着一种新的技术产生方式，且在产品体系、供应体系的渗透率不断提高。新技术在开源、新架构在开源、新成果也在开源，就连顶尖的研究成果很多都是以开源形式发布。企业拥抱开源，不仅可以促进创新和降低成本，而且有利于紧跟技术发展趋势，影响行业发展方向，最终尽最大可能保持和提升企业竞争力。

4. 开源成为一种标准制定方式

正如互联网的发展所显示的那样，系统间的互连互通可以创造巨大的社会效益和经济收益。那些可以与外界实现互连共享数据的系统比孤岛型系统更能创造价值。系统间的连通是如此重要，使得业界早就寻求标准化的方式来促进这一目标的实现或保障其可靠性。开源实践表明，那些开放许可、允许任何人参与实现的标准比那些定向许可、只限特定实体来实现的标准更能有效地维持连通性。于是，一个标准的价值事实上取决于它的许可类型（开放或受限）和技术自由度。反过来，一个软件产品或系统的存活能力，取决于它对开放标准的兼容程度。而开源实现恰是检验和确保标准开放性的重要手段，正如开源促进会在《软件的开放标准要求：基本原理》[⊖]中所阐述的那样。

开源的关键在于开放标准。不同供应商遵循相应的标准，客户就没有锁定的风险，可以不停地迁移，总是能找到最好的供应商，用最简单、最便捷、最经济的方式来运营自己的业务。

在 IT 领域，被代码实现的标准，才是"管用"的标准。行业主要参与者都深谙此道，纷纷通过代码发言，在开源社区用代码的方式完成与其他厂商的对接和配合。开源社区与标准组织合作越来越频繁，开源对标准制定的影响越来越大。开源已成为另一种标准制定方式，标准组织开源化已成趋势[⊖]。

（二）开源与闭源路径的战略抉择

开源的制度框架使其成为一种有吸引力的软件开发和分发模式。不仅仅是科技巨头企业，越来越多的 IT 企业也倾向于参与开源，希望借助开源社区的活力来提升创新能力、降低试错风险，同时通过开源项目的开放治理连接产业生态、影响共建技术、增强技术自主性和可控性。更何况，积极为开源社区做贡献还有助于提高企业声誉、提升企业形象。但在现代商业社会中，知识产权是企业的核心竞争力，是需要重点保护的战略资源。对 IT 企业而言，源代码就是其核心知识产权。企业如果选择开源，通常会将部分内部产品（或项目）开源以显示诚意、提升对社区的贡献。这意味着放弃开源部分的知识产权利益，一定程度上自损企业竞争力，更遑论维持与开源社区的良性互动所需要的大量资源投入。但企业如果完全拒绝开源（即闭源），又会切断与开源社区的联系，放弃了与产业生态的兼容。

⊖   https://opensource.org/osr-rationale。

⊖   欧建深.企业视角看到的开源——华为开源 5 年实践经验 [J]. 中国计算机学会通讯,2016,12（2）:40-43.

　　开源代表了一种新的技术产生方式，很难想象数字科技可以脱离开源生态实现持续进步。开源发展到今天，它的影响力已无处不在。拥抱开源将成为常态。于是，如何开源、开源的参与程度、选择哪些项目开源、参与哪些开源项目的问题成了许多企业必须面对的战略考虑。通常，这需要根据企业总体战略和发展目标，立足于企业发展经营和市场竞争状况，结合目标开源社区的组织结构，制定具体的实施策略，因此，难以一概而论。总体来看，根据中国信息通信研究院的调查结果，我国自发开源的企业中，只有 4.4% 的企业开源项目数量超过 100 个，也就是说，大范围发起开源的企业只是少数，大部分企业只是适度参与⊖。长远来看，闭源与开源兼容是应该长期坚持的战略。需要在把握住企业核心竞争力的基础上，找准开源与闭源之间的平衡。另一个普遍策略是选择把开源内容封装成闭源产品销售或进行二次开发并对外服务以创造商业价值。

（三）开源的风险分类与分析

　　开源软件已成为许多行业中应用程序的基础。随着开源软件在商业软件中的使用量日益增加，识别、跟踪和管理开源风险成为一个具有挑战性的任务。在项目实施上，开源遵从着和传统研发不一样的模式，在过程管理和质量管控上有着潜在的风险。在许可合规和应用安全上，新思科技（Synopsys）在《2020 年开源安全和风险分析报告》中分析了由 Black Duck 审计服务团队执行的对 1253 个商业应用代码库的审计结果。这些代码库涉及包括互联网和软件基础设施、医疗健康和生命科学、金融服务和金融技术等在内的 17 个行业。分析结果表明许可合规、已知漏洞修补以及使用过时和不受支持的开源组件是开源面临的主要风险。

1. 开源项目的实施风险

　　开源模式与传统模式在开发方法上有着明显的区别。例如，传统软件工程强调需求的获取与分析，重视流程管控和变更管理，主张在完整、清晰的需求（不管是以文档还是以原型图为载体）基础之上进行解决方案的设计、实现、测试和发布。开源项目的管理则相对精简，除了少数具有社区影响力或已获开源基金会重点资助的项目外，通常没有规范的开发计划和过程说明，甚至没有设计文档。它主张大众参与，激励用户在使用体验的基础之上参与产品开发活动，通过 Pull Request 等机制丰富功能或修补缺陷，强调来自用户的外部贡献。

　　开源模式与传统模式在运作理念上也有所不同，前者强调开放与自由，后者追求的是商业利益，参与开源的实体始终需要在"开放"和"盈利"之间权衡。理

⊖　此处参考中国信息通信研究院 2020 年发布的《开源生态白皮书》。

念和方法上的出入，使得两者在生产实际的结合中会遇到一些问题，如通过开源社区运作的大型开源产品或组件如何保证产品或服务的质量，由大量志愿者参与、组织松散的分布式开源软件开发模式如何能够高效运作，如何弥合全球开发者在语言、文化、时区、习俗方面的差异，等等⊖。随着参与者数量的扩大，对开源项目的控制和管理难度也在增加，如何在开源这一新的开发模式下探寻软件工程的新规律，建立可复制的软件开发最佳实践，是一个仍待解答的问题。

2. 开源许可的合规风险

尽管开源软件拥有"自由"的优势，但它与其他软件一样都要受到许可证的约束。根据新思科技的《2020 年开源安全和风险分析报告》，67% 的代码库包含某种形式的开源许可证冲突，33% 的代码库包含没有可识别许可证的开源组件。最常见的许可证冲突情况是与 GPL 许可证存在兼容性的问题，GNU 官网⊜列出有多达 45 个开源许可证与 GPL 不兼容。许可证冲突的发生率因行业而异，从最高的 93%（互联网和移动应用程序）到相对较低的 59%（虚拟现实、游戏、娱乐和媒体）。开源许可证冲突持续使知识产权面临风险。

相比闭源软件，开源软件的代码公开、获取便捷，但企业与个人在使用开源软件过程中仍需注意遵循相关规则，如开源许可证的要求、开源基金会的规范，以及国家相关的法律条例等。鉴于开源软件的所有权和使用权分离，导致用户往往成为开源的风险落脚点，因此用户在引入和使用开源软件的过程中要防范潜在的风险问题。

开源软件因产生的背景和目的不同，定义了上千种版权许可证，各种许可证对知识产权的定义是不同的，例如，Apache 类属商业友好型，GPL 类具有开源传染性。开源许可协议作为外来之物，域外相关法律规定在国内能否直接适用，我国法律和司法实践并未给予正面回答；而且受软件嵌套、组合等复杂结构的影响，开源许可协议在使用中容易出现继承和兼容等问题，需要权威的司法解释⊜。鉴于开源许可对开源生态的重要性，亟须完善开源许可协议等相关法律制度，在立法中明确开源许可协议的法律属性，在知识产权内容中增加开源软件、开源硬件、知识共享等内容，在知识产权许可中规定开源许可协议。

⊖　金芝，周明辉，张宇霞. 开源软件与开源软件生态：现状与趋势 [J]. 科技导报，2016，34（14）：42-48.

⊜　https://www.gnu.org/licenses/license-list.en.html#GPLIncompatibleLicenses。

⊜　刘彬彬. 开源许可协议的法律问题研究 [D]. 兰州：兰州大学，2020.

3. 开源产品的安全风险

开源产品的安全风险是一个被长期关注的话题。事实上，对开源安全的顾虑是一些企业不采用开源技术的主要原因。根据前述新思科技《2020 年开源安全和风险分析报告》，开源组件的安全风险在增加。75% 的所审计代码库包含具有已知安全漏洞的开源组件，将近一半（49%）的代码库包含高风险漏洞，未妥善管理的开源代码带来的安全风险日益增加。而且过期和"废弃"的开源组件非常普遍，91% 的所审计代码库包含已经过期四年以上或者近两年没有开发活动的组件。使用过期的开源组件一方面会带来不必要的功能和兼容性问题，另一方面还增加了安全漏洞风险。

企业要持续有效地追踪和管理其开源风险，维护一个准确的第三方软件组件库包括开源依赖项，并对其保持更新，这是处理开源应用风险的关键起点。

三、数字科技时代的开源商业模式及生态构建

开源不等于非商业。一个可持续运作的开源生态必须正视商业活动所形成的积极作用。只有维持好与商业的良性互动，才能实现开源的持续长远发展。

（一）开源商业模式

基于开源产品提供商业服务对开源生态的构建非常重要。如今，围绕开源的商业服务大多可归结为提供保障服务、提供增值服务和参与生态构建三种模式。

第一，提供保障服务。这指围绕开源产品进行功能调整或性能调优，通过提供稳定的发行版本以及专业技术支持和服务保障实现盈利的模式。在具体操作上，服务商通常会围绕目标产品维护免费（社区版）和收费（企业版）两个发行版本。社区版以开源协议免费发布，旨在培育潜在客户、扩大市场份额，同时利用社区用户对产品进行测试和快速迭代，沉淀出稳定的版本。企业版基于稳定的社区版构建。服务商会围绕企业版为客户提供针对具体业务场景的性能调优、技术咨询、运维服务、人员培训等商业服务。这种模式主要适用于软件开发和服务商，如红帽软件公司针对一系列开源产品如 RHEL、OpenStack、OpenShift 等提供的按年度收取服务费的"订阅服务"，Cloudera 公司围绕 Apache Hadoop 提供企业级解决方案等。它的有效运转依赖于服务商对目标开源产品内部原理和实现细节的强大驾驭能力。

第二，提供增值服务。这是指结合开源产品提供增值服务以实现商业盈利的模

式。在具体操作上又可细分为"将开源产品本身作为增值服务提供"和"基于开源产品提供收费增值服务"两种方式。前者如 IBM 等服务器供应商将开源的 Linux 操作系统作为服务器硬件的增值服务进行提供，通过提升硬件设备的价值实现盈利；华为通过对开源软件的支持（尤其是 Linux 内核）促进了电信基础设施设备的销售也属于此种模式。后者如谷歌（Google）基于开源的 Android 系统提供收费的 GMS 服务（谷歌移动服务），Mozilla 公司基于开源的 Firefox 浏览器提供广告业务等。

第三，参与生态构建。这是指结合企业自有产品和服务参与开源生态建设、进行商业布局以获取竞争优势地位的商业模式。中国信息通信研究院的《开源生态白皮书（2020 年）》系统梳理了企业进行开源商业布局的四种方式：一是积极跟进相关领域顶级开源项目，深度参与开源共享，影响开源技术路线。二是建立自发开源生态，将有可能影响市场格局的项目开源，同时培育潜在用户，推动形成事实标准。三是收购特定领域开源企业，与自身商业产品配合，扩大用户市场。四是结合开源项目提供开源服务，通过开源服务实现商业转化。阿里围绕自身业务发布开源产品、维护开源生态，利用开源扩大技术影响力、提升技术创新能力的做法，正是通过参与开源生态建设提升企业影响力和竞争力的典型实践。

（二）开源生态构建

我国开源建设起步相对较晚，尚未形成崇尚开源创新的文化环境，对开源规则的运用也不熟练，融入国际开源社区较为困难，在国际主流开源社区和开源项目上缺少主导权和话语权。为促进我国形成健康、持续发展的开源生态，支撑数字科技的快速发展，可重点从开源基础设施、开源商业模式和开源治理体系等方面协同推进，以促进开源各要素的融合发展。

1. 完善开源基础设施

开源产业的发展，首要的是澄清开源知识产权有关的法律问题，加强对开源知识产权保护，在做好应对开源知识产权纠纷准备的前提下，推动开源的发展。

其次，要建立更完善的非营利性基金会组织机制。开源基金会项目托管是一种成熟的开源运营模式，能有效汇聚各方力量持续推动开源创新。我国首家开源基金会实体机构——开放原子开源基金会于 2020 年 6 月成立，虽已可为开源活动提供知识产权托管和资金、法律等方面的支持，但形成稳定的运作机制尚需时日；我国也在探索联盟运营机制，通过技术治理和业务治理推动开源发展。但这些举措的持续有效发展需要机制和制度保障。我们需要积极学习借鉴国外成功开源社区的基金会运行模式，建立开放、中立的服务平台。鼓励华为、百度、阿里、腾讯等国内企业，围绕国内重点开源项目成立专业基金会，并集中优势资源，支持开源项目发起、完善、托管和应用推广，促进开源项目的发展与成熟。

再次，要推动建立头部中文开源社区，构建适合中国软件开发者群体特点、协作习惯的开源工具和社区机制，推动政府、大型科技企业、中小创业企业、高校科研机构等多主体参与，为开源生态建设提供持续的技术支持。在培育核心开源项目方面，聚焦基础软件、云计算和大数据、人工智能、区块链等领域，培育一批基础性的开源软件项目，提升我国软件和信息技术服务业的原始创新能力。

此外，要加强构建开源技术人才培养及评价体系，调动广大科研人员参与开源的热情，打破企业和科研机构的界限，建立产学研协作的开源实践平台。继续加强开源技术人才的教育培养，不断优化开源技术培训，积极应对新一代技术发展给人才培养带来的挑战。构建开源技术人才评价体系，完善开源人才奖励制度，让优秀的开源人才得到合理回报，释放开源人才创新活力。

2. 打造开源商业模式

我国开源产业中企业、政府和社会三者之间的协同模式尚未成形，国内企业尚未找到开源的盈利模式。通过政府采购推动开源方案应用实践，鼓励将开放性、公益性研发项目开源，逐步形成制度性要求，以提高全社会的开源意识。强化对开源技术、开源理念和开源文化的教育与宣传，为开源方案或混合方案的使用提供指导和实践指南。

开源项目不一定能完全解决用户的实际生产需求，这迫切需要开源用户加入开源生态并影响开源项目的发展走势，以满足实际生产需求。我国头部科技企业如华为、阿里、腾讯、百度等已开始主动布局基础软件领域开源生态，在互联网应用尤其是中间件等领域贡献了许多开源项目，有些甚至形成了一定的国际影响力。但目前，全社会缺乏对开源社区治理活动的持续性资金投入和人才注入，这与我国模糊的本土开源商业模式不无关系。从投入回报的角度看，长期可持续的开源发展路径仍在探索之中，许多企业参与开源更多的只是跟随或抱着试试看的心态，"回报社会"或"模仿国外"的心理较重。从企业自身发展来看，如何处理好知识产权保护和对开源社区的贡献两者之间的平衡，也尚未有成熟的经验可参照。再加上文化背景和理念的差异，国外成功运作的机制无法直接照搬。因此，亟待在借鉴国外成功开源服务（如红帽公司）商业化运营经验的基础上，研究适合本土的开源商业运作模式，聚焦社区生态系统运营推广体系，鼓励成立若干专业化的开源组织，培育形成基础软件、云计算和大数据、人工智能、区块链等开源生态系统。

3. 构建开源治理体系

根据《开源生态白皮书（2020年）》，开源治理主要涉及开源引入治理和自发开源治理两个维度。我国金融等传统行业用户出于安全要求，重点关注开源引入治理。互联网企业相比传统行业，在开源贡献上更为活跃，更关注自发开源治理。如腾讯牵头成立了腾讯开源联盟，由不同业务的技术专家、负责人、技术领袖组成开源联盟组委会和专家团，在开源文化、开源经验、开源活动等方面对开源项目施以指导和帮助。

随着我国企业对开源风险问题的逐渐重视，认识到开源存在知识产权及合规问题，同时开源也有一定的使用规则和商业模式，企业对开源的认识由盲目的引入转变为理性的引入，许多参与企业开始积极探索治理模式来应对开源风险。比如华为和腾讯，纷纷明确企业开源治理战略，制定配套的开源治理组织架构或开源治理分工，统筹规划和推动企业开源治理工作。同时，制定相关制度对开源活动进行统一管理，对开源产品的引入、使用、运维、更新、退出的全流程管理做出明确规范，落实各环节的主体责任，建立开源产品全生命周期的风险管控机制。在此基础上，建设配套开源管理支撑平台，实现流程管理、社区信息抓取、产品仓库、漏洞跟踪等多项功能，并根据实际应用情况制定和维护开源产品黑白名单，有效提高开源管理效率。

开源生态建设需要多方的持久投入与用心经营，开源基础设施的完善、商业模式的创新与开源治理体系的构建为开源生态的可持续发展与运营提供了保障。从社区到产业，开源发挥着独特的纽带与桥梁作用，可以看出，从社区、组织到跨组织的开源服务的主体不一，社区开源解决的是成果共享问题，组织开源服务于商业模式的创新，而跨组织开源则服务于产业和生态。

开源的初心是让人们能够更好地学习、复用既有智力成果，并将更新的成果传递给需要的人，从而尽可能多地让全社会从开源中受益。作为一种利用互联网实现群体参与、分布协作从而进行创作活动的重大实践，开源以其独特的生产方式对技术创新、协作方式、商业模式产生了深远影响。

开源开发模式的开放性和透明性有助于快速聚集大众智慧、加速生态发展，对我国信息技术与国际发展趋势保持同步具有重大意义。我国信息技术领域在国际市场尚未形成领先优势，开源软件所带来的"弯道超车"机会，对实现核心基础技术的自主可控具有重要的作用。

数字科技的资源平台创新：科研算力共享[⊖]

计算是人类永恒的需求，是智能世界的源动力。近代以来，人类历史上先后经历了三次工业革命，蒸汽机推动了农耕文明向工业文明的过渡，电力促进了通信、钢铁、机械等工业兴起，极大提高了生产力，信息技术让国家和地区都进入全球一体化的进程中。当前，人类正在经历以智能技术为代表的第四次工业革命，人工智能、物联网、5G、机器人、生物工程等新技术已融入人类社会的方方面面。实现智能社会首先要经历全面的数字化进程，算力是数字化的核心驱动力。尤其是科研领域，正迈进基于数据的第四范式时代，算力的重要性更加凸显。

一、我国科研算力资源的布局和结构

（一）我国科研算力资源的总体布局

我国的科研领域的几大算力设施基本由大科学装置、国家科学数据中心、大数据国家工程实验室以及国家超算中心构成。在算力布局方面，既有数据存储、应用，以及高性能算力资源的专业化分离，如大数据国家工程实验室、超算等，这些资源可以作为公共基础设施，服务各个领域的算力需求；也有面向具体领域的集成，如国家科学数据中心，它是集成了大科学装置、大数据中心和超算中心而构成的专业化的系统集成，它是开放性资源，但只针对特性领域使用。我国在国

⊖ 本章执笔人：中国科学院科技战略咨询研究院的孙翙、李宏、吴静、吕佳龄、刘昌新、王晓明；华为技术有限公司的车海平。本章内容是课题组前期研究成果的凝练和总结。

家层面关于科技资源共享平台的方案有《科学数据管理办法》和《国家科技资源共享服务平台管理办法》，并在超算中心、国家科学数据中心、大科学装置等方面做了相关部署，如图 5-1 所示。需要说明的是，除了国家级算力资源外，大量的科研院所和高校也拥有自己的小型超算中心资源。

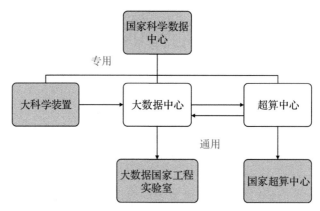

图 5-1　我国几个重要算力载体关系

（二）我国科研算力需求的典型架构——以中国科学院为例

中国科学院是中国自然科学最高学术机构、科学技术最高咨询机构、自然科学与高技术综合研究发展中心，也是中国科研算力领域的奠基者和领军者。从成功研制第一台计算机、曙光超级计算机、龙芯系列通用芯片，到单精度千万亿次超级计算系统、寒武纪人工智能处理器，中国科学院在我国计算机技术自主创新中发挥了骨干作用。从发出中国第一封电子邮件，到建立中国互联网信息中心、中国网通与无线传感试验网，中国科学院成为网络科技和网络产业的开拓者。

中国科学院在长期的科学前沿问题研究和重大科技任务攻关中，形成了对科研算力的强烈需求，相关的科研算力基础设施和关键平台包括 CNIC 超级计算中心、超级计算环境、数据存储环境、科研算力软件体系等。

1. 中国科学院 CNIC 超级计算中心

中国科学院计算机网络信息中心（CNIC）[⊖]，主要从事并行计算的研究、实现及应用服务，为大规模复杂技术和商业应用提供解决方案。宗旨是面向社会提供

⊖　中国科学院计算机网络信息中心的官方网站为 http://www.cnic.cn/front/pc.html?_=1608531541135#/cnicSite/home。

尽可能强的高性能计算能力和技术支持。

截至 2019 年年底，中心实现了从百万亿次计算到千万亿次的飞跃，高性能计算资源累计 4000 台服务器，含"元"一期、"元"二期，以及 3000 台 X86 通用服务器，总核心数量超过 100 000 CPU 核。2020 年将持续扩容计算资源，同时上线计算性能达百 Pflops 的国产服务器资源，满足大规模并行计算需求，中心可根据用户的计算量、应用程序，提供适合于多种业务场景的计算环境，提供从计算到服务、从建模到调优的"一站式"服务，将带动多个产业链的整体转型和升级。

2. 中国科学院超级计算环境

中国科学院超级计算环境（China ScGrid，简称 ScGrid）是由总中心、分中心、所级中心组成的三层架构网格计算环境，同时还连接了中国科学院院内多家单位的 GPU 计算集群，聚合计算能力超过 315PF。截至 2019 年 12 月，ScGrid 累计开放外部账号 2123 个，累计使用机时超过 25 649 万 CPU 小时。其中总中心位于北京，区域中心分布于兰州、大连、青岛、合肥、武汉、昆明、广州、深圳等，所级中心分布于太原、乌鲁木齐、重庆、南京、苏州、上海、福州等，GPU 单位分布于北京、沈阳、南京、深圳等[⊖]。

据统计数据显示，2018 年度，合肥、昆明、兰州分中心和总中心的系统运行负载较高，系统使用率均超过了 50%，其中合肥分中心系统使用率最高，达到 88.17%。这主要在于这些超级计算中心拥有较大规模的用户群体，超级计算学科应用领域较为广泛，可以考虑进一步增强超级计算能力；沈阳、大连分中心系统使用率偏低，可以从加强系统运维保障能力、拓展超级计算应用领域、培育超级计算典型示范应用等方面提高超级计算应用水平。

3. 中国科学院数据存储环境

中国科学院数据存储环境已形成布局分院节点、统一管理、统一服务的海量数据存储与容灾备份的云服务环境，面向全院提供云存储、云归档、云灾备以及虚拟机等数据基础设施服务，支撑全院重要数据资产的容灾备份、长期保存、共享服务与增值应用。表 5-1 列出了中科院计算节点的名称及大小。

数据存储服务环境容量达 21.5PB，2018 年新增容量 3.5PB。云计算能力 5480 核，提供 700 多台虚拟机服务，对 VMWare 平台的内存由 2.4T 扩容至 5.7T，缓解业务压力，提高服务能力；支持新一代 ARP 环境，云主机 166 台，存储容量 120TB，支持 15 个研究所；支持网站群专有云环境，云主机 192 台，30 多个应

⊖　数据来自《中国科学院超级计算发展指数报告（2019）》。

用系统和 900 多个站点；连续性达 99.99%。云存储容量新建 3.5PB，形成 21.5PB 在线存储能力，支持"地球大数据科学工程"等先导项目应用，5 个课题组共计 900TB 存储资源[⊖]。

表 5-1　中科院计算节点名称及大小[⊖]

节点名称	磁盘大小 /TB
总中心	6000
合肥分中心（合肥物科院）	357
合肥分中心（中科大）	161
兰州分中心	250
昆明分中心	100
大连分中心	30
深圳分中心	200
沈阳分中心	100
武汉分中心	288
青岛分中心	292
广州分中心	1078

（三）我国科研算力供给的支撑能力——以华为算力生态为例[⊜]

与传统的计算能力集中在数据中心的部署模式相比，智能社会、数字化转型促使算力开始出现转移，从数据中心走向边缘，从单一架构走向多种架构并存，计算产业的创新需求和意愿空前高涨，造就了计算产业创新的黄金时期。

华为是全球领先的信息与通信基础设施和智能终端提供商，致力于把数字世界带入每个人、每个家庭、每个组织，构建万物互联的智能世界：让无处不在的连接，成为人人平等的权利；为世界提供最强算力，让云无处不在，让智能无所不及。根据华为 GIV2025 预测，97% 的大企业将使用 AI，14% 的家庭将拥有智能机器人，蜂窝车联网技术将嵌入全球 15% 的汽车中，而全球 58% 的人口将享有优质的 5G 网络服务。丰富的应用将带来数据的爆炸增长，预计 2025 年全球每年的数据量将达到 180ZB。丰富的应用和海量的数据对算力产生了极大的需求，而 CPU 的性能却从每年提升超过 1.5 倍降到 1.1 倍，摩尔定律逐渐失效，带来了算力供应的稀缺和昂贵，严重制约着行业数字化和智能化的发展。

⊖ 数据来自《中国科学院计算机网络信息中心 2019 年度报告》。
⊜ 表中数据根据华为公司官方网站相关资料整理。
⊜ 本节内容根据华为公司官方网站相关资料整理。

为了应对这一矛盾，突破摩尔定律，华为提出了多样性计算理念，面向不同应用，通过多种算力组合，在系统级恢复摩尔定律，推动计算创新。华为算力生态系统主要包括鲲鹏计算能力体系和 Atlas 人工智能计算平台，聚焦把计算产业核心竞争力构筑在"鲲鹏处理器"和"昇腾 AI 处理器"上。华为鲲鹏面向通用计算场景，昇腾面向人工智能场景，通过两个芯片系列来引领计算产业迈向智能和多样性计算时代。

华为围绕鲲鹏计算平台、昇腾计算平台进行多样性计算战略布局，包括：一、基于鲲鹏计算平台，打造面向通用计算的 TaiShan 服务器产品，在大数据、分布式存储、ARM 原生等应用场景，为客户提供性能出众、能效更优、安全可靠的解决方案；二、基于昇腾计算平台，打造面向 AI 计算的 Atlas 系列产品，在平台、架构、算法和应用软件等多个层次与业界独立软件开发商深入合作，共同实现普惠 AI 的战略目标。

1. 鲲鹏计算能力体系

鲲鹏计算能力体系主要包括鲲鹏处理器、泰山系列服务器及基于二者形成的鲲鹏计算产业。

（1）鲲鹏处理器

人工智能的兴起，AI 算力已经成为计算产品不可或缺的重要能力，每一个子系统，都需要一颗关键的芯片。2019 年 1 月，华为推出业界性能最高 ARM CPU 鲲鹏 920，旨在推动大数据、分布式存储和 ARM 原生应用场景中的计算发展。华为鲲鹏 920 是业内性能最高的 ARM 服务器 CPU，具有高性能、高带宽、高集成度、高性能四大特点。CPU 采用前沿 7nm 工艺，基于 ARMv8 架构许可，由华为自主设计。它通过优化分支预测、增加执行单元数量和改进内存子系统体系结构显著地提高了处理器性能。在典型频率下，华为鲲鹏 920 CPU 在 SPECint 基准测试中得分超过 930，比行业基准高出 25%。与此同时，能源效率比行业同行高出 30%。华为鲲鹏 920 为功耗相对较低的数据中心提供了更高的计算性能。它集成了 64 核，频率为 2.6GHz。该芯片组集成了 8 通道 DDR4，并且内存带宽超过现有产品 46%。通过两个 100G RoCE 端口，使得系统集成也得到了显著提高。华为鲲鹏 920 支持 PCIe 4.0 和 CCIX 接口，共提供 640Gbps。此外，单槽速度是现有产品的两倍，有效地提高了存储和各种加速器的性能。

（2）泰山系列服务器

基于鲲鹏处理器，华为打造了 TaiShan 系列服务器，其是华为在计算技术和整机工程方面 17 年长期积累的精品之作，充分优化了散热、高速互联、可靠性设计以及质量品控等工程工艺技术。TaiShan 服务器是华为新一代数据中心服务器，基于华为鲲鹏处理器，适合为大数据、分布式存储、原生应用、高性能计算和数据库等应用高效加速，旨在满足数据中心多样性计算、绿色计算的需求。

　　目前 TaiShan 系列服务器主要有 TaiShan 200 和 TaiShan 100 两个型号。TaiShan 200 服务器，基于鲲鹏 920 处理器，包含 2280E 边缘型、1280 高密型、2280 均衡型、2480 高性能型、5280 存储型和 X6000 高密型等产品型号。TaiShan 100 服务器，基于鲲鹏 916 处理器，包含 2280 均衡型和 5280 存储型等产品型号。2280 均衡型和 5280 存储型均实现计算、存储、网络和管理等核心芯片全自研，掌握完整知识产权，适合构建安全可靠计算平台，保障业务连续性和数据端到端安全。

（3）鲲鹏计算产业

　　基于华为鲲鹏处理器和泰山服务器的核心能力，华为通过战略性、长周期的研发投入，吸纳全球计算产业的优秀人才和先进技术，构筑鲲鹏处理器的业界领先地位，为产业提供绿色节能、安全可靠、极致性能的算力底座。华为面向千行百业的应用发展牵引 ICT 技术的持续创新，各领域涌现出的新行业领先者将聚拢产业力量、主导行业发展方向，最终形成具有全球竞争力计算产业集群——鲲鹏计算产业。

　　鲲鹏计算产业是基于鲲鹏处理器构建的全栈 IT 基础设施、行业应用及服务，包括个人电脑（PC）、服务器、存储、操作系统、中间件、虚拟化、数据库、云服务、行业应用以及咨询管理服务等。为满足新算力需求，围绕鲲鹏处理器打造了"算、存、传、管、智"五个子系统的芯片族。历经十几年，目前投入超过 2 万名工程师。在鲲鹏生态建设上，与海内外生态厂家合作，重点投入了操作系统、编译器、工具链、算法优化库等的开发和维护，同时针对数据中心大数据、分布式存储、云原生应用等场景，开发基于鲲鹏处理器的解决方案产品和参考设计。华为鲲鹏计算产业利用华为强大的基础研发能力、技术创新能力和生态构建能力，三策并举，保证计算产业成功，为新基建提供澎湃算力。

　　2. Atlas 人工智能计算平台

　　人工智能技术日新月异，人工智能驱动的行业解决方案也与日俱增。随着迈向一个全面智能化的世界，全面创新至关重要。另一方面，计算能力创造了新的可能性。华为借助面向端、边、云的全场景 AI 基础设施方案，让客户在智能时代灵活应对业务变化，并创造商业价值。

　　华为 Atlas 人工智能计算平台基于华为昇腾系列 AI 处理器和业界主流异构计

算部件，通过模块、板卡、小站、一体机等丰富的产品形态，打造面向"端、边、云"的全场景 AI 基础设施方案，可广泛用于平安城市、智慧交通、智慧医疗、AI 推理等领域。作为华为全栈 AI 解决方案的重要组成部分，Atlas 人工智能计算平台以超强算力助力客户开启 AI 未来。Atlas 人工智能计算平台具有三个特性：一是超强算力。基于华为昇腾系列 AI 处理器，单芯片即可提供 16TOPS@INT8 超强算力，支持 16 路高清视频实时分析，功耗不足 8W。二是全场景 AI。面向"端、边、云"优化设计的全场景 AI 基础设施方案，充分满足智能时代多变的 AI 应用场景。三是开放生态。支持业界主流框架，方便易用的代码迁移和模型转换工具，通过灵活的合作方式与业界独立软件开发商共建开放产业生态。

华为 Atlas 人工智能计算平台已形成 AI 集群、AI 服务器、智能边缘、AI 加速卡和 AI 加速模块等层次丰富的计算能力生态产品。

二、我国科研领域算力共享对接的主要瓶颈

总体而言，我国科研领域算力需求强烈、供给充沛，但在共享对接方面还存在多项瓶颈问题，制约了算力在科学前沿探索和重大科技任务攻关方面的充分发挥。科研领域算力共享对接的瓶颈主要包括六个方面。

（一）算力总体支撑较好，但存在结构性供需错位

目前计算能力支撑较好，共有 9 个（含在建）国家级超算中心、20 个国家科学数据中心、60 多个大科学装置设施，同时还有大量的地方政府、科研院所也配备了自己的科研算力设施。目前算力需求主要集中在自然科学领域，以"神威·太湖之光"为例，其应用涉及生物科技、航空航天、气象气候、材料科学、海洋环境、机器学习、电磁仿真、工业设计、金融计算、生物医药、环境工程、石油勘探等 19 个领域，支持国家重大科技应用、先进制造等领域解算任务几百项，平均每天完成近 7000 项作业任务，相关设施也支持云端计算模式。但从结构上看，供需结构存在差异，首先，算力需求以单一学科体现的较多，以交叉学科体现的少。社会经济科学的计算量总体偏小，但社会经济类学科的真实计算需求较大，主要是受限于供给端的技术壁垒限制，未来应该是大趋势和方向。其次，从科研算力应用场景看，随着 AI 技术的兴起，越来越多的算力需要基于异构计算单元来支撑，比如 GPU、DSP、ASIC、FPGA 等，但目前国内科研算力设施的布局上还存在短板。

(二) 算力服务整体价格较高，科研人员计算经费紧张

从总量上看，2018 年我国数据中心总用电量约 160TWh，比上海市 2018 年全社会用电量还多。各个科研院所的小型超算中心也面临着巨大的算力成本支出。从个体角度看，平均 1 个大气物理学科的青年人员完成正常研究任务，1 年约需要 20 万～ 30 万元的科研经费支持。如果遇到经费不足情况，则需要舍弃部分研究计划。算力成本主要体现为水电费、运营和维护费用。有个别高校计算成本较低，如北京大学，单价为 3 分钱 1 小时 1 核，主要是学校有补贴。目前，补贴模式不具备推广性，中科院大气物理所、气科院等等在运行初期采取了免费模式，这导致计算需求量暴增，成本压力太大，目前均恢复到正常收费标准。

(三) 科研算力的软件生态严重缺乏

目前，不同学科的计算需求存在较大差异，科研应用也分很多场景。但是相比于 PC 端的软件生态，在算力设施基础上的软件生态严重不足。与超算硬件相对独立的阶梯式发展不同，应用软件的发展需要长期的积累。从事计算机研究的人因为不熟悉应用而设计不出更好的算法及应用软件，而做软件应用的人因为欠缺计算机能力而造不出高质量的软件。事实上，即便技术成熟、需求旺盛，只要软件缺乏，超算的能力就无法施展。目前，很多专用领域的软件还依靠科研人员自主开发，如国家计算流体力学实验室自主开发了"航天飞行器统一算法数值模拟"软件，使用 16 384 个处理器在 20 天内完成多组天宫一号飞行器陨落飞行状态的大规模并行计算。如何推进开源的社区建设，实现算法、软件的开发与共享生态是算力共享亟须解决的问题。

(四) 用户操作友好性不强

超算中心的算力平台暂不具备可视化的用户友好使用界面，采用 Linux 系统布局的多。在程序运行过程中，提示错误，不容易理解。软硬件之间的兼容性问题较为突出。用户友好性的问题可能比较难解决，运行计算速度高效和操作界面友好，在目前来看，是此消彼长的关系。科研超算使用需要较强的环境部署能力，一个模式在服务器上部署时，需要配置大量的环境变量以及计算模块的调试工作，如果切换服务器，则需要重新部署。部署过程会耗费掉研究人员大量的时间精力，可能问题最终也得不到解决。中科院院所的本地超算中心服务支持能力偏弱，遇到交叉学科模拟问题时，需要部署其他学科的模块，一般束手无策。这些问题对科研人员产生了极大的心理障碍，从而产生使用路径依赖，即便新的资源使用的

费用便宜，也不愿尝试。目前的国家超算中心中，服务能力参差不齐，天河超算中心是目前服务能力最强的，一般问题可在当天，甚至数小时内解决。

（五）通信与计算能力不匹配的矛盾较为突出

近年来，高度异构和内部网络高速互联是现代高性能计算机体系架构的重要发展方向。而对于若干典型的高性能计算应用，通信与计算能力不匹配的矛盾较为突出。一般说来，现代计算机的处理器和加速部件往往达到几千亿次至几万亿次的浮点运算能力，而目前性能较好的内部互联网络的带宽虽达到了 200 Gb，仍然相对较慢。而对于需要传输大量数据的科学实验和模型计算而言，网络通信带宽成为限制科研人员开展大规模云计算的制约因素之一。对于如地球模式计算等大规模的空天模式运行而言，当前科研人员往往采用邮寄物理硬盘的方式来拷贝数据，降低了工作的效率。而也有很多科研人员因为通信条件限制而舍弃计算性能较高的国家平台或商用平台，而宁可选择单位内部的计算资源。

（六）大数据时代，科研人员的数字素养差异显著

面对以密集数据为主的科研对象，科研人员受到的冲击最为直接，出现两个截然相反的趋势。一部分科研人员还没及时转换思维，对于数据驱动的知识发现模式认识不够，还停留在传统的理论假设驱动的思维领域，这导致他们的数据敏感度达不到科研所需要的高度，在数据密集型科学发现中，往往不能很好地发现数据的价值。另外一部分科研人员则陷入对数据的盲目自信中，也即前面提到的唯数据主义，他们过分相信从数据中找到的答案，而忽视了传统理论方法的价值。科研人员的态度出现这两种相反的趋势与科研人员的数据素养高低有重要关系，另外对于数据密集型科学的研究还往往要求科研人员除了具备专业领域的知识，还需能够精通使用数据处理工具以及各种数据分析方法，这些都对数据密集型科学研究人员提出了挑战。

三、我国科研算力共享的推进路径、对接方向及政策保障

（一）我国科研算力共享的推进路径

1. 建立权威和有影响力的科学数据品牌

数据资源是算力发展的根源。我国长期高度重视科学数据工作，以中科院为

例，开展科学数据库建设已超过 40 年，建成了一批有影响力的科学数据库，形成了较为完备的科学数据技术服务体系，有力支撑了国家宏观决策与重大科学发现，引领了我国科学数据工作前沿。但是，在部分学科研究中，依然存在数据质量差、数据共享程度不高的问题，尚缺乏领域优势的权威数据库，缺乏有国际影响力的科学数据中心，呈现出科学数据严重依赖国外的"卡脖子"问题。未来，需要从设施、数据标准以及共享制度等方面加强科学数据品牌建设。

2. 发展自主可控的科学数据与高性能计算软件

2020 年 1 月，美国商务部发布新的出口管制措施，将限制人工智能软件出口并给出了软件类别清单，从清单上可以看出主要是限制利用人工智能技术的图像与目标识别类软件。

经过多年国家科技项目以及信息化专项的支持，我国已基本形成科学数据管理技术体系以及高性能计算中间件、应用软件，但是软件研发需要长期稳定投入和长期应用积累，我国自主积累的科学数据管理软件和高性能计算软件在学科领域中地位仍处于课题组使用层面，未能在学科领域全面推广使用，我国面向科研研究的数据管理软件、高性能计算应用中间件、基础算法库软件、专业应用软件严重依赖国外，国外软件占比 90% 以上。目前，部分国外厂商已对我国科研人员采取不同程度的歧视、打压和封锁手段，可以预想，在极端情况下可掐断我国相关领域研究。同时，我们必须充分认识到，科学软件是科学研究原创性思想的具体体现，如果只是一味使用国外的算法和软件，将限制原创性思想的产生，并发展成为制约我国各领域产生原创性创新成果的"卡脖子"问题。

另一方面，随着国产超级计算机的建设（海光、申威、飞腾、鲲鹏等），未来一段时间内，我国在超级计算机的发展将以国产架构或混合架构的超级计算机为主，现有各学科领域的科学计算软件将无法直接使用，需花费相当大的人力和物力将其移植到国产硬件平台。

3. 推进科研业务与科研组织活动大融合的科学研究模式

科研业务与科研组织管理活动对科学研究都十分重要。随着科研新模式的发展，大数据、人工智能、区块链等先进技术支撑和保证手段的创新跟进尚显不足，各学科领域对先进信息技术有较大的实际需求，且大部分应用都处于新技术的初级试用与尝试阶段，未能有效地与科学研究工作深入结合，对重大科技产出的推进作用尚未显现。如何为不同学科领域的科学家搭建方便、好用、易上手的先进信息技术应用环境，为其提供数据、计算、模型一体化的服务，将新兴技术与科学研究开展深入融合的探索是未来五年科研信息化发展的重要方向之一。未来，应加强科研管理过程数字化，实现管理领域全业务流程信息化覆盖，解决现有管理信息资源共享程度较低、数据质量不高难的问题，推进智慧支撑管理决策。

4. 以国产高性能计算机为主线，大力促进算力应用生态建设

立足国产超级计算机，重点发展高性能计算环境和应用软件。通过适当屏蔽不同系统结构和使用模式的高性能计算环境加速重大科研成果的产出，同时利用我国在高性能计算算法和应用方面的优势，提升计算产出重大科研成果的质量和原创性，建立国产系统的应用生态。

首先，完善高性能计算环境。通过高性能计算环境适配不同应用领域和计算特征的、具有多种体系结构的"超级计算系统群"，对使用者屏蔽不同结构的硬件系统；实现异地计算资源的汇聚，建设高速传输网络；以应用为牵引，在高性能计算环境中形成若干应用服务社区，服务于生物医药、材料模拟、天文、地球模式等多个学科。立足科研业务实际需求，按照领域和应用划分并建设超级计算群，充分发挥几大科学板块的需求牵引作用。以领域科研为导向，满足国内 FAST、SHINE 等大型科研装置在高通量计算作业调度、数据处理和计算模拟等方面的应用需求。持续培育基础较好的应用达到 E 级计算性能，深入异构计算技术应用研究，包括国产处理器和加速器的高效协同计算和混合精度计算技术等；立足国产处理器和加速器开展异构计算技术。

其次，加强开源社区建设，发展高性能计算应用中间件和算法库。加强面向国产系统的高性能计算应用中间件和算法库的开发，发挥科学家在高性能计算应用中间件领域的优势。通过框架支撑，并行计算细节可对应用科学计算研究人员屏蔽，使其可集中于物理模型和计算方法创新并加速计算程序与新方法、新模型的融合，最终实现大规模并行计算应用软件的快速开发。鼓励在高性能计算应用中间件上开发应用。通过高性能计算应用中间件和算法库支撑，建立高性能计算应用中间件和算法库的开源社区。对应用科学计算研究人员屏蔽并行计算细节，使其可集中于物理模型和计算方法创新并加速计算程序与新方法、新模型的融合，最终实现大规模并行计算应用软件的快速开发。发展重点应用领域应用软件研发，在若干领域形成突破，可考虑地球模式、天文、高能物理等领域。培育基础较好的应用达到 E 级计算性能，并建立若干领域的高性能应用软件社区。在国产高性能异构计算平台上，研究更先进的快速异构算法，实现大尺度、高解析度、大规模的科学问题的高效并行模拟。充分利用国内超级计算资源解决科学计算瓶颈问题，形成一套高效的、具有完全自主产权的计算应用软件，部署于国产超级

计算系统中，实现 100P 以上高效率数值模拟与理论验证，获得一批有显示度的成果。

5. 建设国家先进计算科教创新中心

国家产业创新中心是整合联合行业内的创新资源、构建高效协作创新网络的重要载体，是特定战略性领域颠覆性技术创新、先进适用产业技术开发与推广应用、系统性技术解决方案研发供给、高成长型科技企业投资孵化的重要平台，是推动新兴产业集聚发展、培育壮大经济发展新动能的重要力量。

在算力产业中，国家先进产业创新中心已经落户天津，先进存储产业创新中心落户湖北。产业创新中心对推动我国算力设施和产业发展发挥了重要作用。为推进先进计算产业中心的进一步在垂直领域的发展，建议在国家先进产业创新中心分设国家先进计算科教创新中心，直接面向科研教育领域的算力发展。算力共享的发展思路可以作为先进计算科教创新中心的一个重要发展方向。

（二）我国科研算力共享的对接方向

1. 支撑第四范式驱动的科学创新，推进科学新发现

当前，科学世界发生了变化，新的研究模式是通过仪器收集数据或通过模拟方法产生数据，然后利用计算机软件进行处理，再将形成的信息和知识存于计算机中，即数据密集型的科学研究第四范式。

数据密集型科学研究由数据的采集、管理和分析三个基本活动组成。数据的来源构成了密集型科学数据的生态环境，主要有大型国际实验，跨实验室、单一实验室或个人观察实验、个人生活，等等。各种实验涉及多学科的大规模数据，如澳大利亚的平方公里阵列射电望远镜、欧洲粒子中心的大型强子对撞机、天文学领域的泛 STARRS 天体望远镜阵列等每天能产生几个千万亿字节（PB）的数据。特别是它们的高数据通量，对常规的数据采集、管理与分析工具形成巨大的挑战。为此，需要创建一系列通用工具来支持从数据采集、验证到管理、分期和长期保存等整个流程。

华为基于鲲鹏架构的 TaiShan 服务器，在数据密集型第四范式科学研究中可以发挥核心作用，支撑数据驱动的基础科学研究，推进科学新发现。

专栏 5-1：支撑中国科学院上海天文台 SKA 项目[⊖]

　　2018 年，中国科学院上海天文台成立中国 SKA 区域中心，SKA（平方公里阵列射电望远镜）项目是国际天文界计划建造的世界最大综合孔径射电望远镜，致力于回答宇宙起源和演化等问题，是人类探索宇宙的重要科学项目之一。作为天文领域最大的国际合作科学项目之一，SKA 项目为人类详尽认识宇宙提供了重大机遇，也是科学和技术创新完美结合的体现。SKA 项目致力于回答宇宙起源和演化等问题，是人类探索宇宙的重要科学项目之一。

　　2018 年 11 月 28 日，在"2018 年第三届中国 SKA 科学年度研讨会"上，中科院上海天文台与华为签署了 SKA 项目合作协议。因为 SKA 项目将产生世界上前所未有的超大数据量，这其中所需要的海量数据计算、存储、传输等能力恰恰是华为所擅长的。华为推出的基于鲲鹏架构的 TaiShan 服务器，其性能就非常适合处理及分析天文科学数据。基于本次合作协议，华为 TaiShan HPC 解决方案，融合华为在计算、AI 和云等方面的优势，携手上海天文台成功打造 SKA 区域中心原型系统，助力世界寻找宇宙的起源、重力的本质，探索地外文明，走向科学新高度。

2. 支持国家级科研开放生态云平台建设

　　在科研、创新活动中会产生大量的科研信息，如何对这些信息实施有效的管理，并使之更好地服务于社会，提高经济效益和社会效益，促进科研合作创新，是十分重要的问题。随着科研信息量的增加以及科研信息共享需求的提升，现有的管理方法、模式、工具等还需要进一步改进和完善，以适应社会发展的需要。

　　以占据科研活动重要地位的科研会议活动为例。科研会议已成为科研人员工作和交流越来越重要的方式，主持和参与会议活动成为开展科技交流与合作的重要内容。但传统的会议活动在会议管理、协调合作等方面，很大程度上还依赖于传统的管理模式，例如，信息的传达、协调，数据的采集、更新、交流和共享等还需依靠人工或文件等完成，信息化程度较低。面向科研的会议活动与通常意义的会议活动有根本性的区别，不仅要关注会议活动本身的会议信息发布、论文管理、会议活动管理等内容，还关注于如何搭建以科研人员为主体的科研会议活动

　　⊖ 本专栏案例来自华为公司相关资料。

云平台，从而建立面向科研人员的会议活动社会关系网络。通过构建科研开放云平台是对科研信息的产生、加工处理、知识成果运用等进行富有成效的管理的重要工具和手段。

华为鲲鹏 920 处理器、新一代 TaiShan 服务器和基于华为昇腾 310 芯片的 Atlas 产品在支持国家级科研开放生态云平台建设方面可以起到重要作用。

专栏 5-2：支持鹏城实验室打造国家级科研开放生态云平台⊖

鹏城实验室是广东省政府批准设立、深圳市政府负责建设的二类事业单位。由政府主导，以哈尔滨工业大学（深圳）为依托单位，与北京大学深圳研究生院、清华大学深圳国际研究生院、深圳大学、南方科技大学、香港中文大学（深圳）、深圳先进院、华为、中兴通讯、腾讯、深圳国家超算中心、中国电子信息产业集团、中国移动、中国电信、中国联通、中国航天科技集团等高校、科研院所和高科技企业等优势单位共建。重点布局网络通信、人工智能和网络空间安全等研究方向，努力引领未来学术方向，推动网络信息产业发展，积极推动粤港澳大湾区打造国际科技创新中心。

鹏城实验室与华为紧密合作，开展了一系列基于 TaiShan 服务器的生态使能工作，已经完成在鹏城实验室开发者云平台部署华为"云手机"服务端环境，为各方用户和开发者提供免费的云手机体验和开发服务。鹏城实验室开发者云平台正式开通，标志着以华为 TaiShan 服务器为核心基础设施的"鹏城生态 -1"环境已初步建成，并以"开发者云平台"的形式上线提供服务。目前鹏城实验室已部署 150 台 TaiShan 服务器用于开发者云平台。

根据合作计划，双方还将基于搭载华为鲲鹏 920 处理器的新一代 TaiShan 服务器和基于华为昇腾 310 芯片的 Atlas 产品，继续在大数据、边缘计算、人工智能和高性能计算等领域开展更进一步的生态使能工作。

---

3. 助力高校建成"互联网 ＋"智慧教育和智慧校园

智慧教育（Smart Education）是现代信息技术与传统教育高度融合的产物，是

⊖ 本专栏案例来自华为公司相关资料。

教育信息化发展的结果。2008 年，IBM 在《智慧地球：下一代领导议程》中首次提出"智慧地球"的设想。随后，我国出现了智慧城市、智慧农业、智慧能源、智慧交通等概念，智慧教育也应运而生。智慧教育通过大数据（Big Data）、物联网（Internet of Things）、人工智能（Artificial Intelligence）、移动通信（Mobile Communication）、虚拟现实（Virtual Reality）等技术，将封闭的物理空间逐渐拓展为无边界的虚实融合的学习场域，以智慧的学习环境和智慧的学习资源提供个性化的教学。智慧教育具有灵活、开放、共享、交互、协作、泛在等基本特征，实现了以智慧教学为主的多领域间资源及其业务的融合和共享，教学、科研、管理和校园生活等领域的充分融合。

作为全球数字化转型解决方案顶级服务商，华为在助力中国高校建成"互联网 +"智慧教育和智慧校园方面发挥了主力军的作用。

专栏 5-3：助力新疆医科大学"互联网 +"新型智慧校园建设[⊖]

新疆医科大学，坐落于新疆维吾尔自治区首府乌鲁木齐市风景秀丽的鲤鱼山下，是一所具有光荣传统的省属重点大学。如何从顶层规划设计入手，协助医科大学及其下辖的 6 所附属医院实现数字化转型；如何通过信息化手段，实现大学和各附属医院体系内的信息共享，建设标准统一、应用融合的统一平台；如何使学校和各附属医院宝贵的数据资产沉淀和变现，发挥挖掘数据价值；如何基于宝贵的教学、科研、临床数据，构建国内一流的医学研究平台和智慧校园管理服务平台；如何提升学校的信息化运维和服务能力，构建以服务为本的智慧校园，是学校建设面临的重要问题。

华为作为新校区建设战略联盟中唯一的 ICT 厂商，承担着顶层规划设计的工作，从客户痛点出发，计划将新校区打造成集"医学教育、医疗服务、医学研究、健康产业，四位一体的航空母舰"，通过"平台 + 生态"的建设模式，构建国内首个"互联网 + 教育""互联网 + 医疗健康"深度融合的智慧校园。

基于华为公司系统构建的校园云平台，一方面实现了软、硬件资源的集约共享，IT 资源的统一管理、统一分配；另一方面云平台有华为云技术团队提供远程运维和升级服务，降低信息中心管理和运维难度，同时为医科大学智慧校园和智慧医疗应用提供丰富的 IaaS、PaaS 和 Saas 服务。

⊖ 本专栏案例来自华为公司相关资料。

（三）推动算力共享的政策保障

推动算力共享的政策保障重点应在以下三个方面发力。

第一，将"算力共享"纳入我国创新新基建"十四五"规划。统筹"十四五"新基建建设规划，坚持建用结合的发展原则，以算力共享模式优化我国科教领域新型基础设施布局并促进新基建的建设。

第二，实施算力共享试点项目。进一步推进先进计算科教创新中心建设，在科教领域中选择算力使用强度高的学科领域，重点围绕通用算力和 AI 算力，部署项目，落实算力共享模式。

第三，完善算力共享模式的资金保障。坚持共享原则，以公共基础设施的投资建设模式保障共享算力的项目落实和设施建设。提供算力使用基金，优选算力科研与教育项目，推广算力使用。提供算力共享生态建设资金，加强基础数据、基础软件和算法开发的开放社区建设。

前 沿 篇

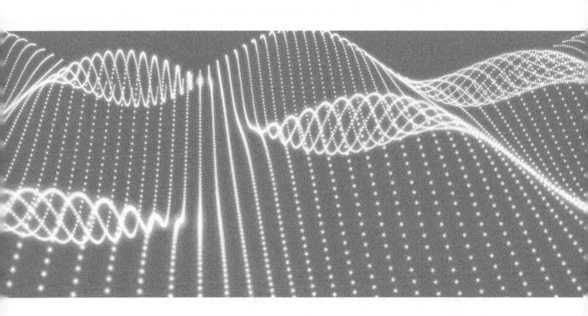

第六章 | Chapter6

数字科技前沿：类脑智能[⊖]

人类的大脑是生物演化的奇迹，它是由数百种不同类型的上千亿的神经细胞所构成的极为复杂的生物组织[⊜]。时至今日，大脑仍然是人类认知的"黑洞"。科学界也有人将脑科学称为"人类科学最后的前沿"[⊜]。揭示人脑的高智能、高能效、高可靠性之谜，将成为人工智能发展新的"助推器"；脑科学与超级计算机技术等数字科技的深度融合，将有助于破译智能化人机接口的世纪难题，开发全新的信息处理系统，推动人类社会进入智能化时代。类脑智能的研究关乎人类的福祉，有望重塑工业、军事、服务业等行业格局，提升国家核心竞争力。可以预见，类脑智能的进步必将为人类带来一个日新月异的世界^{㉔㉕}。

一、类脑智能的概念及发展历程

（一）类脑智能——脑科学和数字科技的深度融合

人脑是一个通用智能系统，可处理视觉、听觉、语言、学习、推理、决策、规划等各类问题，可谓"一脑万用"。并且，人类的自主学习和适应能力是当前计

㊀ 本章执笔人：中国科学院科技战略咨询研究院的王海名。

㊁ 蒲慕明，徐波，谭铁牛.脑科学与类脑研究概述 [J].中国科学院院刊，2016, 31（7）：714, 725-736.

㊂ 参考自《中国脑科学研究主要"势力"概览（2020 版）》。

㊃ 白春礼.序言 [J].中国科学院院刊，2016, 31(7): 723-724.

㊄ 吴朝晖.类脑研究：为人类构建超级大脑 [J].浙江大学学报（工学版），2020, 54(3): 425-426.

算机难以企及的[⊖]。因此，人工智能的发展目标是构建像人脑一样能够自主学习和进化、具有类人通用智能水平的智能系统[⊖]。虽然近年来人工智能已取得长足的进步，但尚与期望有不小的差距。事实上，经历了近 60 年的发展，至今仍无一个通用智能系统能够接近人类水平。人工智能的发展瓶颈，制约了人工智能应用的全面推广。要突破瓶颈，需要新一代的智能技术革命[⊜]。

近年来，类脑智能已成为人工智能与计算科学领域的研究热点。由于类脑智能这个研究领域还处于萌芽期，学术界还尚未形成广泛接受的概念。最早以术语"类脑智能"出现的正式研讨可追溯到 2007 年。Sendhoff，Sporns 等人在德国召开的首届国际类脑智能研讨会上指出，"类脑智能将实现高度进化的生物脑所表现出的智能"[⊛]。谭铁牛院士等认为，类脑智能是以数字科技、计算建模为手段，受脑神经机制和认知行为机制启发，并通过软硬件协同实现的机器智能。类脑智能系统在信息处理机制上类脑，认知行为和智能水平上类人，其目标是使机器以类脑的方式实现各种人类具有的认知能力及其协同机制，最终达到或超越人类智能水平^{⊛⊛}。

类脑智能的优势在于，它是一种面向人工神经网络对低功耗、弱监督等学习需求，将生物机制与数字科技原理融合的新型网络模型和学习方法。受大脑多尺度信息处理机制启发而研发出来的计算模型及软硬件，使机器实现人类具有的多种认知能力并高度协同，逐渐逼近具有学习和进化能力的通用智能。类脑智能将成为弱人工智能通往强人工智能的途径。目前类脑智能取得的进展只是对脑工作原理初步的借鉴，未来的机器智能研究需与脑神经科学、认知科学、心理学、数字科技深度交叉融合，结合"硬技术"和"软设计"的突破，逐渐达至类脑智能这一人工智能的终极目标[⊕]。

（二）数字科技时代迅速发展的类脑智能

从计算机问世以来，人们一直渴望通过模拟大脑功能机制，设计出和人脑智

⊖　曾毅，刘成林，谭铁牛 . 类脑智能研究的回顾与展望 [J]. 计算机学报，2016，39（1）：212-222.

⊖　The hbp-ps consortium. The Human Brain Project: a report to the European Commission[R]. Lausanne: The HBP-PS Consortium, 2012.

⊜　张力平 . 人工智能的终极目标在类脑智能 [N]. 通信产业报 . 2017-3-27.

⊛　Bernhard Sendhoff, Edgar Körner, Olaf Sporns, et al. Creating Brain-like Intelligence: From Basic Principles to Complex Intelligent Systems[M]. Heidelberg: Springer-verlag Berlin Heidelberg, 2009.

⊛　曾毅，刘成林，谭铁牛 . 类脑智能研究的回顾与展望 [J]. 计算机学报 , 2016, 39(1): 212-222.

⊛　张力平 . 人工智能的终极目标在类脑智能 [N]. 通信产业报 . 2017-3-27.

⊕　张力平 . 人工智能的终极目标在类脑智能 [N]. 通信产业报 . 2017-3-27.

能相仿的机器。

冯·诺依曼 1945 年著名的研究报告⊖和艾伦·图灵 1948 年的著名文章⊜，都提到了计算机对于人脑的模仿；由麦卡洛克等于 1943 年提出的单个神经元计算模型，可以认为是最早的仿脑研究突破；二十世纪七八十年代，部分学者开始关注采用更接近于生物大脑系统的计算机制的研究方法，如美国加州理工大学卡弗·米德教授用硬件电路模拟神经网络，开创了"神经拟态计算"研究方向⊜。

近年来，随着人们对大脑认识的不断深入以及对人工智能理解的不断加深，类脑智能的研究取得了一系列突破，并迅速成为当前研究的热点。在认识大脑的基础上，采用各种计算方式来模拟大脑神经系统的结构及信息处理机制，包括设计针对类脑研究的专用器件与芯片、研究自主学习的类脑算法等，最终建立新型的类脑计算系统。如 IBM 在 2014 年开发的神经拟态芯片 TrueNorth、欧盟脑计划资助的英国曼彻斯特大学和德国海德堡大学研发的神经拟态计算系统、清华大学研发的类脑芯片"天机芯"、浙江大学牵头研制的"达尔文"类脑系列芯片，都是这方面的探索工作⊛。

但纵观国内外，类脑研究目前大都处于初级阶段。人类构建"超级大脑"的美好愿望，尚存在诸多困难和挑战，主要有以下几个方面：大脑神经信息的解读手段相对有限，存在观测模态单一、调控独立、信息片面、无法同步等问题；类脑计算模拟的架构模型尚未成熟，基于硬件的类脑计算过程模拟在类脑器件和芯片、体系结构等方面仍需要重点探索，类脑学习启发的运作机制与算法研究也非常有限；脑机交互融合的智能增强有待突破，面临脑信号获取不稳定、脑机交互效率低、融合系统构建难等一系列挑战⊛。

二、类脑智能的主要进展及趋势

近年来，随着社会的发展，全球对于脑认知科学和人工智能的关注日益提升。各国政府政策频出，各个研究机构加大投入，产业力量不断跟进，脑认知科学与

⊖　Neumann John-von. First Draft of a Report on EDVAC[R], 1945.

⊜　Turing AM. Intelligent Machinery[Z]: Npl. Mathematics Division, 1948.

⊜　吴朝晖. 类脑研究：为人类构建超级大脑 [J]. 浙江大学学报（工学版），2020, 54（3）：425-426.

⑭　吴朝晖. 类脑研究：为人类构建超级大脑 [J]. 浙江大学学报（工学版），2020, 54（3）：425-426.

⑮　吴朝晖. 类脑研究：为人类构建超级大脑 [J]. 浙江大学学报（工学版），2020, 54（3）：425-426.

人工智能的发展进入了快车道[○]。在具体的研究进展方面，学术界与工业界在 2010 年以后都将类脑智能相关研究推向了新高潮[○]。相关工作大体上可分为以下几个主要方向：脑研究、类脑模型、脑机接口、类脑芯片等。

（一）脑研究

2013 年开始，世界各国纷纷推出脑科学研究计划。2013 年欧盟与美国两项脑科学重大计划的提出，将该领域的研究热潮推向一个新高度。欧盟"人脑计划（HBP）"侧重于以超级计算机技术来模拟脑功能，为人工智能的开发建立新研究平台，进一步带动仿生的发展；美国"通过推动创新型神经技术开展大脑研究（BRAIN）"计划则更加重视脑科学研究新工具和新技术的开发，从而带动基于基础性研究的新学科和新产业的发展。2014 年，日本推出 Brain/MINS 脑研究计划，聚焦于以狨猴大脑为模型研究脑功能和脑疾病的机理。上述国家的脑研究计划都与人工智能的发展有着密切联系，他们也希望通过在脑科学领域取得重大突破，从而助推人工智能的发展[○]。德国、法国等国也纷纷部署脑科学相关研究计划，进入抢占科技战略制高点的行列[○]。

我国对脑科学研究领域一直给予高度支持，《国家中长期科学和技术发展规划纲要（2006—2020 年）》《国家"十二五"科学和技术发展规划》《"十二五"生物技术发展规划》和《国家自然科学基金"十二五"发展规划》均对其进行布局，科技部、国家自然科学基金委等也资助了一系列脑科学研究项目。

2015 年，中国科学家就对脑科学与类脑研究在中国"一体两翼"的部署达成了初步的共识。"一体"是指以阐释人类认知的神经基础为主体和核心；"两翼"是指脑重大疾病的研究以及通过计算和系统模拟推进人工智能的研究[○]。2018 年以"脑科学与类脑研究"为核心的中国脑计划作为重大科技项目被列入国家"十三五"

○ 中国信息与电子工程科技发展战略研究中心编著. 中国电子信息工程科技发展研究（综合篇 2018—2019）[M]. 北京：科学出版社，2019.

○ 曾毅，刘成林，谭铁牛. 类脑智能研究的回顾与展望 [J]. 计算机学报，2016，39（1）：212-222.

○ 中国信息与电子工程科技发展战略研究中心编著. 中国电子信息工程科技发展研究（综合篇 2018—2019）[M]. 北京：科学出版社，2019.

○ 王力为，许丽，徐萍，等. 面向未来的中国科学院脑科学与类脑智能研究——强化基础研究，推进深度融合 [J]. 中国科学院院刊，2016，31（7）：747-754.

○ 参考自《中国脑科学研究主要"势力"概览（2020 版）》。

规划[1][2]。中国脑计划以脑认知为基础，研究脑对外界环境的感官认知，即探究人类对外界环境的感知，如人的注意力、学习、记忆及决策制定等，同时研究脑疾病的保护。而更为重要的是，在脑认知的基础上，探究人工智能新方法，通过对类人脑神经网络模型、类脑计算处理以及存储设备技术的研究，助力开发新一代人工智能机器人[3]。

在中国脑计划的规划下，中国成立了一南一北两个脑中心。其中，北京脑科学与类脑研究中心成立于 2018 年 3 月，由北京市政府与中国科学院、军事科学院、北京大学、清华大学、北京师范大学等单位联合共建，将重点围绕共性技术平台和资源库建设、类脑计算与脑机智能、脑认知原理解析等方面开展攻关[4]。上海脑科学与类脑研究中心于 2018 年 5 月成立，立足世界脑科学与类脑研究前沿，聚焦国家在脑科学与类脑研究领域的战略需求，是助力我国脑科学与人工智能发展的重要研究机构[5]。在南北脑中心之外，我国已经逐渐建成了一批致力于脑科学与人工智能研究的顶尖科研机构，如中国科学院脑科学与智能技术卓越创新中心、清华大学脑与智能实验室、清华大学类脑计算研究中心等[6]。

（二）类脑模型

虽然传统的人工神经网络在神经元、突触连接等方面初步借鉴了脑神经系统在微观尺度的概念和结构，但是在信息处理机制上真正从脑科学借鉴的机制并不深刻。近年来发展起来的深度神经网络（DNN）模型抓住了人脑在脑区尺度进行层次化信息处理的机制，在计算和智能模拟能力上取得重要突破，并在模式识别和人工智能应用领域取得了巨大成功[7]。

美国 Google Brain 项目采用深度神经网络，在 16 000 个 CPU 核构建的大规模并行计算平台上实现了图像识别领域的突破。微软研究院、百度研究院在语音和

[1] 中国信息与电子工程科技发展战略研究中心编著. 中国电子信息工程科技发展研究（综合篇 2018—2019）[M]. 北京：科学出版社，2019.

[2] http://www.most.gov.cn/kjbgz/201706/t20170616_133594.htm.

[3] 中国信息与电子工程科技发展战略研究中心编著. 中国电子信息工程科技发展研究（综合篇 2018—2019）[M]. 北京：科学出版社，2019.

[4] 曾毅，刘成林，谭铁牛. 类脑智能研究的回顾与展望 [J]. 计算机学报，2016, 39(1): 212-222.

[5] 中国信息与电子工程科技发展战略研究中心编著. 中国电子信息工程科技发展研究（综合篇 2018—2019）[M]. 北京：科学出版社，2019.

[6] 中国信息与电子工程科技发展战略研究中心编著. 中国电子信息工程科技发展研究（综合篇 2018—2019）[M]. 北京：科学出版社，2019.

[7] 徐波，刘成林，曾毅. 类脑智能研究现状与发展思考 [J]. 中国科学院院刊，2016, 31(7): 793-802.

图像领域的研究中都采用了深度神经网络（百度语音识别系统的相对误识别率降低了 25%），迅速提升了其在视听觉信息处理领域的识别效果[一]。

DeepMind 公司提出深度强化学习模型，并在此基础上研发出具有自主学习能力的神经网络系统，通过不断试错，自动学会打 49 种不同的电子游戏，水平接近或超越人类玩家[二][三]。在此基础上开发的 AlphaGo 在与韩国围棋棋手李世石的交战中以 4 ∶ 1 的成绩获得胜利。该团队巧妙地让两个围棋机器人互相切磋棋艺，在交互中采用强化学习，对策略网络和价值网络进行更新[四]。

深度神经网络虽然在感知信息处理方面取得了巨大突破和应用成效，但总体而言依然是初步的尝试。中科院自动化所徐波等认为，目前深度神经网络一定程度上已经借鉴了神经系统的工作原理，并具备相对完整的编解码、学习与训练方法，但从发展和应用的眼光看，该类模型还存在巨大的提升空间。而大部分脉冲神经网络（SNN）在学习与训练算法方面更多地借鉴了神经元、突触等微观尺度的机制，其在学习方式上更加接近于无监督学习，计算效能也比深度网络高出一个量级，但对介观（如神经元网络连接、皮层结构）、宏观尺度（如脑区之间的网络连接）的借鉴非常缺乏。两个模型都需要不断从脑科学中吸取营养并不断融合，发展出性能更好、效能更高的新一代人工神经网络模型[五]。

2020 年 10 月，清华大学研究团队与合作者首次提出"类脑计算完备性"以及软硬件去耦合的类脑计算系统层次结构，填补了类脑研究完备性理论与相应系统层次结构方面的空白，为类脑计算提供了技术标准与方案[六]。目前的类脑计算研究尚处于起步阶段，国际上还没有形成公认的技术标准与方案。此研究团队针对类脑计算更注重结果拟合的特性，提出了对计算过程和精度约束更低的类脑计算完备性概念，并且设计了相应的类脑计算机层次结构，包括图灵完备的软件模型、类脑计算完备的硬件体系结构、位于两者之间的编译层。通过构造性转化算法，任意图灵可计算函数都可以转换为类脑计算完备硬件上的模型。这意味着类脑计算系统也可以支持通用计算，极大地扩展了类脑计算系统的应用领域，也使类脑计算软硬件各自独立发展成为可能。

⊖　曾毅，刘成林，谭铁牛 . 类脑智能研究的回顾与展望 [J]. 计算机学报，2016，39(1): 212-222.

⊜　曾毅，刘成林，谭铁牛 . 类脑智能研究的回顾与展望 [J]. 计算机学报，2016，39(1): 212-222.

⊛　徐波，刘成林，曾毅 . 类脑智能研究现状与发展思考 [J]. 中国科学院院刊，2016，31(7): 793-802.

⊝　徐波，刘成林，曾毅 . 类脑智能研究现状与发展思考 [J]. 中国科学院院刊，2016，31(7): 793-802.

⊞　徐波，刘成林，曾毅 . 类脑智能研究现状与发展思考 [J]. 中国科学院院刊，2016，31(7): 793-802.

⊗　Zhang Y，Qu P，Ji Y，et al. A System Hierarchy for Brain-inspired Computing[J]. Nature，2020，586(7829): 378-384.

（三）脑机接口

脑机接口技术是在脑与外部设备之间建立通信和控制通道，用脑的生物电信号操控外部设备（俗称"脑控"），或以外部刺激调控脑的活动（俗称"控脑"），从而增强、改善和延伸大脑功能的相关技术。

脑机接口技术目前处在新的科学发现与技术发明持续产生、部分技术开始进入应用的阶段，现在已经应用在医疗等领域，例如脑机接口技术可以重建瘫痪患者的运动功能，抑制癫痫发作，缓解帕金森症和抑郁症的症状。在 JS 上的应用处在起步阶段，未来脑机接口技术可高效控制机器人、无人机等作战装备，可提高JS 人员的战斗技巧与决策能力，可增强其战斗意志，缓解恐惧、冲动、沮丧等负面情绪；国际专家认为，相关技术发展最终可能改变战争形态。脑机接口技术将改变人与机器的关系，最终可能给人类的生活和社会的发展带来颠覆性的影响。

脑机接口技术在国际上发展快速，但我国目前仍处于起步阶段。美国在脑机接口技术方面拥有全球最强的实力和优势。20 世纪 70 年代美国就开始资助脑机接口技术，在软硬件、生产体系、临床与前瞻应用等领域进行了长期布局。1999 年，美国国防高级研究计划局（DARPA）开始大规模资助侵入式脑机接口技术，目前公开的在研项目有 29 个，资助经费估计约 20 亿美元。2013 年至 2018 年间，美国"脑计划"投入 20 亿美元（未来 10 年计划再资助 45 亿美元），其中约 40% 用于研发脑机接口相关技术。以上布局和投入为美国确立脑机接口技术的先发优势和领先地位奠定了基础。其他发达国家，如瑞士、以色列、荷兰、法国、比利时、德国、英国等在脑机接口技术相关的芯片、电极、软件以及神经信号长期稳定获取技术等方面也具备一定的技术与研发能力。

2017 年 7 月，美国 DARPA 宣布为美国 6 家机构 / 公司提供 6500 万美元的资助以开展神经工程系统设计项目（NESD）⊖，旨在研发"能让大脑与数字世界直接开展精准交流的可植入系统"。该项目有助于推动科学家对视觉、听觉和语言等神经功能的理解，最终研发出针对感官缺陷患者的全新治疗方案。2020 年 3 月，斯坦福大学的研究人员宣布开发出的一种全新的脑机接口设备，可以将大脑直接与硅基技术连接起来，记录更多的数据，同时比现有的设备侵入性更小⊖。

从近年发展趋势来看，未来脑机接口的概念将会进一步拓展。目前大部分脑机接口都以大脑信号来操控外部设备为目的，未来包含"读取"与"写入"大脑信

⊖ https://www.hpcwire.com/2017/07/10/darpa-selects-five-teams-neural-engineering-program/。

⊖ Obaid A，Hanna M，Wu Y，et al. Massively Parallel Microwire Arrays Integrated with Cmos Chips for Neural Recording[J]. Science Advances，2020，6(12).

息的双向脑机接口技术将是未来发展的必然方向。从技术层面看，现有主流脑机接口均是通过调制与解调方式来实现大脑意图解码，实现无须调制的自然思维状态下解码大脑意图将是未来脑机接口的解码技术发展终极目标。近几年虽陆续出现了一些对人脑"写入"信息的研究报告，但仍然采用了类似传统脑机接口中使用的调制手段。未来要实现自然思维状态下"读""写"脑的双向脑机接口技术还有很长的研究开发路程，依赖于人们对大脑的认识水平和所掌握的脑信息采集与处理技术水平的发展⊖。

（四）类脑芯片

类脑芯片旨在从组织结构和构成要素上实现对人脑的仿真和建模，通过对大脑进行物理和生理解构，研制能够模拟神经元和神经突触功能的微纳光电器件，并将数以亿计的光电器件按照人脑结构进行集成，最终构造出人脑规模的神经网络芯片系统。这种新型架构突破了"冯·诺依曼"架构的束缚，为类脑智能的发展提供了物质基础⊜⊜。曼彻斯特大学的 SpiNNaker 芯片、IBM 的 TrueNorth 芯片、海德堡大学的 BrainScaleS 芯片、斯坦福大学的 Neurogrid 芯片、Intel 的 Loihi 芯片，以及清华大学的天机芯片、中科院计算所深度学习系列芯片是现阶段主要的类脑计算方案代表⊛⊠⊗。

曼彻斯特大学的 SpiNNaker 项目通过 ARM 芯片并借鉴神经元放电模式构建了类脑计算硬件平台，该工作的特点是以较少的物理连接快速传递尖峰脉冲。该项目目前已成为欧盟脑计划的一部分⊕。

美国 DARPA 从 2008 年起就开始资助 IBM 公司研制面向智能处理的脉冲神经网络芯片。2011 年，IBM 公司通过模拟大脑结构，首次研制出两个具有感知认知能力的硅芯片原型，可以像大脑一样具有学习和处理信息的能力⊗。2014 年，IBM

⊖ 中国信息与电子工程科技发展战略研究中心编著. 中国电子信息工程科技发展研究（综合篇2018—2019）[M]. 北京：科学出版社，2019.

⊜ 施路平，裴京，赵蓉. 面向人工通用智能的类脑计算 [J]. 人工智能，2020, 14(1): 6-15.

⊜ 王宇霞. 类脑智能：人工智能由"弱"向"强"的突破口 [N]. 通信产业报. 2017-1-16.

⊜ 施路平，裴京，赵蓉. 面向人工通用智能的类脑计算 [J]. 人工智能，2020, 14(1): 6-15.

⊛ 陶建华，陈云霁. 类脑计算芯片与类脑智能机器人发展现状与思考 [J]. 中国科学院院刊，2016, 31(7): 803-811.

⊠ 王宇霞. 类脑智能：人工智能由"弱"向"强"的突破口 [N]. 通信产业报. 2017-1-16.

⊕ 曾毅，刘成林，谭铁牛. 类脑智能研究的回顾与展望 [J]. 计算机学报，2016, 39(1): 212-222.

⊗ 陶建华，陈云霁. 类脑计算芯片与类脑智能机器人发展现状与思考 [J]. 中国科学院院刊，2016, 31(7): 803-811.

推出 TrueNorth 芯片，借鉴神经元工作原理及其信息传递机制，实现了存储与计算的融合。该芯片包含 4096 个核、100 万个神经元、2.56 亿个突触，能耗不足 70 毫瓦，可执行超低功耗的多目标学习任务[⊖]。目前 IBM 已使用芯片组成单片、4 片和16 片等系统[⊜]。

Tianjic（天机芯）是清华大学类脑计算研究中心研发的世界首款异构融合类脑计算芯片，可同时支持计算机科学和神经科学的神经网络模型。2017 年第二代"天机芯"问世，具有高速度、高性能、低功耗的特点。Tianjic 芯片以多模态神经计算核为基本单元，采用极易扩展的 2D-mesh 众核互联结构，在 14 mm^2 硅片上集成了超过 1000 万精度可变的突触。在实现 SNN 类脑计算的同时，亦能够为各种典型 ANN 运算提供峰值达到 1.3 TOPS 算力[⊜]。

中国科学院计算技术研究所陈云霁团队研发了深度学习系列芯片，该芯片为实现深度学习做了定制化的优化，其中 DaDianNao 采用多核体系结构，在深度学习任务上可以达到单 GPU 的 450.65 倍，针对 64 结点能耗可降低 150.31 倍。DianNao 系列芯片借鉴神经系统的工作原理在功耗方面取得一系列突破，未来该团队也计划融入更多的脑信息处理机制来改进现有的深度学习芯片[⊛]。

2020 年 9 月，浙江大学联合之江实验室发布了一款包含 1.2 亿脉冲神经元、近千亿神经突触的类脑计算机。该计算机使用了 792 颗由浙江大学研制的达尔文2 代类脑芯片，神经元数量规模相当于小鼠大脑。研究团队还研发了专门面向类脑计算机的操作系统"达尔文类脑操作系统"，实现对类脑计算机硬件资源的有效管理和调度，支撑类脑计算机的运行和应用[⊛]。

类脑计算系统方面，美国、德国和英国均分别基于各自的 TrueNorth 芯片、BrainScales 芯片及 SpiNNaker 芯片构建了各自的类脑计算系统。清华大学类脑计算中心亦基于其天机类脑计算芯片，研制成功国内首台通用类脑计算原型系统[⊛]。

中科院自动化所陶建华等认为，未来类脑计算芯片需从不精确、非完整信息的类脑神经计算技术出发，发展类脑神经元计算模型，使相同神经元电路模块能完成不同的神经元功能，增强神经计算电路模块的通用性。此外，还迫切需要解决类脑计算芯片的功耗问题，通过结构设计参数的选择，降低相对功耗。发展基

⊖ 曾毅，刘成林，谭铁牛.类脑智能研究的回顾与展望 [J].计算机学报，2016, 39(1): 212-222.

⊜ 施路平，裴京，赵蓉.面向人工通用智能的类脑计算 [J].人工智能，2020, 14(1): 6-15.

⊜ 施路平，裴京，赵蓉.面向人工通用智能的类脑计算 [J].人工智能，2020, 14(1): 6-15.

⊛ 曾毅，刘成林，谭铁牛.类脑智能研究的回顾与展望 [J].计算机学报，2016, 39(1): 212-222.

⊛ http://www.gov.cn/xinwen/2020-09/01/content_5539078.htm.

⊛ 施路平，裴京，赵蓉.面向人工通用智能的类脑计算 [J].人工智能，2020, 14(1): 6-15.

于统一抽象的、实时可调的软件抽象层设计，通过和硬件结合，对低功耗设计与评估进行实时反馈和调节，为上层设计提供一个可靠且便利的软硬件间的桥梁，解决能适应多种应用需求的兼容性问题[一]。

三、类脑智能对数字科技时代的影响及发展建议

(一) 类脑智能对数字科技时代的影响

对社会的影响。神经科学和类脑人工智能的进步不仅有助于人类理解自然和认识自我，而且对有效增进精神卫生和预防神经疾病、护航健康社会、发展脑式信息处理和人工智能系统、抢占未来智能社会发展先机都十分重要[二]。美国国家科学院发布的《新兴的认知神经科学及相关技术》报告指出，未来 20 年与神经科学和类脑人工智能有关的科技进步很可能对人类健康、认知、国家安全等多个领域产生深远影响。仅美国神经科学相关经济机遇就将超过 1.5 万亿美元，占 GDP 的8.8%。同时，神经科学和类脑人工智能相关技术本身存在"两用性"风险，其在医疗卫生、军事、教育等方面的应用可能会引起一系列的安全、伦理和法律问题[三]。

对产业的影响。类脑智能是实现通用人工智能的重要途径，因此，类脑智能的应用领域应比传统人工智能的应用领域更为广泛。类脑智能可用于机器的环境感知、交互、自主决策、控制等，基于数据理解和人机交互的教育、医疗、智能家居、养老助残，可穿戴设备，基于大数据的情报分析、国家和公共安全监控与预警、知识搜索与问答等基于知识的服务领域。从承载类脑智能的设备角度讲，类脑智能系统将与数据中心、各种掌上设备等智能终端、汽车、飞行器、机器人等深度融合，或将引发新一轮产业革命[四]。

对安全的影响。实现无人装备自主化是美国国防部武器装备发展的重要方向。美国国防部为加速技术能力向装备能力转化，也已设立"自主研究试点计划"，统

　㊀　陶建华，陈云霁. 类脑计算芯片与类脑智能机器人发展现状与思考 [J]. 中国科学院院刊, 2016, 31(7): 803-811.
　㊁　中国科学院颠覆性技术创新研究组. 颠覆性技术创新研究——生命科学领域 [M]. 北京：科学出版社, 2020.
　㊂　中国科学院颠覆性技术创新研究组. 颠覆性技术创新研究——生命科学领域 [M]. 北京：科学出版社, 2020.
　㊃　中国科学院颠覆性技术创新研究组. 颠覆性技术创新研究——生命科学领域 [M]. 北京：科学出版社, 2020.

筹各军兵种研究力量，开展机器学习推理、无人机组队、自然语言交互等实战技术研究。按照 IBM 发展规划，其在 2024 年将实现百亿亿次的类脑认知超级计算机，对 10 倍于目前全球互联网流量的大数据进行实时分析。如能实现，将使目前制约核武器、先进战机、高超飞行器等先进武器发展的大数据从难题变为资源，加速创新与发现，并极大缩短国防科技与工程的发展周期。随着网络监控智能化水平的不断提高，甚至还可能实现从海量数据中实时把握舆情，以最符合受众心理和认知规律的形式进行定向舆论引导，为国家安全筑起新的藩篱[⊖]。

（二）类脑智能的发展建议

经过 60 多年的演进，受脑科学研究成果启发的类脑智能蓄势待发，芯片化、硬件化和平台化趋势更加明显，人工智能发展进入新阶段[⊖]。但必须意识到，虽然我国对类脑智能的资助力度不断加强，但与发达国家相比仍有很大差距，应充分重视发展类脑人工智能技术的必要性和紧迫性[⊜]。

首先是重点布局前沿基础理论研究。针对可能引发人工智能范式变革的方向，前瞻布局高级机器学习、类脑智能计算、量子智能计算等跨领域基础理论研究，重点突破类脑的信息编码、处理、记忆、学习与推理理论，形成类脑复杂系统及类脑感知、类脑学习、类脑记忆机制与计算融合、类脑复杂系统、类脑控制等理论与方法，建立大规模类脑智能计算的新模型和脑启发的认知计算模型。量子智能计算理论重点探索脑认知的量子模式与内在机制，突破量子加速的机器学习方法，建立高性能计算与量子算法混合模型，形成高效精确自主的量子人工智能系统架构。

其次是努力突破类脑智能关键技术。重点突破高能效、可重构类脑计算芯片和具有计算成像等功能的类脑新型感知芯片与系统技术，研发具有自主学习能力的高效能类脑神经网络架构和硬件系统，实现具有多媒体感知信息理解和智能增长、常识推理能力的类脑智能系统。研究适合人工智能的混合计算架构等[⊕]。

再次是要充分调动和利用社会资源，加快人才的培养、集聚和流动。脑科学与智能技术两大前沿领域相互学习、相互借鉴、相互渗透是未来科技发展的大趋势。为了应对日趋激烈的国际竞争，建议加强脑科学与智能技术复合型人才培养。

⊖ 中国科学院颠覆性技术创新研究组.颠覆性技术创新研究——生命科学领域 [M].北京：科学出版社，2020.

⊖ http://www.gov.cn/zhengce/content/2017-07/20/content_5211996.htm。

⊜ http://www.gov.cn/zhengce/content/2016-08/08/content_5098072.htm。

⊕ http://www.gov.cn/zhengce/content/2017-07/20/content_5211996.htm。

美国理论和计算神经科学起源于 20 多年前，开始为 5 个中心，后来发展成 10 余个。20 多年来，这 10 余个中心吸引了很多物理、数学、工程等领域来的年轻人，并且把他们培养成了这个领域的精英，这个模式在欧洲、以色列也很成功，国内也迫切需要建立类似的平台，吸引年轻人进入这个领域^{○○}。

最后是打破学科壁垒，加强跨学科的合作。脑科学和人工智能研究跨多个学科领域，但从目前的状况来看，绝大部分实验和理论仅局限于考虑局部的脑区。如此复杂的动态系统，需要脑科学的不同领域、方向一起研究，才能完整地理解大脑是如何运转的。此外，为了推动理论和数据分析的发展，必须加强来自多学科的实验学家和理论学家的合作，如统计学、物理学、数学、工程及信息科学等^{○○}。

○ 中国科学院颠覆性技术创新研究组．颠覆性技术创新研究——生命科学领域 [M]．北京：科学出版社，2020.

○ https://istbi.fudan.edu.cn/info/1187/1841.htm。

○ 中国科学院颠覆性技术创新研究组．颠覆性技术创新研究——生命科学领域 [M]．北京：科学出版社，2020.

○ 科学网发布的《专家谈计算神经科学与类脑人工智能的关系》一文。

第七章 | Chapter7

数字科技前沿：人工智能及其治理⊖

　　第四次工业革命的特征是智能化，各类新兴技术基于实体的网络物理系统运行。人工智能作为第四次工业革命的代表性技术，其与各技术的交叉融合、相互迭代促进，势必将带来颠覆性的技术突破、深刻改变人类社会。人工智能公认诞生于 1956 年的达特茅斯会议，会上确立了人工智能的名称及任务。此后几十年，人工智能的发展历经两次高潮期和两次低谷期，在进入 21 世纪之后，得益于大数据和计算机技术的快速发展，众多机器学习技术开始成功运用人工智能处理和解决经济社会中的许多问题，人工智能又一次进入发展的黄金期。当前，以人工智能、大数据、物联网和区块链等新兴数字科技为基础的数字经济，已经成为我国乃至全球经济社会发展的主要推动力。我国人工智能行业发展迅速，2019 年我国人工智能核心产业规模达 570 亿元⊜；2020 年上半年人工智能核心产业规模就达到了 770 亿元⊜，全年产业规模超过 1500 亿元⊜。随着其他数字技术的蓬勃发展，以及脑神经科学的逐步深入，人工智能的发展已经进入第三次繁荣期并将持续演进，Gartner 认为人工智能技术将是数字化的核心加速器⊜。

　　⊖ 本章执笔人：中国工程物理研究院研究生院创新战略研究中心的王鑫。

　　⊜ http://finance.people.com.cn/n1/2019/0812/c1004-31288921.html。

　　⊜ https://5gai.cctv.com/2020/11/24/ARTIKAcOzvcADl3mKIZdv5ei201124.shtml。

　　⊜ https://stock.finance.sina.com.cn/stock/go.php/vReport_Show/kind/search/rptid/663243541598/index.phtml。

　　⊜ https://www.gartner.com/cn/information-technology/articles/gartner-predicts-the-future-of-ai-technology。

一、人工智能是未来产业的关键，是各国科技与产业竞争的焦点

人工智能被认为是未来产业的"头雁"，是未来产业发展和"新基建"的重要基础。我国在人工智能领域早有布局，早在2017年国务院便发布了《新一代人工智能发展规划》，为人工智能发展做出了顶层规划。

我国人工智能起步较晚但是发展迅速，论文数、专利申请数和融资额均快速增长。根据《中国新一代人工智能发展报告2020》数据显示，2019年中国共发表人工智能论文2.87万篇，比上年增长12.4%；在全球近五年前100篇人工智能论文高被引论文中，中国产出占21篇，居第二位；2019年中国人工智能专利申请量超过3万件，比上年增长52.4%；中国在自动机器学习、神经网络可解释性方法、异构融合类脑计算等领域中都涌现了一批创新性成果⊖。当前，随着政策的不断推动和技术不断发展、日趋成熟，人工智能产业发展将显著提速。

国际上，人工智能也是各国发展的关键领域。2019年11月，美国召开了"全国人工智能安全委员会会议（National Security Commission on Artificial Intelligence，NSCAI）"⊜，会上提出，美国政府应该建立一个新机构NSTF(National Science Tech Foundation)，在未来五年内投入1000亿美元资助人工智能领域的基础研究⊜。Schumer认为该计划将确保美国能够在关键研究领域上跟上中国和俄罗斯的步伐，填补美国企业不愿意资助的领域。Schumer在讲话中提到，如果美国能够很好地发展AI，美国就将会在国际竞争中保持优势，维护国家安全。参议院商业、科学和交通委员会主席Roger Wicker在2020年年初也提交了一份法案，希望到2022年联邦政府在人工智能和量子信息领域的资助能够翻倍，并且到2025年，希望联邦政府在以上两个领域的研究资助达到100亿美元的规模⊛。

欧盟在2020年发布的《人工智能白皮书》⊜中表示，在未来十年内，每年吸引欧盟内超过200亿欧元的人工智能投资。欧盟将从"数字欧洲计划""地平线欧洲""欧洲结构化及投资基金"中提供资源，以刺激人工智能领域私人和公共投资。在接下来的五年中，欧盟委员会将专注于数字化的三个关键目标：为人民服务的技术；公平竞争的经济；开放、民主和可持续的社会。欧盟委员会希望能够促进欧洲在人工智能领域的创新能力，推动道德和可信赖人工智能的发展。该白皮书提出

⊖　https://finance.sina.com.cn/tech/2020-10-22/doc-iiznctkc7052649.shtml。

⊜　https://www.nscai.gov/wp-content/uploads/2021/01/NSCAI-Interim-Report-for-Congress_201911.pdf。

⊜　https://www.sciencemag.org/news/2019/11/united-states-should-make-massive-investment-ai-top-senate-democrat-says。

⊛　https://www.congress.gov/bill/116th-congress/senate-bill/3191/all-info。

⊜　http://www.impcia.net/Uploads/report/2020-04-28/5ea7dc7162641.pdf。

一系列人工智能研发和监管的政策措施，并提出建立"可信赖的人工智能框架"[⊖]。

二、以人工智能为代表的新兴技术治理至关重要

当前，在步入第四次工业革命的关键时期，全球对于以人工智能为代表的新兴技术的重视，为人工智能技术的研发与应用带来了机遇，同时在人工智能的热潮之中应该重视人工智能技术的治理与伦理相关研究，使之跟上人工智能发展的步伐，这关系到人类未来可持续健康发展。

纵观历次工业革命的发展教训可以发现，技术均存在两面性。显然，人工智能在促进人类社会发展的同时也不可避免产生负面作用，即使当前也是如此。当前各国已经注意到了第四次工业革命相关技术的治理问题，在技术发展和利用的初期对技术制定治理框架和规则，各方采取适当的治理措施，尽可能预见和消除技术可能带来的负面作用。其中，人工智能的治理将会是第四次工业革命治理中的关键。英国上议院人工智能报告《人工智能在英国：充分准备、意愿积极、能力爆棚？》(AI in the UK: ready, willing and able?) 提出了五项人工智能发展基本原则[□]。欧盟人工智能高级别专家组发布的《可信赖人工智能伦理指南》中认为可信赖的人工智能必须满足合法、合乎伦理和稳健的要求^⑤。欧洲科学与新技术伦理组织也提出了人工智能的一系列基本原则和民主先决条件，其基础是欧盟条约和欧盟基本权利宪章。美国发布的《国家人工智能研究与发展战略计划：2019 年更新版》中提出，人工智能应通过透明的和可阐释的技术机制，将伦理、法律和社会关注点相结合，需要技术专家、利益相关方和各领域专家密切合作^⑭。各国或区域组织均已经开始研究和探索人工智能治理的理念、路径和方式。

我国已制定了人工智能产业发展相关规划和准则。国务院发布的《新一代人工智能发展规划》中也提出了四个基本原则，即科技引领、系统布局、市场主导和开源开放^⑮。国家新一代人工智能治理专业委员会发布《新一代人工智能治理原则——发展负责任的人工智能》，提出了人工智能治理的框架和行动指南^⑯。

⊖ https://tech.sina.cn/csj/2020-02-29/doc-iimxyqvz6704213.d.html。

□ https://publications.parliament.uk/pa/ld201719/ldselect/ldai/100/100.pdf。

⑤ https://digital-strategy.ec.europa.eu/en/library/draft-ethics-guidelines-trustworthy-ai。

⑭ https://www.nitrd.gov/pubs/National-AI-RD-Strategy-2019.pdf。

⑮ http://www.gov.cn/zhengce/content/2017-07/20/content_5211996.htm。

⑯ http://www.most.gov.cn/kjbgz/201906/t20190617_147107.htm。

三、确立以人为本的人工智能治理目标

治理指的是"一切治理的过程，不论是由政府、市场或网络来执行，针对的是家庭、部落、正式组织、非正式组织或区域，经由法律、规范、权力或语言实行的"。它与寻求行为规定、权力赋予、表现判定的过程和决策相关。在政治学领域，通常指国家治理，即政府如何运用治权来管理国家、人民和领土，以达到延续国祚和让国家发展的目的。一般而言，治理以三大类方式发生：一是借助涉及公私合作伙伴关系的网络，或者通过社区组织的合作；二是借助市场机制的作用，当中竞争的市场原则可以在政府规制和管理下运作，起到分配资源的作用；三是借助自上而下的方法，这主要涉及政府和地区官僚机构。

对于人工智能等新兴技术的治理，首要掌握的原则是以人为本，要明确技术是为人服务的。其中，人包括所有类型的利益相关群体，要确保所有利益相关群体人员广泛参与到人工智能的治理之中。人工智能的治理要注重多元性、包容性、公平性、透明性、安全性、可靠性和私密性。多元性是指治理过程之中要多元参与共同治理；包容性是指技术治理要包容，考虑到最广泛的群体；公平性则是指治理要公平地对待任何一个人或者群体；透明性则是针对人工智能技术日益影响和参与人类生活中的方方面面，因此人工智能的设计和部署人员需要通过一定的机制说明系统的运行方式，让人们能够理解人工智能系统，并指定相应的问责机制，从而建立对人工智能技术的信任；安全性包括技术及其治理原则是安全的，即使是突发情况也有相应的程序来处置；可靠性则是指技术及其治理原则是可靠和可信赖的；私密性则是指任何个人或者团体在运用技术过程中要保证其他个人和团体的隐私不受侵犯，所有涉及的隐私信息在公开被其他个人或者团体所利用之前都要做相应的脱密处理。

算法是人工智能的"发动机"，而海量的数据则是"燃料"，通过算法"燃烧"海量数据获得"有用功"进而推动人类社会前行。因此，人是人工智能技术发展的核心，也是人工智能治理的核心。以人为本，更好地发展和运用人工智能，使之可持续地发展和演进，是人工智能治理的根本目标。

四、根据知识生产与运用规律，开展多时间维度的治理

对人工智能的治理需要根据知识生产和运用的规律出发，从技术研发和技术应用的角度实施人工智能治理，这就涉及从知识产生的基础研究、运用知识的应用研究及完善技术的试验发展三个层次提出各自的治理原则与目标。根据研究阶

段特征采取相应的人工智能治理方式。对不同阶段的科学研究采取不同的治理方式，能使科学研究成果最大化，而将技术的负面影响最小化，从而避免出现对人类当前和未来社会发展的负面影响，进而实现人工智能的可持续发展。发挥科学共同体在人工智能技术研发治理的积极作用。依托以人工智能研究领域为主、科技伦理与治理领域为辅的科学共同体，在共同的观点和规范下，来自不同科研机构、高等院校、企业和非营利性机构的研究人员开展人工智能相关的研究，共同探讨和形成人工智能研究的范围和伦理准则。

人工智能科学研究的发展应该遵循以下原则：大胆探索、适时评估、审慎推广，这三点原则与知识生产和应用的三个阶段——基础研究、应用研究与试验发展——对应。

（一）大胆探索

在基础科学研究阶段应鼓励自由探索，此阶段的治理目标应该是鼓励大胆探索进而为人工智能技术的未来发展做好相应的知识储备。基础科学研究主要是为了拓展人类知识前沿，也可为人类技术发展做潜在的知识储备。基础科学研究鼓励自由探索，因此对于人工智能领域相关的基础科学研究，治理的原则应该是鼓励步入无人区，大胆探索人工智能及其相关基础学科领域前沿。同时人工智能相关技术领域发展面临的问题也应该及时反馈到基础前沿领域，形成良性互动，进而为人工智能技术发展做好充分的知识储备。此阶段应对人工智能及其相关基础学科领域的科研人员开展基础的人工智能伦理教育与培训，在鼓励大胆而自由的探索研究的同时，将人工智能相关治理和伦理的理念融入科研人员日常研究活动之中。

（二）适时评估

在应用基础研究和应用研究阶段，涉及技术的实际应用阶段，对于人工智能相关技术的发展应该要注意到其潜在的风险问题。在应用基础研究和应用研究阶段，即将知识转化为技术应用的研究阶段，对于人工智能相关技术的发展应该要注意到其可能带来的社会治理和人类伦理风险问题。在此阶段应该发挥科学共同体的作用，以学术会议的形式，对相关议题开展充分的讨论，在人工智能领域定期召开的学术会议上设置关于人工智能治理与伦理的分会场，召集科学界、产业界、政府等来自不同领域的人员开展学术研讨，就后续技术进一步发展和应用之后带来的问题形成共识、讨论治理方式并确定利益相关者。在此过程中，应逐步形成了人工智能技术发展的适时评估机制，以固定的学术会议为载体，开展技术讨论与评估，纳入更广泛的利益群体。例如在基因编辑领域，人类基因编辑国际峰会便是各国科学家对如何规避这一技术可能带来的风险开展讨论的重要会议。

（三）审慎推广

技术发展到试验发展和广泛推广运用的阶段，对可能带来巨大风险的人工智能相关技术的运用与推广，须秉持慎重态度。一旦技术发展到试验发展和广泛推广运用的阶段，必须要有审慎的态度。要充分认识到技术可能带来的危害，要广泛研究如何管控技术的危害。要更广泛地纳入社会各界人员开展讨论，形成广泛共识之后，将技术管控的总体思路纳入法律体系，在法律或者制度的框架下充分开展技术运用与推广，同时要及时对技术运用中出现的新情况做出反应。人工智能技术的底层是一行行的代码，技术的运用是对一行行代码的严格执行。代码的编辑和运行存在技术门槛，非普罗大众所能理解，给审查和监督代码带来了困难。代码的形成、修改和运行如何保证其负面作用最小化是需要深入研究的问题。技术发展过程中，应考虑如何确保新技术能覆盖全体人民，积极向公众推广新技术，开展广泛的科普与教育工作，使得新技术能够覆盖最广泛的人群。例如，移动互联网技术广泛应用，手机打车和二维码支付尽管便利了大部分人群，但是也影响了多数对于手机等电子产品使用存在困难的老年人群，移动互联网技术如何照顾到这类人群，使这类人群也能享受到技术进步带来的红利，是需要深入研究的问题。对于人工智能技术而言，一个需要注意的问题就是如何解决人工智能技术与智能化和自动化技术相互融合并且广泛应用可能造成的失业状况。因此，对于新技术或者技术在新领域的应用要审慎，充分做好相关的研究工作，在时机成熟之时再推广技术。也因此，提前和充分的技术预见研究十分重要，通过技术预见研究描绘出技术未来发展方向和趋势，并深刻分析和探讨技术可能带来的负面影响。

因此，从科学研究的类型来看，对不同阶段的科学研究采取不同的态度，能使科学研究成果最大化。应在基础研究阶段鼓励大胆探索，在应用研究阶段则要对技术适时评估，而在试验发展阶段则要注意技术的审慎推广。从而做到将技术的优点最大化，而将技术的负面影响最小化，从而避免出现对人类社会发展和地球未来的负面影响，进而实现人工智能的"可持续性"。

五、多元主体参与的人工智能协同治理框架

治理是多方协同的过程，不同主体在其中发挥着不同的作用，因此需要厘清

包括政府、企业和个人在内各方的责任。

（一）政府应鼓励技术良性发展，同时制定并主导总体发展的方向和规则

政府应该扮演技术推动者和技术规则制定者的角色，通过国家的研发经费支持科学技术发展，同时对技术发展大方向和技术治理做出指导性建议。政府应当鼓励人工智能及其相关技术的开发和部署，包括推广人工智能在公共领域的应用，并鼓励在解决公共和社会挑战时通过创新方式应用人工智能。在制定广泛认可的实践原则的基础上，鼓励开发和使用人工智能，政府应适时制定法律和监管制度来引导人工智能技术良性有序发展。在市场难以发挥作用的领域（例如，公共健康、城市开发和智能社区、社会福利、司法正义、环境可持续发展、国家安全），政府应该为人工智能技术研究和开发项目提供资金；而在市场可以发挥作用的方面，政府应该做好管理服务工作，为企业发展、运用和推广人工智能及其相关技术营造良好环境。

政府还应注重对于人工智能技术发展相关技术的制定。欧美等发达国家已经开始针对人工智能技术及其治理与伦理规则开展研究并制定准则。例如，英国上议院人工智能报告《人工智能在英国：充分准备、意愿积极、能力爆棚？》中提出了"AI守则"，包括五项基本原则：一是为了人类的共同利益和利益，应当发展人工智能；二是人工智能应该遵循可理解性和公平性的原则；三是人工智能不应该被用来削弱个人、家庭或社区的数据权利或隐私；四是所有公民都应该有权接受教育，使他们能够在精神、情感和经济上与人工智能并驾齐驱；五是伤害、摧毁或欺骗人类的自主权力永远不应被赋予人工智能。欧盟人工智能高级别专家组在 2019 年 4 月发布的《可信赖人工智能伦理指南》中指出⊖，可信赖的人工智能必须满足三个要求，即合法（lawfully）、合乎伦理（ethical）和稳健（robust）。尽管该指南尚未上升为欧盟范围内的法律规范，但是反映了欧洲科技界对于人工智能伦理的共识。欧洲科学与新技术伦理组织也提出了人工智能的一系列基本原则和民主先决条件⊜，其基础是欧盟条约和欧盟基本权利宪章。包括：①人类尊严（human dignity）；②自主（autonomy）；③责任（responsibility）；④正义、公平和团结（justice，equity，and solidarity）；⑤民主（democracy）；⑥法治和问责制（rule of law and accountability）；⑦安全性、保险性以及身体和精神完整性

⊖ https://digital-strategy.ec.europa.eu/en/library/draft-ethics-guidelines-trustworthy-ai。

⊜ https://publications.europa.eu/en/publication-detail/-/publication/dfebe62e-4ce9-11e8-be1d-01aa75ed71a1/language-en/format-PDF/source-78120382。

（security，safety，bodily and mental integrity）；⑧数据保护和隐私（data protection and privacy）；⑨可持续性（sustainability）。从这些国家或者区域性组织的一系列行动可以看出欧洲国家已经开始着手于制定人工智能发展规则。2017 年，国务院发布了《新一代人工智能发展规划》，规划制定我国人工智能技术发展主导原则，为人工智能发展带来的不确定性提出了相应的指导意见，要求"在大力发展人工智能的同时，必须高度重视可能带来的安全风险挑战，加强前瞻预防与约束引导，最大限度降低风险，确保人工智能安全、可靠、可控发展"。

（二）企业是技术运用和运用规则规范的主体

企业应该为技术的发展应用提供必要的资金支持，从创新的角度应鼓励企业将诸如人工智能等新兴技术广泛运用在实际社会经济运行中。在这个过程中，企业应该主动和政府及个人群体探讨新技术运用中的问题。技术运用不是企业被动拿来技术的过程，而是企业主动抓住新技术带来的机遇，提升企业创新能力和盈利水平的过程；同时企业要迎接新技术带来的新挑战，例如人工智能可能带来的伦理问题及工人失业问题，直面这些问题是企业社会责任的体现。企业要对新技术保持审慎的态度，对新技术应用可能带来的负面影响做好充分的研究和预案。企业需要与政府和科学共同体及个人合作，协同各方一道制定合乎道德和社会运行准则的规则。技术的推广应用必须经过试运行阶段，通过试运行来获取新技术可能带来的问题，并在正式推广之前予以解决。在这个过程中，企业要将用户和少数群体纳入规则制定中，听取新技术产品用户的反映，以改进技术和产品；企业还要识别出新技术应用可能影响的少数群体，与政府等其他治理主体一道认真听取可能受新技术影响的少数群体对于新技术的意见，使得新技术应用尽可能地惠及所有民众。

企业参与新技术治理过程不是给企业发展增加额外负担，而是企业社会责任感的充分体现，既提升了企业品牌影响力，也使企业在参与新技术治理中与政府和用户的沟通中获得关于技术和市场更明确的信息。

（三）构建多层次、多维度的治理体系

在横向维度中，政府与政府之间、企业与企业之间、个体与个体之间相互的横向沟通协调构成了新兴技术治理的横向渠道。例如之前提到的欧盟对于人工智能治理发表的相关指南或者政策研究报告，就是体现了区域内国与国之间对于人

⊖　http://www.gov.cn/zhengce/content/2017-07/20/content_5211996.htm。

工智能技术治理的协调努力。特别是针对人工智能等新兴技术，各国都要提出各自的治理目标，然后通过诸如达沃斯论坛等高标准高水平的国际性平台，从不同层面（包括政府、产业和科学共同体）、从不同角度（国内外政策、产业发展趋势和科学研究方向）针对新技术发展开展研究讨论，并形成各方面共识，最后达成对于新技术治理的国际方案和条约。图 7-1 所示为人工智能多元主体治理框架图。

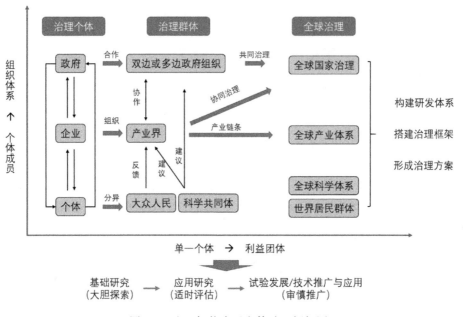

图 7-1　人工智能多元主体治理框架图

六、我国人工智能治理的政策建议

（一）构建以政府主导、科学界与产业界为主体、公众广泛参与的人工智能治理体系

建议构建以政府为主导的人工智能治理体系，工信部、科技部、发改委等机构组成国家层面的专家委员会，专家委员会以产业界和科学界专家学者为主，吸收社会各界人士，充分发挥专家委员会的作用，共同制定形成我国人工智能治理相关的基本原则性文件，为各行业各领域制定各自的人工智能治理规则提供最根本性的指导准则。条件成熟的情况下，将人工智能等新兴技术治理原则与方法写入法律。要积极引导公众参与，并广泛听取公众意见和建议，体现人工智能治理

"以人为本"的理念。

（二）形成多维度、多层次、多时序的人工智能治理网络

人工智能技术应用广泛，要从多领域维度开展治理，针对不同的应用领域维度（例如自动驾驶、机器人等）提出具有针对性的治理措施。在单一领域或维度内，根据技术发展的不同层次阶段，即基础层（基础研究）、开发层（应用研究）和应用层（试验发展及大规模应用），采取大胆探索、适时评估、审慎推广的治理思路。在多维度和多层次的基础上，针对技术发展的不同时段，建立敏锐有效的识别和响应机制，识别技术随着时间演进可能产生的新风险。据此，建立应用维度、发展阶段和时间演进三维治理网络结构。该治理网络结构应以国家层面的人工智能治理专家委员会提出的根本指导准则为基础开展。

（三）开展和制定人工智能伦理指导、培训和考核规则

在人工智能治理根本指导准则和人工智能治理网络基础上，制定人工智能伦理指导方案，针对具体人工智能技术开发、发展、应用和治理的参与者要开展相关人工智能伦理培训和考核，通过学习和考试的形式，传递和灌输人工智能伦理规则。建议设置人工智能职业资格考试和证书，并将人工智能伦理列入考纲。

（四）加强国际合作交流，掌握全球人工智能治理主导权

第四次工业革命背景下，我国应把握新工业革命机遇，积极参与国际合作，开展人工智能国际合作研究，探讨全球人工智能治理模式，共享人工智能发展经验和治理措施，传递中国的人工智能治理模式。

第八章 | Chapter8

数字科技前沿：量子科技[⊖]

20世纪初诞生的量子力学，使人们深入认识了微观世界的规律，在此基础上产生了半导体、激光、核能等改变世界的重大发明，催生了现代信息技术[⊖]。近年来，量子力学与信息技术相结合所产生的量子科技进展突飞猛进，为传感、测量、导航、通信、基础物理、模拟、计算新范式等诸多领域带来新的机遇，成为数字科技系统中的重要力量，为提升国家信息技术水平、增强国防实力等提供非常重要的基础支撑。

一、量子科技的概念及发展历程

（一）量子科技的概念

量子科技是量子力学与信息技术相结合的前沿科技，利用量子体系的独特性质对计算、编码、信息处理和传输过程给予新的诠释，开发新的、更为高效的信息处理功能[⊜]。量子科技主要包括量子通信、量子计算、量子传感等方向，可以在保障信息安全、提高运算速度、提升测量精度等方面突破经典技术的瓶颈，成为信息、能源、材料和生命等领域重大技术创新的源泉，为保障国家安全和支撑国

⊖ 本章执笔人：中国科学院科技战略咨询研究院的黄龙光。

⊖ 潘建伟. 量子科技帮我们理解人类智慧 [N]. 光明日报，2020-11-03(8).

⊜ 郭光灿，周正威，郭国平. 量子计算机的发展现状与趋势 [J]. 中国科学院院刊. 2010,25（05）:516-524.

民经济高质量发展提供核心战略力量。

量子通信是指利用量子纠缠效应进行信息传递的一种新型的通信方式，其研究主要集中在量子密钥分发、量子隐形传态、量子安全直接通信等方面。其中，量子密钥分发技术初步进入实用化阶段，受到了产业界的关注。量子密钥分发技术应用量子力学的基本特性来确保任何企图窃取传送中的密钥都会被合法用户所发现，从而实现无条件的安全保密通信。

量子计算是应用量子力学原理来进行高速计算的新型计算模式。量子计算利用量子态的相干叠加性和纠缠特性来实现量子的并行计算，这些特性能指数级地提高计算速度，在某些应用上远超经典计算，因此量子计算可以用来解决一些经典计算难以解决的问题。

量子传感指的是基于量子力学特性实现对物理量进行的高精度测量，也称为量子精密测量。量子传感可以对时间、位置、加速度、电磁场等物理量实现超越经典技术极限的精密测量，大幅度提升卫星导航、水下定位、医学检测和引力波探测等的准确性和精度[⊖]。

（二）量子科技的主要发展历程

20 世纪初，普朗克、玻尔、海森堡、薛定谔、泡利、德布罗意、玻恩、费米、狄拉克等一大批物理学家共同创立了量子力学。近百年来，凡是量子力学预言的都被实验所证实，人们公认，量子力学是人类迄今最成功的理论[⊖]。20 世纪 80 年代，科学家将量子力学应用到信息领域，从而诞生了量子计算、量子通信、量子传感等量子科技。

量子计算方面，1980 年，美国阿贡国家实验室的 Paul Benioff 提出用量子物理系统来有效地模拟经典计算机[⊜]。1982 年，美国著名物理学家 Richard Feynman 提出了量子计算机的设想[⊛]。1985 年，英国牛津大学的 David Deutsch 明确提出了量子计算机的概念，并指出任何物理过程原则上都能很好地被量子计算机模拟[⊜]。

⊖ 潘建伟. 更好推进我国量子科技发展 [J]. 红旗文稿, 2020, 23: 9-12.

⊖ 郭光灿. 量子信息技术研究现状与未来 [J]. 中国科学：信息科学, 2020, 50: 1395-1406.

⊜ Benioff P. The computer as a physical system - a microscopic quantum-mechanical hamiltonian model of computers as represented by turing-machines[J]. Journal of Statistical Physics,1980, 22(5)：563-591.

⊛ Feynman R P. Simulating physics with computers[J]. International Journal of Theoretical Physics, 1982, 21(6-7): 467-488.

⊜ Deutsch D. Quantum-theory, the church-turing principle and the universal quantum computer. Proceedings of the Royal Society of London Series A-Mathematical Physical and Engineering Sciences. 1985, 400(1818)：97-117.

　　1994 年，美国贝尔实验室的 Peter Shor 提出大数因子分解的量子算法[一]，证明运用量子计算机能有效地进行大数的因式分解，这一算法展示了量子计算的广泛用途，并极大地威胁到了以大数质因数分解难题为基础、广泛用于当今银行和政府部门的 RSA 密钥体系。1996 年 Lov Grover 提出了 Grover 量子搜索算法[二]，可以对随机数据库相对经典搜索平方根加速，具有广泛的应用价值。进入 21 世纪后，量子计算的研究也开始从理论进入到实验研究。研究人员在核磁共振、离子阱、线性光学、超导量子、半导体量子点、拓扑量子比特等物理系统上，开展了量子计算的基础研究。目前，多种技术方案都取得了重要的进展，其中，谷歌的超导量子计算机 "悬铃木" 和我国量子计算原型机 "九章" 先后宣布实现了 "量子优越性"，即量子计算机对特定问题的计算能力超越传统超级计算机。

　　量子通信方面，1984 年美国 IBM 公司科学家 Bennett 等人提出了首个量子密钥分发协议——BB84 协议[三]，使量子通信的研究从理论走向了现实。2005 年美国学者 Lo 等人提出了多强度诱骗态调制方案[四]，解决了量子密钥分发系统中的弱相干光源多光子的安全漏洞，为量子通信的实用化打开了大门。多国建立了量子通信实验网络，如 2003 年美国 DARPA 资助建立的世界首个量子密钥分发网络、日内瓦的瑞士量子网、南非德班量子城市项目开发的德班网、东京量子密钥分发网络等。我国先后建立了城域量子通信示范网、金融信息量子通信技术验证专线以及关键部门间的量子通信热线，建成和开通国际上首条千公里级量子保密通信骨干网 "京沪干线"，成功发射世界首颗量子科学实验卫星 "墨子号"。

　　量子传感方面，1991 年，德国康斯坦茨大学[五]、美国麻省理工学院[六]、斯坦福大

[一] Shor P W. Algorithms for quantum computation: discrete logarithms and factoring. Proceedings 35th Annual Symposium on Foundations of Computer Science. Santa Fe, NM, USA: Proceedings. 35th Annual Symposium on Foundations of Computer Science（Cat. No.94CH35717），124-134，1994.

[二] Grover L K. Quantum mechanics helps in searching for a needle in a haystack. Phys Rev Lett, 1997, 79(2):325-328.

[三] Bennett, C H, Brassard, G. Quantum Cryptography: Public key distribution and coin tossing. International Conference on Computers, Systems & Signal Processing, Bangalore, India, 10-12 December 1984, pp. 175-179.

[四] H-K Lo, X Ma, K Chen. Decoy State Quantum Key Distribution. Phys. Rev. Lett. 94, 230504 (2005).

[五] Carnal, O, Mlynek, J. Young's double-slit experiment with atoms: A simple atom interferometer. Phys. Rev. Lett. 66 (21): 2689.

[六] Keith, D W, Ekstrom, C R, Turchette, Q A, Pritchard, D E. An interferometer for atoms. Phys. Rev. Lett. 66 (21): 2693-2696.

学[⊖]等展示了第一台原子干涉仪，为重力、旋转和磁场的量子传感器奠定了基础。1997 年，诺贝尔物理学奖颁发给发展激光冷却原子的方法，使原子制备接近理想的探针粒子，这意味着人们可以利用原子的波动特性来制造非常有用和精确的传感器。2010 年，斯坦福大学的衍生企业交付了第一个商用原子干涉仪重力传感器。2019 年，7 个基本物理量的计量基准已经全部实现量子化。

二、量子科技的主要进展及趋势

近年来，量子科技经过突飞猛进的发展，在理论和技术方面已经获得了举世瞩目的成就。我国成功发射世界首颗量子科学实验卫星"墨子号"，意味着量子通信产业化发展进入了新的阶段；量子计算已进入实现"量子优越性"阶段，朝实现通用量子计算机迈出了坚实的一步；量子传感快速发展并获得广泛应用。由于具有巨大的潜力，量子科技的国际竞争不断加剧。世界主要国家将量子科技视为抢占经济、国防、安全等领域全方位优势的战略制高点，相继发布量子科技发展战略，密集布局量子通信、量子计算、量子传感等量子科技。

(一) 量子科技计划

20 世纪 90 年代开始，美国、欧盟、中国等开始对量子科技的研究进行资助。近年来，英国、欧盟、美国、德国、日本等国家和地区相继出台国家级量子科技计划，全面推进量子科技的发展。

1. 英国国家量子技术计划

英国于 2014 年开始实施国家量子技术计划，投资 1.2 亿英镑设立了 4 个国家量子技术中心，即量子传感与计量学中心、量子增强成像中心、量子计算模拟中心和量子通信中心，打造国家量子技术中心网络。2015 年，英国发布《国家量子技术发展战略》[⊜]，提出未来 30 年量子技术研发与应用重点领域，包括量子密码保护的 ATM 机、针对高价值问题的大型量子计算系统、针对复杂问题的个人量子计算系统、抗干扰的 GPS 精度级水下导航、对心脏和大脑功能的医疗诊断等，以指导英国在未来 20 年对新兴量子技术进行投资，建立一个产学研合作的量子技术集

⊖　Kasevich，M，Chu，S. Atomic interferometry using stimulated Raman transitions. Phys. Rev. Lett. 67 (2): 181–184.

⊜　https://www.gov.uk/government/publications/national-strategy-for-quantum-technologies。

群。随后，英国发布了《英国量子技术路线图》[⊖]，制定了量子组件技术、原子钟、量子传感器、量子惯性传感器、量子通信、量子增强影像以及量子计算机等 7 项重要量子技术的路线图。2018 年，英国宣布将在未来 5 年内资助 8000 万英镑继续支持英国的 4 个量子中心[⊜]，以及资助 2.35 亿英镑进行量子技术研发[⊜]，主要用于建立一个新的国家量子计算中心，解决将技术引入市场和促进经济的量子难题，以及新建博士培训中心等。

2. 欧洲量子旗舰计划

2016 年，欧盟委员会发布《量子宣言（草案）》^⑭，将通过通信、模拟器、传感器和计算机这四方面的短中长期发展，实现原子量子时钟、量子传感器、城际量子链路、量子模拟器、量子互联网和泛在量子计算机等重大应用，从而建立极具竞争性的欧洲量子产业，确保欧洲在未来全球产业蓝图中的领导地位。随后，欧盟委员会宣布将于 2018 年启动总额 10 亿欧元的量子技术旗舰计划。2018 年，欧洲量子旗舰计划启动，通过"地平线 2020"计划资助总额为 1.32 亿欧元的 20 个项目^⑮，主要聚焦 5 个领域：量子通信、量子计算、量子模拟、量子计量和传感，以及量子技术背后的基础科学。

3. 美国国家量子行动计划

2018 年，美国通过《国家量子计划法案》^⑯，将发起未来 10 年国家量子行动计划，设立国家量子协调办公室，成立量子信息科学小组委员会和国家量子计划咨询委员会，美国国家标准与技术研究院负责制定量子技术发展所需标准，美国国家科学基金会支持人力资源建设，美国能源部将成立量子信息科学研究中心，加速科技成果突破。随后，这些措施陆续落实。能源部拨款 2.18 亿美元^⑰、国家科学

⊖　https://www.gov.uk/government/uploads/system/uploads/attachment_data/file/470243/InnovateUK_QuantumTech_CO004_final.pdf。

⊜　https://www.gov.uk/government/news/80-million-funding-boost-will-help-scottish-universities-and-businesses-develop-quantum-technology-that-could-help-save-lives。

⊜　https://www.gov.uk/government/news/new-funding-puts-uk-at-the-forefront-of-cutting-edge-quantum-technologies。

⑭　https://ec.europa.eu/digital-single-market/en/news/call-stakeholder-endorsement-quantum-manifesto。

⑮　http://europa.eu/rapid/press-release_IP-18-6205_en.htm。

⑯　https://science.house.gov/sites/republicans.science.house.gov/files/documents/HR6227NationalQuantu-mInititaveAct_0.pdf。

⑰　https://www.energy.gov/articles/department-energy-announces-218-million-quantum-information-science。

基金会拨款 3100 万美元资助量子科学研究[一]，国家标准与技术研究院成立量子经济发展联盟。2019 年，美国国家科学基金会（NSF）宣布资助"量子飞跃前沿研究院"项目[二]，重点将从跨学科研究、人才培养、研究协调和社区参与、协同伙伴关系和基础设施发展四方面开展活动。2020 年，能源部宣布在未来 5 年内提供 6.25 亿美元[三]，建立 5 个多学科的量子信息科学研究中心，包括下一代量子科学与工程中心、量子优势协同设计中心、超导量子材料和系统中心、量子系统加速器和量子科学中心，旨在创建生态系统。2020 财年预算提案中量子信息科学领域研发资金为 4.35 亿美元，2020 财年实际批准 5.79 亿美元，2021 财年预算请求额为 6.99 亿美元[四]。2021 财年量子信息科学领域研发预算请求比 2020 财年预算请求增加约 60%。

4. 德国量子技术计划

2018 年，德国通过《量子技术——从基础到市场》计划[五]，这是德国政府第一次通过独立的计划来系统推动量子技术的研究，将在 2018—2022 年资助约 6.5 亿欧元，研发重点包括量子计算机、量子通信、基于量子的测量技术、量子系统的基础技术，重点措施包括拓展量子技术的研究领域，创建研究网络以开发新应用，建立可促进产业竞争力的旗舰项目，确保安全和技术主权，加强国际合作，吸引人才留在德国。2020 年，德国通过"未来一揽子计划"，在量子技术的关键领域投入 20 亿欧元[六]，其目标是在量子技术关键领域，尤其是在量子计算、量子通信、量子传感器技术和量子密码学领域保持经济和技术竞争力；同时促进德国量子技术研发和生产，在硬件和软件方面构建新的产业支柱；委托合适的团队建造至少两台量子计算机。

5. 日本量子技术创新战略

2017 年，日本文部科学省《关于量子科学技术的最新推动方向》报告提出了日本未来应重点发展的方向[七]，主要包括量子信息处理和通信，量子测量、量子传感器和量子影像技术，最尖端光电和激光技术。2018 年，日本文部科学省启动光

[一] https://www.nsf.gov/news/news_summ.jsp?cntn_id=296699。

[二] https://www.nsf.gov/pubs/2019/nsf19559/nsf19559.htm。

[三] https://www.energy.gov/articles/department-energy-announces-625-million-new-quantum-centers。

[四] https://www.quantum.gov/wp-content/uploads/2021/01/Artificial-Intelligence-Quantum-Information-Science-R-D-Summary-August-2020.pdf。

[五] https://www.bmbf.de/de/quanten---ein-neues-zeitalter-7014.html。

[六] https://www.bundesfinanzministerium.de/Content/DE/Standardartikel/Themen/Schlaglichter/Konjunkturpaket/2020-06-03-eckpunktepapier.pdf?__blob=publicationFile&v=8。

[七] http://www.mext.go.jp/b_menu/shingi/gijyutu/gijyutu17/010/houkoku/1382234.htm。

量子飞跃旗舰计划[一]，资助量子信息处理、量子测量和量子传感器、下一代激光技术 3 个技术领域。2020 年，日本统合创新战略推进会议发布《量子技术创新战略》指出[二]，从 10 年到 20 年的中长期来看，"量子技术创新战略"将被确定为一项新的国家战略，并明确了日本开展量子技术创新的三大基本原则：一是实施量子技术创新战略，将量子技术与现有传统技术融为一体、综合推进，将量子技术创新战略与人工智能战略、生物技术战略相互融合并共同推进；二是提出以量子技术为基础的三大社会愿景，即实现生产革命，实现健康、长寿社会，确保国家和国民安全、安心；三是提出实现量子技术创新的 5 个战略：技术发展战略、国际战略、产业与创新战略、知识产权与国际标准化战略、人才战略。随后，日本政府宣布在 8 个领域建立核心研发基地，包括超导量子计算机、量子元件、量子材料、量子安全、量子生命、量子计算机利用技术、量子软件、量子惯性传感器与光晶格钟等。

6. 中国量子通信与量子计算机"科技创新 2030- 重大项目"

近年来，我国将量子科技列入国家战略层面并加大支持力度。国家"十三五"规划纲要指出将启动量子通信与量子计算机"科技创新 2030- 重大项目"。《"十三五"国家基础研究专项规划》明确了该重大项目的组织实施[三]，在量子通信方面将率先突破量子保密通信技术，建设超远距离光纤量子通信网，开展星地量子通信系统研究；在量子计算机方面将研发量子系统、量子芯片材料、结构与工艺、量子计算机整体构架以及操作和应用系统；在量子精密测量方面将研究利用量子通信和量子计算所发展的量子探测、测量和操纵技术。此外，《"十三五"国家战略性新兴产业发展规划》指出[四]，在超前布局战略性产业中，将持续推动量子密钥技术应用，统筹布局量子芯片、量子编程、量子软件以及相关材料和装置制备关键技术研发，推动量子计算机的物理实现和量子仿真的应用。

（二）量子通信

随着量子科技的发展，量子通信的应用和产业化发展进入了新的阶段。多国积极开展量子密钥分发网络试验验证和商用化方案探索等工作，量子密钥分发正在引领量子通信朝着高速率、远距离、网络化的方向快速发展。

2018 年，Quantum Xchange 公司宣布建设美国首个州际、商用量子密钥分发

[一]　http://www.mext.go.jp/b_menu/boshu/detail/1402996.htm。

[二]　https://www8.cao.go.jp/cstp/siryo/haihui048/siryo4-2.pdf。

[三]　http://www.bdp.cas.cn/ztzl/sswgh/201709/t20170912_4614050.html。

[四]　http://www.gov.cn/zhengce/content/2016-12/19/content_5150090.htm。

网络，从华盛顿到波士顿，总长 800 公里。2019 年，欧盟委员会启动 OPENQKD 项目，联合研究机构、量子密钥分发设备商和网络运营商，使用量子密钥分发技术创建和测试一个通信网络基础设施。2020 年，美国能源部阿贡国家实验室和芝加哥大学在芝加哥郊区共建了一个 84 公里的"量子环路"，并完成首次纠缠实验，该网络是美国最长的陆基量子网络之一，它将与费米实验室运营的另一个量子网络相连，形成一个 128 公里的试验网络。英国布里斯托大学等使用量子密钥分发技术在布里斯托建立了一个可扩展的城域量子网络，该网络可以连接城市 17 公里范围内的超过 8 个用户。

我国在量子保密通信的网络建设和示范应用发展迅速，量子密钥分发网络建设和示范项目的数量和规模位于世界领先[一]。2016 年我国发射世界首颗量子科学实验卫星"墨子号"后，分别于 2017 年实现了世界上首次千公里级量子纠缠分发、2018 年实现了首次洲际量子密钥分发、2020 年实现了基于纠缠的无中继千公里保密通信等，为构建全球化量子密钥分发网络打下了坚实的基础。2017 年"京沪干线"量子通信网络正式开通，实现了连接北京、上海，贯穿济南和合肥全长 2000 多公里的光纤量子通信骨干网络。随后，"京沪干线"与"墨子号"成功对接，在世界上首次实现了洲际量子保密通信，这标志着我国在全球已构建出首个天地一体化广域量子通信网络雏形。2017 年还建成启用了"宁苏量子干线""沪杭干线"等量子保密通信干线。2018 年，国家广域量子保密通信骨干网络建设一期工程开始实施。2019 年，广佛肇量子安全通信时频网络建设启动。

在不久的未来，量子加密设备的尺寸有望缩小到手机大小，并大幅降低成本，可初步支撑移动量子通信[二]。随着技术的不断成熟，有望形成天地一体化的全球量子通信基础设施和完整的量子通信产业链，并在此基础上构建基于量子通信安全保障的未来互联网。

（三）量子计算

量子计算的发展有三个阶段，第一个阶段是实现"量子优越性"，即量子计算机对特定问题的计算能力超越传统超级计算机；第二个阶段是实现专用量子模拟机，可应用于组合优化、量子化学、机器学习等特定问题，指导材料设计、药物开发等；第三个阶段是实现可编程通用量子计算机，能在经典密码破解、大数据

[一]　参考自中国信息通信研究院 2020 年发布的《量子信息技术发展与应用研究报告》，详情可参考 http://www.caict.ac.cn/kxyj/qwfb/bps/202012/t20201215_366153.htm[2020-12-31]。

[二]　潘建伟. 更好推进我国量子科技发展 [J]. 红旗文稿，2020，23: 9-12.

搜索、人工智能等方面发挥巨大作用⊖。近年来，谷歌、IBM、Intel、微软、阿里巴巴、腾讯、百度等大型企业都在角逐量子计算机的研制，国际竞争愈发激烈。量子计算在超导量子、离子阱、光学、半导体量子点、拓扑量子比特等不同的技术路线上取得了一系列的重大突破，目前已进入了实现"量子优越性"阶段。

在超导量子方面，谷歌、IBM、Intel 等企业都聚焦这一技术路线。Intel 2018 年开发出 49 量子比特的超导量子芯片。2019 年谷歌推出 53 个量子比特的量子计算原型机"悬铃木"，在解决一个随机采样任务上超越了经典计算机，实现了"量子优越性"。2020 年 IBM 发布基于超导量子比特的 IBM Q System One-Montreal 量子计算机，性能达到 128 量子体积，量子体积是 IBM 提出的衡量量子计算机性能的指标，量子体积越大，量子计算机可能解决的实际复杂问题就越多。

在离子阱方面，美国的霍尼韦尔和 IonQ 公司都聚焦这一技术路线。2018 年 IonQ 公司研制出首台能在单个原子上存储信息的离子阱量子计算机。2020 年，霍尼韦尔先后发布性能为 64 量子体积和 128 量子体积的离子阱量子计算机，随后，IonQ 公司发布性能高达 400 万量子体积的离子阱量子计算机。量子计算的研究进程出现了量子体积从百级到百万级的飞跃式发展。

在光量子方面，2017 年中国科学技术大学等构建了用于玻色取样的多光子可编程量子计算原型机，展示了超越早期传统计算机的计算能力。2020 年中国科学技术大学等构建了 76 个光子的量子计算机原型"九章"，处理高斯玻色取样的速度远超传统超级计算机，使我国成为第二个实现"量子优越性"的国家。2020 年加拿大 Xanadu 公司发布了世界上第一个公开可用的光量子云平台，可在 8 和 12 量子比特的光子量子计算机上进行运算处理。

在半导体量子点方面，2018 年 Intel 研制出首台采用传统计算机硅芯片制造技术的量子计算机，意味着硅基量子计算机的竞争力会逐步提升。2019 年澳大利亚新南威尔士大学开发了全球首款 3D 原子级硅量子芯片架构，朝着大规模量子计算机迈出了重要一步。2020 年 Intel 等在 1K 以上温度可以实现硅量子点的单量子比特控制，凸显出对未来量子系统和硅自旋量子比特进行低温控制的潜力。

在拓扑量子比特方面，2016 年微软宣布将采用基于拓扑量子比特的"拓扑量子计算"方案研发量子计算工程样机。2018 年澳大利亚皇家墨尔本理工大学等开发了一种可处理量子信息的拓扑光子芯片，首次证明量子信息可以与芯片上的拓扑电路进行编码、处理和传输。2020 年微软与哥本哈根大学合作研发了一种有望用于拓扑量子计算机的新材料，这种新材料有可能在没有磁场的情况下实现拓扑

⊖　潘建伟 . 更好推进我国量子科技发展 [J]. 红旗文稿，2020，23: 9-12.

状态，可用于实现真正的拓扑量子计算机。

量子计算的物理实现呈现多种技术路线并行发展的态势，每种路线各有优劣势，尚无任何一种路线能够完全满足实用化要求并趋向技术收敛。实现通用可编程量子计算机还需要全世界学术界的长期艰苦努力。

（四）量子传感

量子传感技术将提高测量的精确度和准确度，开创精密测量的新应用。量子科技的优势已在一些先进计量技术中获得了验证，包括原子钟、原子干涉仪、磁力计和核磁共振成像系统等。量子传感技术正逐渐成熟并走向商业化。

2018 年第 26 届国际计量大会上通过了关于用量子化方法定义国际单位制的决议，计量标准将进入"量子时代"，2019 年，7 个基本物理量（长度、质量、时间、电流、温度、物质的量和发光强度）的计量基准已经全部实现量子化。2018 年，美国国家标准与技术研究院报道了系统不确定度、稳定性和可重复性等三项指标都取得了创纪录性能的镱原子晶格钟。2019 年，美国加州大学伯克利分校等研制出一台移动式原子重力干涉仪，结构紧凑，便于野外运输，而且保持了较高的灵敏度。2019 年，美国麻省理工学院首次在硅芯片上研制出基于金刚石色心的量子传感器，为制造低成本、可扩展的量子传感、量子计算和量子通信硬件铺平道路。2020 年，北京航空航天大学等成功研制出了一套基于原子自旋效应的超高灵敏磁场与惯性测量实验研究装置，其灵敏度指标高于国外公开报道。

量子传感正面临着新的挑战，包括精简系统架构、制造稳健器件、设计最佳输入状态、利用量子纠缠、开拓量子传感器的新应用等。量子传感器的基础和技术原理也可能影响量子科技的其他应用，包括量子通信、量子计算等。随着相关技术的逐渐成熟，量子传感技术将在国计民生方面得到广泛应用。

三、量子科技的影响及发展建议

（一）量子科技的影响

从量子力学的创建到其引发的信息革命，这是人类的第一次量子革命。目前，人类对量子世界的探索从"探测时代"走向"调控时代"，将为能源、信息、材料等科学技术的发展开辟广阔的空间，"第二次量子革命"蓄势待发。量子科技的发展有望产生变革性的应用，对每一个普通人产生真正的实际影响。

量子通信将为传输敏感数据提供非常高的安全性，短期内可用于提供密钥和随机数，最终可用于在长距离光纤和卫星链路上运行安全的全球通信网络。量子通信可以提高网络的数据安全性，减少敏感信息的窃取，提高人们对基于网络的产品和服务的信任。目前，量子密钥分发技术初步进入实用化，可应用于财务和客户数据存储、备份健康记录、政府通信和军事通信、电信和电厂等国家基础设施的安全。

量子计算的突破将为信息和材料等科学技术的发展开辟广阔的空间，成为后摩尔时代和后化石能源时代人类生活的技术依托。量子计算将为密码分析、气象预报、石油勘探、药物设计等所需的大规模计算难题提供解决方案，对生物制药、机器学习、人工智能领域产生深远影响，给金融模型、物流、工程、医疗健康和电信等领域带来重要经济影响，从而提高国家的经济和科技竞争力。此外，量子计算将增强大数据分析和防护网络犯罪的能力，量子计算破解商业加密的能力将带来关于隐私和网络安全的重要政治问题。

量子传感技术将在国计民生方面得到广泛应用。量子钟将比原子钟精确几个数量级，在金融、运输、电信和能源等行业有广泛的应用前景。量子成像可以获得完整的 3D 图像，可用于无人驾驶汽车、医疗保健、国防、安全、运输和制造等领域。量子传感器比现有的技术具有更高的灵敏度、精确度和速度，可用于油气勘探，帮助发现石油和天然气资源并提高产量，其潜在价值达数万亿；可用于预防自然灾害，如监测水位从而有利于防洪，识别沉陷和滑坡等危险，快速确定地下的有害化学物质等；可用于航空航天，使导航系统可以达到厘米级或毫米级精度；可用于医疗保健，能提供更容易的方法来筛查痴呆症等疾病，早期检测癌症和心脏病等。

（二）量子科技的发展建议

量子科技发展具有重大科学意义和战略价值，是一项对传统技术体系产生冲击、进行重构的重大颠覆性技术创新，将引领新一轮科技革命和产业变革方向。目前，量子科技国际竞争愈发激烈，我国要在量子科技发展中抢占先机，构筑发展新优势，应从顶层设计、政策支持、人才培养等方面来促进量子科技的发展。

1. 加强量子科技的顶层设计

制定国家层面的量子科技发展战略，整合和统筹全国高校、科研院所和相关企业的优势力量，通过实施量子通信与量子计算机"科技创新 2030- 重大项目"等重大项目，通过国家级专项部署相关项目，围绕量子计算、量子通信、量子传感等关键技术方向部署攻关任务，发挥市场规模优势推动量子科技的广泛应用，开展一体化布局。

2.加强对量子科技的政策支持

加大对量子科技基础研究的投入，基础研究具有投入周期长、风险高、不确定性的特点，因此需要加大对科研机构和高校开展量子科技基础研究的支持。同时，应营造推进量子科技发展的良好政策环境，积极引导企业和社会增加研发投入，参与实用化量子科技的研发和成果转化，发挥市场在资源配置中的决定性作用，推动形成完整的产业生态。

3.塑造量子科技高水平人才培养体系

建立适应量子科技发展的专门人才培养计划，打造体系化、高层次量子科技人才培养平台。加强相关学科和课程体系建设，量子科技研发需要来自物理学、计算机科学、应用数学等学科跨领域人才的加入。完善科技人员绩效考核评价机制，营造有利于激发科技人才创新的生态系统。

战 略 篇

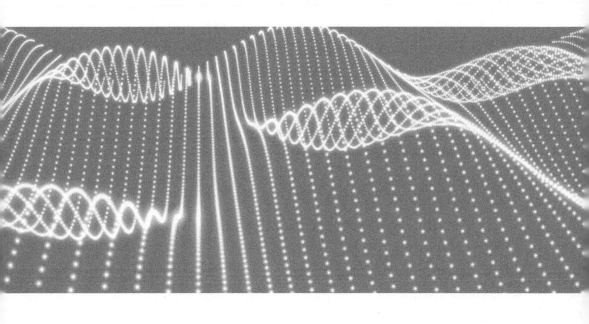

第九章 | Chapter9
数字科技的创新体系与创新生态[⊖]

一、数字科技创新体系与创新生态的发展迫在眉睫

第四次工业革命以数字化、网络化、智能化技术为主导，通过对传统产业的赋能改造，带动工业整体升级到新的形态和新的高度。数据成为重要的生产要素，大量数据本身的交叉聚合突变效应凸显。世界各国日益认识到数字科技将是推动第四次工业革命实现的先导和核心驱动力量之一，具有重塑全球经济和产业格局的力量。我国亟须在国家层面统筹谋划、整体部署数字科技创新突破，支撑关键领域产业应用。

（一）数字科技将成为第四次工业革命的决定性力量，并重塑生产要素与创新模式

以数字科技为核心支撑的第四次工业革命将实现从科技到产业、基础设施、经济、制度的体系化改变，带来生产力与生产关系质的飞跃。数字科技通过数据处理、仿真建模、机器学习等改变从数据到信息与知识的整个流程，并推动知识自动化，使得数据进入到价值创造的体系中，大大赋能强化人类脑力。数字科技成为生物、能源、新材料等领域形成群体创新突破的关键加速器。

⊖ 本章执笔人：中国科学院科技战略咨询研究院的张越、余江、张耀坤、管开轩。

　　数字科技有融合科学的属性，随着数字科技的发展，各行业、各技术领域的跨界成为常态，组织边界、技术边界等日益模糊，群体性技术交叉突破不断涌现。不同于传统工业时代围绕物质和能量交换运行，数字科技将数据作为最核心的生产要素。数字科技通过对数据的收集、传递与处理，建构与物理世界形成映射关系的数字世界，并借助算力和算法来生产信息和知识，以指导和优化物理世界中的经济和社会运行。

　　数字科技创新具有网络式的协同创新的特征，融合了"基础研究到应用研究的正向创新"与"从用户需求到科学研究的逆向牵引"的创新过程。各创新主体作为创新网络体系中的一个节点，高效参与到新产品新技术开发的全过程，大大加快了创新进程，突破了传统科技创新从基础研究到应用研究再到产业发展的单向线性"链式创新"过程。

（二）数字科技对于我国产业技术短期布局与长期体系化发展具有关键作用

　　一方面，数字科技发展面向短期的产业技术布局与创新生态构建。数字科技在面向"十四五"乃至 2035 中长期规划，区域创新体系、数字经济布局中发挥关键作用。数字科技是中国新旧动能转换，实现经济高质量发展的关键载体与赋能力量。数字科技与信息技术、互联网技术相比，包含着时空大数据、深度强化学习、3D 计算机视觉、自然语言处理、智能芯片、传感技术、边缘计算、共识算法等一系列的前沿科技，在推动万物互联及数字经济方面发挥重要支撑作用，为我国经济社会构建高效创新生态系统，实现高质量发展提供新动能。

　　另一方面，数字科技发展面向长期的技术与组织体系化创新。数字科技以数字化、网络化、智能化为主要特征，以新一代信息技术（数字科技）为核心，以技术与产业深度融合为主线，同时在生物医药、新能源、新材料等多领域实现技术集群式突破和融合，技术界限不断模糊。长期来看，数字科技发展可以系统整合碎片化的科技创新投入和战略布局，形成"科技—产业—基础设施—经济—制度"的体系化创新。通过打造从基础研究到产业应用的全方位技术和组织体系化，加速物理世界和数字世界的深度融合，数字科技将给区域及全球范围的产业结构、创新格局、经济结构和社会政治形态等带来全方位深层次影响。

（三）数字科技创新已成为各国科技竞争的战略制高点，将深刻影响全球经济和产业格局

　　当前国际科技环境剧变，世界各国都把数字科技作为本轮战略博弈的核心。

人工智能、量子计算、区块链等数字科技推动传统产业数字化转型的进程已经进入到新的阶段和更深层次，从服务业进入到更复杂的工业、能源和交通等传统领域。这种趋势决定了数字科技将会重塑全球经济和产业格局，也成为各国和企业竞争的战略制高点。全球各国家均围绕数字科技创新进行系统布局，从实践来看，美、德、日、韩等国围绕数字科技创新和竞争力，不断加大国家战略引领和投入，从创新体系、产业生态维度不断完善发展环境，并从平台、新基建等角度提供有效支撑。例如，美国从战略、创新体系、产业生态、政策保障等多方面进行综合布局，实现数字科技的引领。

新一代信息技术、人工智能等数字技术的科技竞争加快向基础研究前移。基础科学研究无疑是数字技术和数字经济的重要基石。同时，人工智能、区块链等新科技正在推动构建一个更广泛的数字基础设施体系。全球融合基础设施构建和知识的跨国界、跨区域分享成为未来数字科技的发展趋势之一。在这一国际竞合的新形势下，我国数字科技发展既面临巨大的挑战，也迎来难得的机遇。

党的十九届五中全会强调"当今世界正经历百年未有之大变局，新一轮科技革命和产业变革深入发展，国际力量对比深刻调整"，同时指出"坚持创新在我国现代化建设全局中的核心地位，把科技自立自强作为国家发展的战略支撑"。这一重要论断将科技自立自强的重要性提升到历史的新高度。从历次工业革命发展演化的规律来看，在核心技术引领下，新的产业、基础设施、经济形态以及组织运行制度都会发生变化。亟须依托技术与组织的体系化创新，发挥数字科技在第四次工业革命中的先导和核心驱动作用。面向国家战略需求，提升各创新单元的研究能力，增强创新单元之间的耦合水平，以科技自立自强为基础完善我国数字科技创新生态。

然而，目前我国数字科技领域发展缺乏整体统筹，创新协同机制有待进一步完善，特别是核心器件、核心技术方面差距还较大。"数字科技"基础科学与核心技术层面：我国在核心芯片、制造传感器等"数字技术"领域、操作系统、数据库、人工智能核心架构与算法等"数据科学"领域落后于美日德等国家，对我国数字科技安全造成巨大威胁。创新体系层面：数字科技创新主体功能定位不清、创新要素之间的作用与转化机制不畅、供给侧 / 需求侧双向牵引的产学研协同机制有待完善。亟须建立与完善数字科技的整体发展战略，将数字科技、数字经济、产业数字化转型、新基建等领域进行整体布局和有重点分层次的支持。

二、我国数字科技创新体系的核心特征

（一）数字科技政策体系以"顶层统筹—核心支柱—底层支撑"结构为基本特征

当前，数字科技作为第四次工业革命的主导力量对重塑全球经济和产业格局发挥不可忽视的作用，这场社会—经济范式变革不仅仅意味着技术创新，更是"科技—产业—基础设施—经济—制度"的体系化重构。在数字科技政策体系方面，我国已初步形成"顶层统筹—核心支柱—底层支撑"的多层次政策体系。

顶层统筹：聚焦前沿数字技术领域和战略性新兴产业。不断聚焦新一代信息技术和数字经济相关领域发展，打造经济社会发展新引擎。"十三五"期间，我国出台了国家信息化规划、宽带中国、云计算、物联网、工业互联网、新一代人工智能等国家战略，推动中国数字化经济全面发展，加速互联网与传统产业融合。党和政府充分关注数字化转型关键技术和产业的发展，相关部门出台了一系列文件。例如《新一代人工智能发展规划》《促进新一代人工智能产业发展三年行动计划（2018—2020年)》《物联网发展规划（2016—2020年)》《国务院关于深化"互联网+先进制造业"发展工业互联网的指导意见》《工业互联网发展行动计划（2018—2020年)》《工业和信息化部办公厅关于深入推进移动物联网全面发展的通知》等，重点围绕前沿数字技术和战略性新兴产业进行顶层统筹。

核心支柱：关注制造业数字化转型进程与创新体系建设。一方面从赋能的角度，鼓励加快数字经济和实体经济融合发展的进程，提升传统行业的数字化水平。《智能制造发展规划（2016—2020年)》《"十三五"国家信息化规划》《发展服务型制造专项行动指南》等规划都在推动以传统制造业为主的产业领域与数字科技深度融合。另一方面，陆续出台《关于全面加强基础科学研究的若干意见》以健全国家实验室体系为抓手，加快建设跨学科、大协作、高强度的协同创新基础平台，强化国家战略科技力量；同时加大基础研究投入，健全鼓励支持基础研究、原始创新的体制机制，建立以企业为主体、市场为导向、产学研深度融合的技术创新体系。

底层支撑：围绕数字要素与新基建进行布局。一是数字要素方面，针对政府与平台数据，国家发展改革委、中央网信办、工业和信息化部等印发《关于促进分享经济发展的指导性意见》，国务院办公厅印发《关于促进平台经济规范健康发展的指导意见》等，这些文件提出加强政府部门力度，促进平台数据开放。工业领域数据方面，国务院印发《关于深化"互联网+先进制造业"发展工业互联网的指导意见》，工业和信息化部发布了《工业和信息化部办公厅关于推动工业互联网加快发展的通知》等，在这些文件中，提出强化工业互联网平台的资源集聚能力，有效整合产品设计、生产工艺、设备运行、运营管理等数据资源。二是党和政府大力号召新基础设施建设，重点建设信息基础设施（5G、物联网、AI、数据中心、云计算、区块链、智能计算中心等）、融合基础设施（智能交通、智慧能源等）和创新基础设施（重大科技基础设施等）三大提供数字转型、智能升级、融合创新等服务的基础设施体系。

（二）我国的数据资源高速增长，为数字科技的发展提供了强有力的底座支撑

万物互联的时代正带来数据的爆炸式增长，数据作为独立的关键核心生产要素，在数字经济发展中的作用日益凸显，且逐渐成为重要的战略资源，美国政府甚至指出，数据是"陆权、海权、空权之外的另一种国家核心资产"。据统计，全球每年新增数据20ZB，预计到2020年年底，我国数据总量全球占比将接近20%，人工智能、5G、物联网、边缘计算、大数据等新技术的出现也为数据资源的生产、流通和再创造提供了新的底座支撑。数字科技主要是围绕数据产生、流动到信息和知识的产生、反馈、决策等全流程，实现物理世界和数字世界的交互映射和相互作用，可以说，数据资源的质量和价值直接决定了一国数字科技创新体系的发展水平。

数据具有自增长、非均质及可复制的特征。首先，自增长性是指数据在物理设施条件允许的情况下可以无限开发，且作为一种生产要素，数据并不会在生产过程中被消耗掉，而是可以多次循环使用，甚至在使用中可能会实现自增长，即促进数据量的进一步增加。其次，非均质性是指每一单位数据的生产价值通常是完全不同的，两个包含同样数据量的内容，一个可能是极有用的信息，另一个则可能是垃圾信息。再次，可复制性是指数据可以无限复制给多个主体同时使用，因此数据的安全和确权制度对数据要素的有效开发利用、交易流转至关重要。随着全球数据量的急剧增加，通过数据处理、仿真建模、机器学习等（数字科技核心内涵）改变数据—信息—知识的整个流程，并推动进入知识自动化阶段，使得数据进入到价值创造的体系中。这种力量决定了数字科技将会重塑全球经济和产业格局，而数据也必然是各国和企业竞争的战略重点。

（三）人工智能、区块链等数字科技技术改变了知识资本的生产与共享方式，缩短了创新周期

自学习型人工智能技术以其自组织、自决策、无监督的特征加速新知识产出，

助力数字科技创新。这类人工智能的原理基于神经网络，甚至无需预先编程，就能够自动组织信息并找到事物之间的关联和模式，并将其应用到问题的解决中。它无需监督，不需要进行训练，能够在没有先验知识的情况下提供问题答案，或者说通过自主学习，从原始数据中自主"总结"知识，并准确回答人类的问题。

区块链以其去中心化、开放性、自治性、安全性、可追溯性的特点为知识流动过程提供信用保障，进一步推动数据驱动的创新。它的核心潜力在于分布式数据库的特性及其如何助益透明、安全和效率。在新型的开放式创新体系下，区块链技术的应用解决了创新社区中的创新产权保护问题，缓解了搭便车问题，为维基式创新社区的发展提供了技术保障。并且，区块链技术可用于互联网安全，在商品溯源、跨境汇款、供应链金融和电子票据等数字化场景有着巨大的应用空间。

（四）数字化背景下的分布式虚拟合作网络，以其跨区域性、开放灵活性的特点，高效连接各创新主体

数字科技创新体系下的创新合作网络是依靠现代通信与网络技术，通过各种公共服务、中介机构等组织搭建的共享平台资源，使得具有产业链和价值链内在联系的、活动范围不局限于地理区域的企业和各类机构在虚拟空间（云端）上集聚，实现充分竞争、共同发展的虚拟化竞合网络。产学研等各创新主体之间保持较高的独立性和自由度，可以将信任和契约相互联结，自由选择合作伙伴，根据某一市场机遇或具体项目临时、快速地组合并协作；也可以加入多个虚拟合作网络，各种优势资源通过信息网络虚拟集成，形成一个动态的、开放的系统。

我国大力推进农业产业跨界和跨地域融合，形成有助于农业全产业链协同发展的农业虚拟产业集群，"猪联网""聚土地"、淘宝"特色中国"等一批依托于互联网的农业虚拟产业集群开始形成，使得农业产业链各环节在网络平台中虚拟化运作。依靠先进的信息技术和信息网络支撑，借助互联网和大规模数据处理技术，建立能够实现跨区域协作的农业虚拟产业集群，极大地提高农产品信息共享与创新合作效率。这种合作机制突破了空间局限，可以充分利用分散在全国乃至全世界不同地方的科技资源，在更大的虚拟空间范围内加速信息资源的流动，跨地区合作更加便捷。

（五）数字科技创新需要以高水平人才为引领形成结构合理的人才梯队

数字科技体系发展是一项系统工程，各个环节、各个领域的关联性、耦合性、互动性显著，只有整体推进才能统筹协调。伴随着数字化转型的不断深入，各行各业对数字人才的需求也在急剧增长，人才成为制约数字科技发展的重要因素。

培养和支持一批充满活力的一流科研组织人才以及企业战略管理人才，是突破关键核心技术、攻克国家战略"瓶颈"、解决产业商用需求"痛点"，实现我国数字科技体系发展的关键支撑。

第四次工业革命背景下，我国数字科技创新体系建设对人才培养提出新的要求。具体来看，数字科技创新体系既要有创新链各环节的战略科技人才、技术创业人才、科技成果转移转化人才、创意设计人才、科研项目管理人才等，也要有掌握光学、数学、物理学、微电子学、材料学与精密机械以及控制等领域的跨学科专业人才。

目前来看，我国数字科技人才要素存在高素质人才短缺、数字技能结构性失衡的问题。一是数量上，高素质人才短缺。目前我国高技能人才只占整体劳动力市场的4%，普通技能人才占20%，更多的则是无技能劳动者。尤其是既具备数字技术的一技之长，又能洞悉行业需求、企业需求，制定技术解决方案的整体方向的高素质数字化人才更是供不应求。二是结构上，数字人才技能存在结构性失衡。根据《2020年全球数字人才发展年度报告》统计，我国数字人才的数字技能较强，产业技能不足，颠覆性数字技能较弱。例如，北京数字人才的典型技能分别是开发工具、计算机硬件、动画、数字营销、计算机网络，上海数字人才的典型技能依次是计算机硬件、制造运营、电子学、数字营销、外语。数字技能反映出我国当前数字经济的蓬勃发展，而产业技能不足则说明数字化技术在产业的渗透仍有差距，而能够推动深度数字化转型的核心力量，为数字时代创造新的场景的颠覆性数字技能明显不足，这将制约我国数字科技体系的发展。

（六）我国数字科技应用具有海量用户规模以及异质性市场场景

数字经济正在成为我国经济高质量发展的重要引擎，升级潜力巨大。随着新一轮科技革命和产业变革与我国加快转变经济发展方式形成历史性交汇，一是我国数字经济规模不断壮大，根据信通院数据显示，我国数字经济增加值规模由2005年的2.6万亿元扩张到2019年的35.8万亿元，数字经济占GDP比重逐年提升，在国民经济中的地位进一步凸显。2005年至2019年我国数字经济占GDP比重由14.2%提升至36.2%，2019年占比同比提升1.4%。二是数字产业化结构优化。按照可比口径计算，2019年我国数字经济名义增长15.6%，高于同期GDP名义增速约7.85%。与2005年相比，我国数字经济规模增长了12.7倍，年复合增长率高达20.6%，而同期GDP仅增长了4.3倍，年复合增长率为12.6%，第一产业、第二产业、第三产业分别增长了2.2倍、3.4倍、5.9倍。

数字科技服务在国民经济各领域的渗透和应用日益广泛，孕育形成了新的经济增长点，开辟了更为广阔的消费空间。一方面，信息产品供给体系质量加快提升，新一代智能硬件变革推动联网设备边界从传统的 PC、手机和电视等信息通信设备向可穿戴、汽车等产品广泛延伸，家庭居住、个人穿戴、交通出行、医疗健康等新型智能硬件产品层出不穷，产品共享化、智能化和应用场景多元化趋势日益凸显。另一方面，信息服务应用持续增长，电子商务、出行旅游和企业服务成为信息服务消费热点领域，线上线下融合业务创新活跃，交通出行、上门服务、餐饮外卖等应用迅速崛起，农业电商、工业电商等应用快速发展，在线医疗、在线教育等信息消费，主要包括信息产品消费和信息服务消费（通信服务、互联网信息服务、软件应用服务也与日俱增）。随着国家政策红利加速释放和信息通信技术不断演进升级，数字科技消费端需求将不断催生异质性应用场景落地，数字产品和服务消费需求不断扩大。

三、全球竞争背景下我国数字科技创新的演进规律

（一）数字科技创新的技术体系化

技术体系是围绕某个领域、某项产品或工程，由各种技术之间相互作用、相互联系，按一定目的、一定结构方式组成的技术整体。其中，决定产品技术路线能否实现且难以被替代的一类技术被认为是该产品的核心技术。可以看出，要有效实现数字科技创新的技术体系化，突破关键核心技术，在关键性领域提升科技创新竞争优势往往不仅取决于某一项单点技术是否先进，而是取决于对相应技术体系的持续优化、整合和增强机制。我国数字科技体系的发展是围绕数字技术和数据科学两个核心支柱，通过把实体世界数字化为数据，并不断积累形成数字资产，再通过对承载物理世界规律的数据进行分析建模，反馈给物理世界，从而提升物理世界运行效率。在数字科技体系建设的每一个环节，都能找到其对应的核心技术和科学列表，技术体系化（见图 9-1）是数字科技创新体系的核心支撑，其创新演进呈现以下规律。

1. 学科创新加速汇聚，从基础研究端引领数字科技的技术发展

数字科技是当今世界创新速度最快、通用性最广、渗透性、引领性最强的领域之一。数据数学与生命科学、脑科学的结合将发展出新的前沿交叉学科；类脑计算机、类人机器人、脑机接口、人脑仿真技术、深度学习、自适应系统等发展迅速；量子信息技术、认知技术、光子技术和变革性材料、器件的突破将为数字科

技开拓新的发展空间；万物互联的人—机—物融合智能是未来十几年数字科技的主要发展方向。比如量子信息技术结合了量子力学理论和信息技术，将变革计算、编码、信息处理和传输过程等，成为下一代信息技术的先导和基础，而且量子计算将在化学过程中的设计、新材料、机器学习的新范式和人工智能等领域孕育重大突破，可能对金融模型、物流、工程、医疗健康和电信等领域产生颠覆式影响。以数字科技为核心之一，学科创新正在加速汇聚并催生重大创新进展。

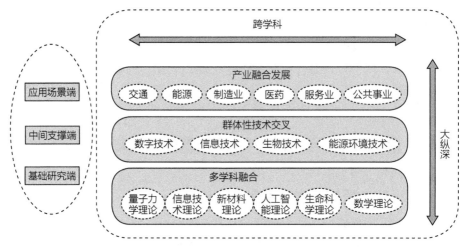

图 9-1　面向重大战略需求的数字科技创新的技术体系化

2. 群体性技术交叉，从中间支撑端驱动数字科技的技术发展

科学技术诸多领域在交叉汇聚过程中，呈现出多源爆发、交汇叠加的"浪涌"现象。数字科技在第四次工业革命中的新材料、新能源、生物技术中都发挥重要的作用，特别是以数字科技（信息技术 IT）、生物技术（BT）、能源和环境技术（ET）为代表的第四次工业革命，将以数字科技作为推动 IT、BT、ET 技术突破的加速器。随着数字科技的发展，各行业领域的跨界成为常态，组织边界、地域边界、技术边界、行业边界日益模糊，数字科技不仅作为工具被应用，而且深入渗透到其他学科的思维方式中，带来计算生物学、生物信息学、社会技术学、空间信息学、纳米信息学等新兴交叉学科的发展。比如数字科技和生物技术的融合正在带来多重变革，包括研究新范式、科学新发现、技术新发明、产业新模式等变革，数字科技越来越成为驱动生物科技发展的核心动力之一。

3. 产业融合发展突破，从应用场景端拉动数字科技的技术发展

数字科技未来要实现物理世界和数字世界的互动融合，只有应用于现实的产

业场景才能实现价值创造，进而推动数字科技不断前进，形成正反馈循环螺旋式进步。因此落地产业将从需求端拉动数字科技技术提升。从整体上看，我国在数字硬件、软件、系统、平台和应用各领域和环节均有企业布局，在推动物理世界和数字世界的形成、互动和融合方面初步形成数字科技产业生态。其中硬件以电子信息制造为主，包括传感器、网络、存储和其他硬件基础设备，负责数据的采集、传输和生产执行；软件和系统相对薄弱；平台培育和建设已初见成效。同时，不同行业数字化转型已经形成特色的应用实践，并在特定领域取得国际领先的优势。国内媒体、零售、交通、医疗、公共事业、教育、政府等行业数字化转型进程较快，工业、电力能源等行业数字化潜力较大。如制造业数字化转型已经出现服务型制造、工业4.0、大规模网络定制；医疗行业出现医药分离、医联体、精准医疗、大数据科研等；能源行业出现了能源互联网、智能网格等新业态、新技术和新模式。同时国内在社交电商、移动支付、新零售等部分数字化领域取得突破。下一步发展仍要以优势产业应用作为突破，加速不同产业融合进程。

（二）面向国家重大战略需求的组织体系化

面向国家重大战略需求的组织体系化是一个系统性命题，该命题反映在科技体制机制上，就是必须以技术和组织双维度的持续体系化，真正提升科技创新体系本身的效能、活力和韧性。技术创新除了研发过程，还涉及技术生产、配置等环节，以及资源适配的一系列制度安排。面向国家重大战略需求的体系化新组织重点就在于构建持续完善、有效耦合、高效链接的技术研发组织模式、资源配置模式、商业价值实现和评价机制等制度，如图9-2所示。

1. 聚焦创新体系各研究单元的战略需求，形成实质性资源整合

提升跨单位边界的大团队二次深度组合，优化跨研究单元合作前沿成果认定、人员考核和激励机制。例如，2018年7月美国启动"电子复兴计划"（ERI），以构建面向2030年"新架构、新设计和新器件"的高技术体系。除了支持若干美国国家实验室、常青藤大学等机构，美国领军高科技公司（如Intel、高通、IBM、NVIDIA等）的核心活跃研发团队也得到了该计划的资助。这种注重在战略性领域形成在学科前沿和技术前沿的"双领先"，定位于学科前沿技术的开发与市场应用转化的高效衔接。

2. 建立知识突破与商业价值实现的有机衔接机制

组织体系化要打通产学研创新链、产业链、价值链，拓展包括产业大基金在内的各类创新投资渠道，实现集科学发现、技术跃升和产业化方向于一体的突破，

实现知识突破与未来面向商用生态的有效衔接。这需要聚焦全球竞争的源头技术供给，而不仅是追逐"国际发表热点"，更需要形成核心技术突破后的持续改良机制，及时跨越技术商用的成熟度阈值。实现知识突破与商业实现的价值衔接，需要改革当前重大科技创新工程的组织实施方式。

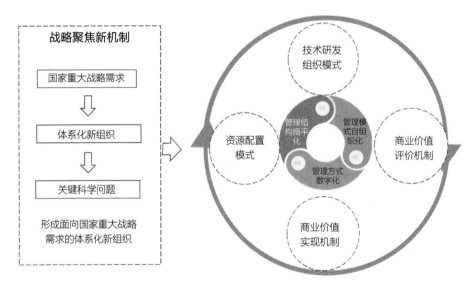

图 9-2　面向重大战略需求的数字科技创新的组织体系化

3. 实现数字科技与组织管理的高度融合

一是管理结构扁平化。多层级复杂的管理体系已不适用，要形成由数据驱动的扁平化管理结构，具备能够实时互动、多方参与、快速响应的扁平化协同组织管理模式，提升企业内部各环节数据的共享程度，实现部门间的协同发展，提升管理智能化，扩大管理幅度从而提高企业运行效率。二是管理模式自组织化。数字化转型使得企业边界变得模糊，企业开始重视为员工赋权，偏向自组织形态的管理模式。新时代下，SaaS 将作为一种技术手段去辅助人力资本管理的发展。管理部门无需进行协调与资源分配，就可以实现数字化转型的自组织化管理，企业内部管理边界也被模糊。在这一过程中，内部沟通、决策审批等业务提高了工作效率。通过打造敏捷的自组织管理模式，能够建立快速反应、敏捷的组织架构，加速组织决策及执行速度。三是管理方式数字化。数字化管理流程是基于数字化架构打通部门数据孤岛，实现管理流程的端到端流程化、数字化；同时管理协同软件、即时通信软件广泛应用于办公环境，提升组织管理协作效率，降低管理沟通成本，提高组织产出。数字化管理决策是指基于大数据、云计算、人工智能，分析产业内外部市场环境变化，预测产业可能面临的问题与挑战，从而为组织制定更为科学的决策。

（三）跨学科、大纵深的重大原始创新协同模式

在数字化背景下策源重大原始创新，深入推进数字科技创新发展，必须依托跨学科、大纵深的重大原始创新协同模式，如图 9-3 所示。该模式以数字科技创新要素为基础，充分发挥数据资源在数字科技中循环流动的关键特性，强化了创新要素与创新生态之间的有机互动，有力支撑创新体系化建设，最终技术体系化与组织体系化深度融合，形成了面向重大战略需求的数字科技创新协同模式。从层次递进的角度来看，重大原始创新协同模式是一套从基础支撑—核心支柱—统筹整合的整体协同模式。第一层是基础支撑，即数字科技创新体系的关键要素，包括政策体系、市场需求、创新人才等；第二层是核心支柱，包括以技术体系化和组织体系化为核心的两大支柱，其中，技术体系化围绕技术整体，组织体系化围绕制度安排；第三层是统筹整合，即面向重大战略需求的数字科技创新生态。

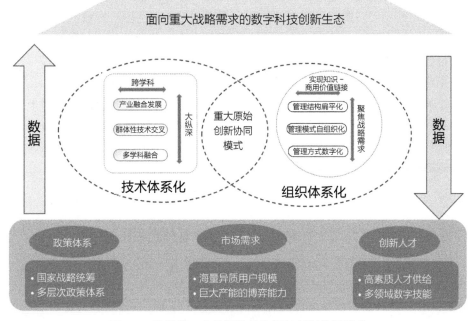

图 9-3　跨学科、大纵深的重大原始创新协同模式

　　重大原始创新协同模式的形成需要技术体系化与组织体系化的深度融合，使得体系化充满效力和活力，协同和链接无处不在。这种协同模式的特点包括通过高水平的支撑和服务体系提升持续创新的活力，将分散和割裂的创新单元、创新要素进行有效协同、互补，保证体系创新攻坚能力沿着预定战略方向发展；面向规模商业应用的未来愿景，分工明确、权责明晰；通过产业链下游考核上游，落实成本和风险共担、知识和成果共享；通过产学研用多方协同攻关形成多样性的技术有效供给，构建竞争合作的开放商用生态，及时进行滚动优化，提升对突发事件的快速响应及重大攻关的能力。

四、面向重大战略需求的我国数字科技创新生态的培育与治理

（一）完善创新治理体系，形成多元参与、协同高效的创新治理格局

　　一方面，顺应创新主体多元、活动多样、路径多变的新趋势，强化政府战略规划、政策制定、环境营造、公共服务、监督评估和重大任务实施等职能。另一方面，建立创新治理的社会参与机制，发挥各类行业协会、产业基金、国家级科技社团等在推动创新驱动发展中的作用，形成多元参与、协同高效的创新治理格局，打破各种无形的"围墙"和"栅栏"，系统整合和优化原来碎片化、孤立、重复的科技创新投入和战略布局。鼓励重大攻关计划的创新单元之间的知识共享。鼓励集成创新能力强的创新型领军企业，与其他创新主体形成协同互动。在核心技术攻关上，借鉴比利时微电子研究中心（IMEC）集成电路重大公共创新平台的成功经验，制定权责分明的知识产权共享和保护机制，鼓励各类国家战略科技力量形成优势资源平台的吸引力和合作凝聚力，引领对领域的核心科学问题和共性技术的持续攻关。

专栏 9-1：比利时微电子研究中心（IMEC）科技攻关机制与经验

　　作为国立科研机构，IMEC 在集成电路领域创新的崛起与成功，与其独树一帜的制度安排和研发体制设计是分不开的。正是通过成功的制度创新，IMEC 与全球合作伙伴形成了在科技前沿攻关的强大内在动力，基于共同目标实现了实质性的紧密协同。

　　IMEC 独特的体制设计包括 IMEC 最高决策管理机构——"产学研"结合

的董事会，保证其研发目标能够基于真实的产业前沿需求；有明确的战略定位，在微电子技术、纳米技术以及信息系统设计的前沿领域对未来产业需求进行超前 3 年到 10 年的研发；对政府资助经费有一定自主分配权，这笔经费中每年有10% 以上必须以合作研发方式转给本地的大学机构。

同时，IMEC 在合作研发模式上也有成功的机制创新。IMEC 于 1991 年启动的"产业联盟项目"（Industrial Affiliation Program，IAP）多边合作体系被公认为是在国际微电子界研发合作模式中最成功的一种，已被全球高技术产业界广泛认可。IMEC 有权责清晰的合作规则，构建了尊重 IP 归属和保护机制，激发创新参与方持续的协同创新动力和投入。

（二）以科技自立自强为核心构建上下联动的数字科技创新生态

随着科技创新改革的不断深化，我国的科技创新体系在明确技术创新、知识创新、国防科技创新、区域创新和科技中介服务等功能的基础上，逐渐形成了包括政府、企业、高校、科研机构、社会中介服务机构和个人等的创新行为主体，以及创新资源和创新环境在内的布局，为我国数字科技创新生态系统的构建奠定了良好基础。要发挥科技自立自强的关键作用，从技术体系化角度，要在基础研究端实现数字科技前瞻和技术引领；在中间支撑端做好关键核心技术和产业链的锻"长板"、补"短板"相结合的系统性战略部署；在产业应用端，发挥场景创新优势，推进数字科技发展。从组织体系化角度，以国有科研机构和核心数字科技企业为引领，深度联结产学各方协同攻关重大源头技术，分享前沿突破带来的利益，构建面向产业前沿突破的高效创新生态。

专栏 9-2：我国自主云基础设施创新生态培育——天蝎计划的案例

为了解决现有云基础设施无法高效、快速满足云计算市场快速扩张的需求问题，为了实现从需求出发提供定制化云基础设施解决方案，在我国云基础设施产业发展过程中，云基础设施核心用户百度、阿里巴巴和腾讯，参考国际互联网巨头 Facebook 发起的 OCP（Open Compute Project）开放计算项目，成立了推动中国云基础设施产业发展的产业创新平台天蝎计划（后升级为开放数据中心委员会，ODCC）。

天蝎计划经过了三个主要发展阶段。第一阶段——用户间水平协调阶段。面对快速扩张的市场需求与市场供给存在的显著差距，世界级互联网巨头谷歌、Facebook 等以及中国互联网领军企业，包括百度、阿里巴巴和腾讯等也不断尝试设计符合企业自身需求的高密度、快速部署的服务器，为天蝎项目得推出奠定了坚实的基础。第二阶段——产业链垂直整合阶段。2011 年 11 月 1 日，BAT 在 Intel 的支持下发起天蝎计划。2012 年 4 月 11 日，《天蝎项目整机柜服务器技术规格》Version 1I .0 版本发布。2013 年 10 月发布天蝎整机柜服务器技术规范 v2.0（0.5），联想（Lenovo）、中兴（ZTE）等国内服务器 OEM 纷纷活跃起来，实现了 2000 多个机架的落地部署。第三阶段——云基础设施生态整合阶段。进入 2014 年之后，天蝎 v2.0 成熟，负责制定标准的工信部电信研究院（中国信息通信研究院，CATR）加入天蝎项目，2014 年 8 月 29 日宣布成立开放数据中心委员会，Intel 仍担任技术顾问。ODCC 建立起了不同参与者之间的沟通和协调渠道，并转变为一个数据中心行业创新平台，关注数据中心的技术和产业发展。

巨大且面临重大变化的需求市场不仅蕴藏着广阔商机，也会倒逼产业链上游技术研发的不断升级，从供给侧主导型创新生态向需求侧深度参与型组织体系化拓展。天蝎计划体现了互联网超级用户与核心供应商共同发起的开放创新，为基础设施硬件行业实现用户需求的高效对接和快速响应、产业创新资源和能力的高效整合以及产业创新生态的构建，提供了一种创新的合作模式和商业生态。即较为成熟的应用市场显著提升了需求侧企业的创新能力和话语权，大批企业级用户深度参与供给侧的创新活动，推动着产业创新生态系统由传统供给侧主导型生态向需求侧深度参与型生态拓展。

（三）面向大规模商用，提升组织体系化能力

体系化新组织重点就在于构建持续完善、有效耦合、高效链接的技术研发组织模式、资源配置模式、商业价值实现和评价机制等。面向大规模商用，提升组织体系化能力的重点在于知识突破与商业实现的价值链接。一方面要推动创新体系的各研究单元聚焦战略需求，形成实质性资源整合。注重在战略性领域和大规模商用场景形成在学科前沿和技术前沿的"双领先"，定位于学科前沿技术的开发与市场应用转化的高效衔接。另一方面，充分发挥市场机制的作用。充分发挥领军企业在市场前景驱动下，高效实现前沿成果潜在价值的优势，发展面向产业变革的新型研发机构，形成"以重大商业瓶颈攻关牵引重大科技原创成果、以更多科

技原创成果支撑重大商业瓶颈问题解决"的体系良性循环。面向市场应用的关键核心技术，要围绕产业链部署创新链，将关键技术突破、样品规模商用和产业生态培育等环节紧密结合，重视面向产品稳定性和可靠性的持续商用化研发。在一些战略性的重要领域，要特别重视发挥国内下游"超级用户"企业的集成整合作用，以产业链下游企业的"订单"甚至"注资"来真正激活上游产业的研发资源，形成多元主体协同的创新生态联合体，注意扶持具有"战略备胎"能力的优秀供应商和中小微科技创业群体。

（四）发挥国家科研机构在重大创新中的关键作用

一个持续有效的技术创新体系，需要上下联动的顶层制度设计和合作机制。国家科研机构需将战略性核心平台作为一个核心角色，深度联结产学各方协同攻关重大源头技术，分享前沿突破带来的利益，构建面向产业前沿突破的高效创新生态。在体制顶层设计方面，国家科研机构必须进一步明确其核心的战略定位和战略任务。坚定其在核心技术攻坚体系中的战略平台定位，实现分散资源的高效整合与优化配置，促进松耦合参与者间的开放式聚合与深度对接。在技术选择上，国家科研机构应重点承担突破关键共性技术的主要战略任务，而不应和产业合作伙伴在商用市场上争利，在突破关键核心技术的"主航道"中，形成有效的战略领位和卡位。在机制设计方面，国家科研机构要建立对知识产权等成果的现代化、科学化管理机制。在重大项目实施前，对可能的利益冲突进行研判，并通过透明制度设计进行预先规范；根据产出来源和贡献程度对关键知识成果的归属进行明确划分，充分考虑关切各个创新参与方的核心利益。国家科研机构要以雄厚知识积累、高水平研发设施和权责清晰的合作规则，对产业研发伙伴形成强大的平台吸引力和凝聚力，激发伙伴的贡献热情和创新潜能，彼此信任且能"并肩前行"，从而有力地推动前沿技术面向商用化持续改进和创新突破，这样"风险共担，成果共享"不再是一句空话。

🔧 ───────────────────────────────

专栏 9-3：美国新一代集成电路光刻系统突破案例

20 世纪 90 年代中后期，全球集成电路工艺面临深刻变革，一直占据主流地位的、基于传统光学的集成电路光刻技术受到挑战，基于全新光源的新一代光刻技术（NGL）亟待开发。由于新一代光刻技术作为全新的芯片前沿工艺体系，其研发是一个庞大的原始创新工程，需要光学、数学、物理学、微电子学、材料学与精密机械以及控制等多学科交叉的深度融合研究；科学家必须在光源、结构、器件、工艺及检测等领域解决一系列核心科学问题，并阐释许多新机制和新机理。面临技术路线的不确定性与巨大的科学挑战，美国通过发起"虚拟国家实验室"合作项目，实现了 EUV 技术体系的系统突破。

1997 年到 2003 年，"虚拟国家实验室"合作项目团队面向未来集成电路光刻技术产业化的愿景，吸引了一批优秀中青年科学家和博士后群体在国家实验室大平台上从事跨学科研究，紧密协作，通过多学科交叉融合研究，高强度地开展了一系列新理论验证和基础技术探索。随后，Intel 联合摩托罗拉、AMD、美光、IBM、英飞凌等公司先后加入了这个联盟，并以此为依托和渠道与国家实验室开展深度合作，并分享了系列突破性科研成果和高价值平台资源，极大地推动了一代光刻系统技术的研发进程。

回顾整个重大创新突破过程，国家实验室发挥了关键的引领作用。从松散式的科学原理探索研究，转化为面向未来产业愿景、产学研用多方协同攻关的突破创新态势，形成了集科学新发现、技术新轨道和产业新方向于一体的"大纵深"整合突破，从而实现了"从 0 到 1"的重大原始创新。

（五）打造跨学科、大纵深的数字科技人才高地

要培育我国面向重大战略需求的数字科技创新生态，必须依托跨学科、大纵深、开创性的研发，需要有效组织大尺度、跨领域、融合型的研究团队进行联合技术攻关，策源推动数字科技发展的重大原始创新。因此，需要我们在更大范围、更广领域、更高层次上吸引全球高端科技人才，锻造一支充满活力的青年科技人才队伍。同时，必须有效发挥多领域融合的建制化优势，组织跨学科、大纵深、多团队的协同研发。一方面，针对核心关键技术突破的高投入、长期性和知识缄默性等特点，需要我们结合技术创新突破的不同阶段，采取针对性激励政策，让甘于坐冷板凳、潜心关键领域核心技术研究的攻坚科研人员能够获得稳定的预期和支持，建立适应核心技术攻坚的人事制度、薪酬制度。另一方面，开阔视野引进全球核心技术领域人才。要在更大范围、更广领域、更高层次上吸引包括非华裔在内的全球高端科技人才，以一流研究平台和领军人才吸引更多全球优秀人才，使具有核心攻坚能力的研究团队群呈千帆竞发之势，打造跨学科大纵深的顶尖研究人才高地。

（六）进一步深入挖掘海量异质市场需求，强化对于数字科技创新生态培育的支撑作用

受益于我国海量市场需求和数据积累的优势，目前数字科技服务在我国国民经济各领域的渗透和应用日益广泛，孕育形成了新的经济增长点，开辟了海量异质的消费空间。数字科技的发展充分发挥海量异质市场需求引领作用，围绕个性化需求，重新定义传统的商业模式，简化客户流程，组织各项生产、生活和创造活动，在终身教育、社交休闲、购物娱乐、健康保健、衣食住行等方面实现异质细分领域的应用场景落地和创新迭代，从单一的产品属性向多元化、场景化和链条化延伸，实现体验式的服务和用户个性化定制。同时，把握海量异质市场需求对投资领域所具有强大的引领作用，在新一轮科技革命席卷全球的背景下，高性能计算、量子通信、人工智能、云计算、5G 通信等新一代信息技术创新需求旺盛，在技术研发、应用发展等方面都具备极强的投资需求。面对重大战略需求对这一投资需求进行规范和引导，不仅利于规范市场投资，同时对于促进我国数字科技技术创新和实现市场对数字科技创新生态治理有积极作用。

第十章 | Chapter10

数字科技的产业形态：平台与生态[⊖]

一、数字科技产业及面向双智时代的数字科技产业发展趋势

（一）数字科技产业概述

数字科技产业是指充分利用大数据、人工智能、移动通信、物联网、区块链、数字孪生等系列数字技术，围绕数字产业化和产业数字化两个主要应用方向所形成的新业态、新模式。其中数字产业化形态是指组织利用数字技术，根据市场新需求或通过对传统商业模式颠覆而形成的新的商业逻辑和运营模式，属于创造性数字科技形态，实现了商业模式从 0 到 1 的突破，包括电子商务、共享单车、共享民宿等。而产业数字化形态是指组织运用数字化手段改造传统的商业逻辑、运营模式和商业生态，属于改造型数字科技形态，重点关注通过"互联网+"或"+互联网"促进已有商业模式的数字化转型升级，包括智能制造、无人驾驶、医联体等。图 10-1 所示为数字科技产业的分类和演进趋势。

⊖ 本章执笔人：中国科学院大学公共政策与管理学院的陈凤，中国科学院科技战略咨询研究院的余江。同时，中国科学院科技战略咨询研究院博士生刘佳丽、宋昱晓和李博在本章撰写过程中承担了部分资料搜集工作。

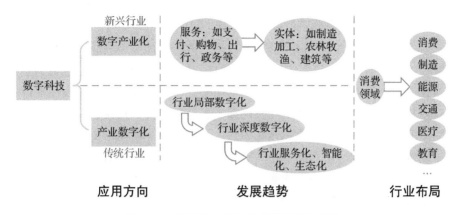

图 10-1　数字科技产业的分类和演进趋势

随着物联网、大数据、云计算、区块链和人工智能等新一代数字技术的迅猛发展和创新应用，数字科技产业的深度、广度不断拓展，进入全面、全时、全局、全民的广泛渗透。数字科技的不同应用方向面临着新的发展趋势，行业布局也呈现从早期的消费领域进一步向产业领域延伸的新动向。

1. 数字产业化发展从服务领域加快向实体领域拓展

从数字产业化应用方向来看，新兴数字经济创新和应用场景正面临从服务领域向实体领域的拓展。在互联网发展的近 20 年中，服务领域的数字化稳步发展且成效明显，2017 年前后，在国民经济的所有 20 个门类中，金融、零售、物流与交通、文教、卫生公共管理等服务领域已进入深度数字化阶段。2019 年我国信息服务业同比增长 68%。2020 年 8 月，《财富》杂志发布最新世界 500 强排行[一]，其中在 2020 全球七大互联网公司中，中国占据四席[二]。

但是，早期的数字技术与实体经济体系契合度不高，在制造加工、农林牧渔、建筑等实体领域，受数字基础薄弱、传统商业模式惯性及互联网思维不足等限制，数字技术的应用范围和深度有待进一步拓展，未来应用数字化提升实体领域生产效率的空间更大。随着高速发展的信息技术使数据的大规模广覆盖获取和开发成为可能，应用数据和价值挖掘的能力显著提升，数据在实体领域进一步迸发出巨大的能量，在实体领域真正实现价值创造，显著加快实体领域的数字化、网络化和智能化演进步伐。

[一]　数据来自 https://fortune.com/global500/。

[二]　分别为京东、阿里巴巴、腾讯和小米。

2. 产业数字化发展向由数据驱动的行业平台化、智能化和生态化发展

针对产业数字化应用方向，数字科技在传统行业的应用经历了从早期阶段的局部数字化转型向全面数字化转型发展，并进一步向平台化和智能化的方向迈进。

早期，传统行业的数字化注重由局部向整体、外围到核心的阶段性推进，数字化应用范围有限，数字技术主要实现在数据处理、仿真建模、机器学习等方向的应用。配套的软件业往往存在体系庞大、结构复杂、功能高度耦合、实施周期长、难以扩展等问题。局部数字化一定程度上实现了对信息的控制和管理，但由于环节孤立、贯通不畅而导致的业务流程和数据碎片化等现象依然凸出，难以打通全业务链的信息化系统而让数据价值最大化。

现阶段，随着数字技术的不断丰富和发展，数字化逐渐向产品全生命周期过程、全价值链、运营管理系统、全产业链全面渗透，产业数字化发展进入全连接、全覆盖、全流程、全渠道的深度数字化转型阶段。数据流动更充分，数据流和业务流实现无缝衔接，例如通过挖掘海量实时、历史数据的价值，从远程监视、远程配置参数，提升到在较大范围内协调配置资源、改进制造工艺、优化排产计划、完善质量追溯体系等，进一步贯通了各业务环节的高度融合和相互支撑，传统线性价值链扩展为多节点立体价值网，新业态和新模式不断萌发。

在未来一段时间内，随着数字技术加快突破和广泛应用，数据将成为数字科技产业发展的内生要素，不断促进组织模式的改革与创新。这进一步促使行业发展向以知识自动化、服务主导为核心特征的平台化、智能化和生态化演进，组织结构、运营模式加快颠覆，经济运行模式也依托互联网平台加快重构。同时，随着人机的交互、加强智能化发展，将推动行业发展进入人和智能互动的"新智人"时代，知识自动化和双智转化将带来创新思维、创业思维等思考模式的变化，进一步促进社会根本性、全局性、系统性的变革。图 10-2 所示为数字技术对传统行业运营模式的影响。

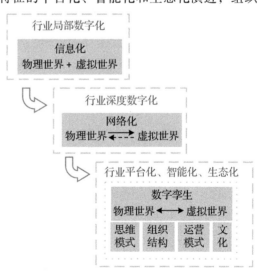

图 10-2　数字技术对传统行业运营模式的影响

3. 行业布局由传统的消费领域向工业领域延伸

过去 20 年，中国依托大洲级的

数字技术使用人群，在消费互联网领域取得了世界瞩目的成就，基本完成了消费端的数据化迁移，形成了全球最大的电子商务网络、移动支付网络，在社交电商、移动支付、5G、移动终端、数字消费、金融科技管理方式等领域形成特色的应用实践，并在特定领域国际领先。

近年来，消费互联网经济日趋饱和，同时随着 5G、物联网、区块链、机器学习等新兴数字技术的广泛应用，数字技术正加快由消费端向产业端迁移。从应用端（后端）带动数字科技发展，是未来数字科技的数字产业化发展重要趋势和方向。制造业、电力能源、交通等传统产业数字化潜力巨大，正在成为数字科技的主战场。例如，制造业数字化转型出现服务型制造、工业 4.0、大规模网络定制；医疗行业出现医药分离、医联体、精准医疗、大数据科研等；能源行业出现了能源互联网、智能网格等新业态、新技术和新模式。

（二）数字科技产业发展的"知识—技术—产品"三平台架构

创新需要打通从知识供给到工程技术获取到产品开发、生产和销售的链条，而核心创新环节的平台化成为适应和有效运用数字技术的重要手段之一。在以往研究中，技术平台（如技术中台⊖、工业互联网平台⊖等）和产品平台（iOS，Android 等）已经得到产业界和学术界的重点探讨，但随着深度数字化的发展，支撑产业发展的知识基础尚未得到广泛关注。

一直以来，依托主要知识生产部门（如高等院校和科研院所）和传统学科划分体系，为产业发展奠定了坚实的知识基础，源源不断地为新技术获取提供了知识输入。迈入数字经济时代，数字科技强调由数据驱动的知识作为知识供给的重要来源之一，进一步给知识生产组织模式和生产方式带来显著变化。随着多元大数据的持续累积，机器智能所产生的知识体系成为整体行业知识体系的重要输入，且形成了以大数据管理与运营等为代表的非传统学科体系划分。与技术平台和产品平台类似，知识平台成为数字时代促进跨领域知识借鉴和整合、支撑行业创新持续不断涌现、服务企业数字化研发的重要方式。基于此，本书构建数字科技背景下行业发展的"知识—技术—产品"三平台架构（见图 10-3），其中，重点对知识体系及知识平台进行分析。

⊖ 该概念由中国互联网公司提出，即通过构建符合数字化时代的更具创新性、灵活性的"大中台、小前台"的组织机制和业务机制，其中中台汇集面向多元业务需求的运营数据能力、产品技术能力等，对前台业务形成强力支撑，以支持业务的敏捷化和快速创新。

⊖ 该概念由 GE 于 2012 年提出，是物联网、大数据、人工智能等新兴数字化技术与制造业深度融合的产物，旨在构建全要素、全生产链、全价值链全面连接的新型工业制造和服务体系。

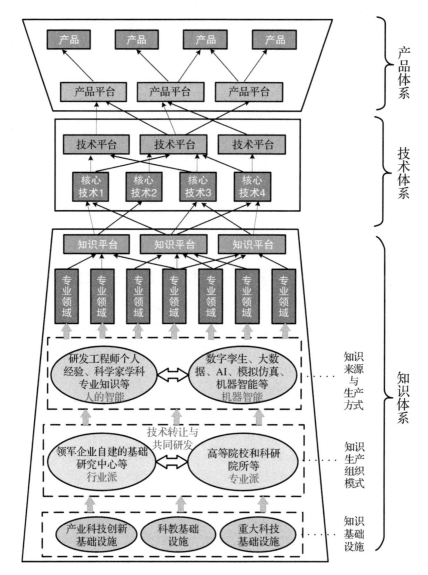

图 10-3　数字科技产业发展的知识体系、技术体系与产品体系关联图

　　整体来看，通过数据链路主线能够清晰地呈现数字科技产业发展的知识体系、技术体系与产品体系的关联关系，明确地显示技术成果/专利的知识基础、应用方向和产品溯源，并通过平台化供给模式快速响应技术、业务、产品的创新需求，避免重复功能建设和维护导致的资源浪费，实现知识、技术、经验的复用化。

1. 面向知识供给的基础设施

知识供给是知识平台形成的基石，而知识的供给离不开底层创新基础设施的支撑。产业创新基础设施、科教基础设施和重大科技基础设施等。2020 年 4 月 20 日，国家发改委召开新闻发布会，首次将创新基础设施纳入"新基建"范围，并强调要超前部署创新基础设施。其中，针对数字科技领域，在未来的创新基础设施布局中，应以先进集成电路制造、未来信息技术等领域为重点，从优先布局、前沿探索、智能化赋能层面，推动国家产业创新中心布局建设与发展，形成梯次布局、动态调整、持续发展的良好态势，进一步推动创新基础设施的合理化开放共享，构建产学研深度融合的现代化创新基础设施体系。

2. 知识生产的组织模式

在创新基础设施的支撑下，数字科技产业知识生产的组织模式呈现三类知识供给类型，包括"专业派""行业派"和"融合型"。其中，"专业派"知识供给型主要由高校和科研院所主导，如产业创新研究院、学会等。"行业派"知识供给型主要由领军企业和行业协会主导，如美国贝尔实验室、日本工研院、行业协会等。而"融合型"则实现产学研的深度整合与协同。

3. 知识来源和生产方式

数字科技正迈向由"人的脑力 + 机器算力"所带来的以"人的智能 + 机器智能"相互支撑、协同和促进的"双智时代"。新技术的发展和产业的深刻调整将进一步推动技术 – 经济范式变革进程的加速，引发更深层次的颠覆。

人的智能是指基于人的智力而进行决策的能力，具有显著的专业化分工，存在显著的隐形化、智力限制、时间限制和疲劳限制等。机器智能是指基于大数据输入、深度学习迭代和 AI 算法优化等系列流程而进行的决策能力，在一定程度上辅助或代替人的经验，释放人的脑力。

在数字科技发展的新阶段，未来的数字科技发展将实现物理、虚拟（机器智能）和思想（人的智能）的深度交互和协同，迈入"双智时代"（见图 10-4）。一方面，机器智能将劳动者从传统的体力和重复性、机械性的智力劳动中释放出来，让人类能够有更多的精力投入更具挑战性的创新活动中去。以电子商务为例，通过对消费者消费行为的全记录，机器利用海量数据帮助电商开展用户画像、投放模拟、竞价模拟、渠道优化等系列营销活动，有效释放了传统运营模式中对大量营销人员和推销成本的占用。另一方面，通过机器智能挖掘新的商业契机，机器智能成为人的智能的重要补充与完善。在新的思维模式下，双智的交互也将带来一系列技术、产业组织、商业模式和管理方式等的创新，全球战略产业布局和新兴产业发展方向面临深度变革与调整，而知识资本积累、知识生产能力、通过"数据＋模型"驱动价值创新将成为构筑产业竞争优势的决定性因素。

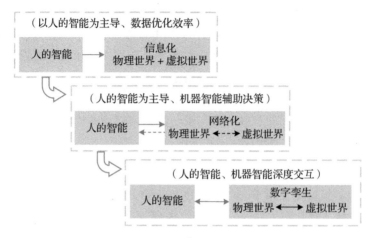

图 10-4　从"人的智能"到"双智"的演化

4.知识平台

知识平台是指跨细分专业领域边界的知识库，本质是行业知识和技术诀窍的模型化、模块化、标准化和软件化，能够有效促进知识的显性化、共有化、组织化和系统化，极大地便利了知识的应用和复用。深度数字化阶段，包括"数字技术服务"和"特定领域"两大类知识平台不断萌发，成为产业发展的知识基础的共性化供给平台。

数字技术服务类知识平台。该类知识平台聚焦跨行业通用的数字技术供给和服务，如数据处理和数据分析平台等，主要提供方包括以华为、中兴、浪潮等为代表的提供基础设施服务的"ICT 派"，以及以阿里巴巴、腾讯、谷歌等提供云计算和大数据分析的"互联网派"。通过开放数字技术和数字能力的接口进行赋能，提供定制化解决方案。

特定领域类知识平台。该类知识平台聚焦特定领域的业务，是具体行业领域的知识沉淀，实现特定领域技术、经验、知识的模型化、软件化和复用化，主要提供方包括以 GE、海尔等为代表的深耕传统工业领域的"工业派"。这些"工业派"提供方往往是特定领域数字化转型的领军者，它们通过全面梳理研发知识，将知识与研发流程结合、将知识与数字化结合，沉淀形成符合自身特色的工作包和知识工程体系，服务未来研发。一方面，对企业自身来说，进一步用知识指导设计，用设计来沉淀知识体系。另一方面，结合数字化、智能化技术，促进知识共享化、知识自动化，按主题、分类、领域、阶段推送，赋能其他企业。

（三）面向双智时代的数字科技产业发展新趋势

面向双智时代，数字科技行业的发展呈现一些典型特征，包括"数据"成为行业发展的战略资产、"数字孪生"成为实现机器智能的核心平台和手段、商业模式的"平台化"和"服务化"、组织模式的"分布式"和"生态化"以及愿景驱动技术发展和业务扩张等。

1. 数据成为行业发展的战略资产

数据是所有商业模式中端到端业务流程所关联的全部信息，是数字科技的本质和核心。同时，"商业即数字"，即信息技术和数字资源已然成为企业的战略资产，成为行业发展的内生要素。此外，我国是一个数字应用大国，也是一个数字技术大国，广袤的市场和应用场景，是真正的"地大数博"。早期消费互联网阶段，电商依托互联网平台，实时并全面记录消费者行为数据，实现了整个电子商务业务的数据闭环流通和管理。数据让一切业务都变得可以分析，使得电商能够通过更好地洞察消费者、更好地预测未来需求、更高效地配置资源以及营造更多的营销触点等来获取更大的经济收益，建立核心竞争力。

但是，面向双智时代的数字科技产业发展，特别是在产业互联网领域，产品复杂度、业务复杂度和系统复杂度显著增加，广泛连接带来工业数据的爆炸式增长，但工业数据种类繁多、来源广、数据格式纷繁复杂且准确性要求极高。这些都对如何打通产品全生命周期、全价值链和全产业链，进一步将数据纳入进入价值创造的体系，释放数据红利，实现数据由信息向知识转变，使数据资产成为驱动业务和决策自动化的关键提出了更高的要求，为深度数字化背景下大数据资产管理带来系列挑战。

具体来看，一是鉴于产业互联网发展需紧密围绕行业的核心业务，如何实现数字资产中对专业领域知识的功能性沉淀，特别是对行业领军企业核心能力的裂变，来赋能更多的传统行业数字化转型，是重要挑战之一。二是虽然数字作为新型战略资源有效突破了资源的"稀缺性"和"边际效益递减"的掣肘。但是，如何实现从"数字资源"到"数字资产"的科技转换，有效实现"数字资产"的流通与增值，还存在一系列挑战。三是数据安全保障的挑战。与传统的实体资产不同，数字资产可以同时处于使用、保护、传输等多种状态，且具有突出的零边际成本特征，价值随着使用频次的增加、使用方式的变化而增加。一方面，数字资产打

　　⊖　丁宝洛、刘东 . 商业即数字 [J]. 哈佛商业评论（中文版），2013，5.

破了物理消耗定律的限制，几何级提升了数字资产的价值空间。另一方面，数字资产的安全、使用和保护的难度也呈现多维的挑战。

2. 数字孪生成为行业实现机器智能的核心平台和手段

数字孪生（Digital Twin）是物理产品或系统的数字化表达，通过普及的电子记录手段构建一个和物理世界相对应的虚拟世界，形成和物理世界对应的镜像和映射，可以实时动态地反映物理产品或系统的运行状态，通过数据的重建、分析和解构，进一步仿真、分析和优化等。数字孪生的概念最早由美国密歇根大学迈克尔·格里夫斯（Michael Grieves）教授运用到制造业中并于 2002 年正式将数字孪生概念和模型介绍给公众。在后续发展中，NASA（美国国家航空航天局）专家约翰·维克斯（John Vickers）在"2010 路线图"报告中多次明确提出数字孪生[一]。该概念于 2010 年被 NASA 引入航空航天领域，用于空间技术的发展计划。2019 年，数字孪生手段已经进入主流应用期，成为美国、德国等世界主要工业强国数字化转型的重要抓手。

通过对研发、试验、产品生产、运营、售后等各环节数据的收集，用设计数模、工艺数据、工程数据、试验数据、仿真数据、生产数据、维修数据、设备资产链数据等实现对物理世界的映射，数字孪生可以有效地对过去、现在和未来进行了解和预估，通过实时、动态、双向的复制和重复验证，有效依托全数据实现机器智能。以售后数据为例，基于对产品运行数据的实时在线分析，可以不断获取产品状态、效率、故障预警等信息作为产品优化的依据，为下一代产品开发和创新提供更多知识输入，也为售后提供更高的服务水平。

3. 行业发展中商业模式呈现"分布式"和"服务化"趋势

数字技术和数字科技进一步推动行业中企业运营和服务方式的巨大变化。一方面，围绕"分布式"为基本架构特征的互联网技术所构建的商业模式，通过利用物联网、大数据等技术实现数字科技行业发展的分布式生产、分布式营销。另一方面，商业模式向服务化发展，具体体现在产品/服务的定制化、差异化和共享化等方面。近 10 年来，消费互联网领域的共享单车商业模式蓬勃兴起，不断吸引着传统厂商推出共享出行服务。无论是汽车、自行车、充电宝还是房屋，通过购买产品的商业模式正逐渐被通过灵活、低价的按需购买服务的方式所取代——服务即产品。

4. 行业发展中组织模式呈现"平台化"和"生态化"趋势

数字科技的发展需要基于数字化的互联网平台，围绕产业创新链条，培育面

○ Piascik, R, et al. Technology Area 12: Materials, Structures, Mechanical Systems, and Manufacturing Road Map. 2010, NASA Office of Chief Technologist.

向产业应用的数字科技产业生态⊖。未来数字科技的商业生态系统会呈现平台化的特征，即围绕愿景和需求，摆脱传统的线性供应和零和博弈思维，与行业上下游企业合作，同时与相关行业企业进行跨界合作，共同打造服务逻辑主导的平台型行业生态。正如 2015 年《埃森哲技术展望》⊜中提出的技术变革重要趋势——伙伴经济（We Economy），即抛弃零和思维，保持开放的态度，树立竞合观念，与新进入者即产业链的上中下游企业建立广泛的合作伙伴关系，共同打造产业生态圈。

数字科技产业生态由行业龙头企业/平台型企业、产业链其他配套企业、国家/地方级技术研发中心、产业联盟、新型研发机构等实体和组织构成，围绕某个特定行业，集中产学研力量形成完备的技术创新和产业发展链条和以数字化互联网平台为核心的产业生态。企业作为核心，在技术生态型、应用生态型、平台生态型等不同产业生态建设中发挥关键和核心作用。但数字科技新范式下的领先者不一定是原有行业领跑者，而有可能是抢先完成范式转移的跃迁者。

建设数字科技生态重点在于从数字经济和重大应用场景等后端推动数字产业发展和产业数字化转型，并从外部拉动数字科技的发展，这种基于数字科技整体的"数字科技产业生态"，能够发挥不同产业主体的独特优势，带动数字科技质的提升。数字科技通过应用于现实的产业场景实现价值创造，同时推动数字科技不断前进，形成正反馈循环螺旋式进步。

5. 组织文化和创新思维模式深刻变革：愿景驱动行业的技术发展和业务扩张

数字科技的发展是发展范式的变化，其给行业带来的不仅仅是技术架构、组织模式、要素投入和商业模式的变化，更是组织的文化和思维模式的深刻变革⊜。一方面，组织的数字化转型是系统工程，且涉及组织内、组织间、产业链、供应链、用户等各个环节，是显著的"一把手"工程，由高层管理者发起，通过明确的顶层战略规划、转型举措分析、实施路线制定、组织模式重构、人才供给保障、绩效激励制度完善等全面开展，因此将对组织现有的文化和思维模式造成显著冲击。另一方面，未来数字科技的发展除了受益于信息技术或数字技术驱动之外，也应更多地由内在发展需求和愿景驱动。企业需根据自身对社会发展需求的识别、对利润增长和市场份额扩张的需求等，选择匹配合适的技术、适用的模式和定制化

⊖ Gawer, A, Cusumano M A. Industry platforms and ecosystem innovation[J]. Journal of Product Innovation Management, 2014, 31(3).

⊜ http://www.accenture.com/_acnmedia/Accenture/Conversion-Assets/Microsites/Documents11/Accenture-Technology-Vision-2015.pdf。

⊜ 施战备，秦成，张锦存，等. 数物融合：工业互联网重构数字企业 [M]. 北京：人民邮电出版社，2020.

的数字转型和数字驱动业务解决方案，而愿景驱动型创新思维将在一定程度上颠覆企业原有的研发模式、业务模式、商业模式、技术架构、组织架构和组织文化等。

二、世界科技强国数字科技产业中代表性行业生态案例分析

（一）数字科技产业的发展依托行业生态的培育与壮大

从全球数字科技创新实践来看，美、德、日、韩等国围绕数字科技创新和竞争力，均不断加大国家战略引领和投入，从创新体系、产业生态维度不断完善发展环境和提供有效支撑。从数字科技纵向维度划分，主要形成了：①围绕前沿技术的生态。例如 X86 架构的计算产业生态、微软 Windows 操作系统生态、Intel 芯片生态等。②围绕平台的生态。例如以谷歌和苹果为代表的移动互联网平台、以 Facebook 社交网络为代表的互联网 2.0 平台等。③围绕应用的生态。例如谷歌的自动驾驶生态、日本围绕数字医疗、数字农业的应用生态。

数字科技产业生态通过数字技术的发展促进传统产业转型，发挥不同产业主体的独特优势，带动数字科技质的提升。从构建数字科技产业生态的主体来看，两类领军企业发挥重要作用。一是传统行业领军企业：在传统行业领域中深耕业务，具有较强的创新能力、深厚的行业技术积累以及较大的国际市场份额。此类企业的优势在于对传统行业业务的深刻理解和对行业的引领与整合效应，代表企业如家电行业的海尔、美的等，积极探索通过平台能力围绕自身构建生态。二是数字行业领军企业：在数字经济领域深耕，具有突出的数字技术创新能力、强大的数字技术平台和解决方案供给能力，并拥有深厚的资本积累。此类企业的优势在于对数字技术的灵活运用和跨行业整合能力，进一步细分为设备供给型（如华为、浪潮等）和应用创新型（如百度、阿里巴巴、腾讯等），积极探索通过平台能力输出围绕自身构建生态。

国内外在数字科技产业生态的构建上积累了大量的实践经验。下面将围绕智慧医疗、智能制造、智能交通、智慧农业领域，介绍具体的数字科技产业生态的实际案例。

（二）智慧医疗

1. 好大夫在线

从技术架构来看，创立之初的"好大夫在线"是我国互联网上第一个实时更新

的门诊信息查询系统，经过几年的发展成为我国最大的医疗分诊平台。借助数字技术的发展，用户通过好大夫在线 APP、PC 版网站、手机版网站、微信公众号、微信小程序等多个平台，可以方便地联系到 24 万公立医院的医生，一站式解决线上服务、线下就诊等各种医疗问题，成为国内发展较好的典型在线医疗信息服务平台。

从核心主体来看，该行业生态由平台型企业好大夫、医院、医生和用户构成。通过平台型企业好大夫与各大医院合作的方式，共同开发网民市场，帮助网民用户治疗和实地就诊。截至 2021 年 4 月，好大夫在线收录了国内一万家正规医院的 79 万余名医生信息，已累计服务超过 7000 万名患者[⊖]。

从运营模式 / 商业模式来看，好大夫在线的运营模式主要包括查询、咨询、转诊以及分享四大模块。首先，好大夫在线是我国领先的医院、医生信息查询中心，已经成为质量最高、覆盖最全面、更新最快速的门诊信息查询中心之一。其次，好大夫在线是我国领先的医患咨询平台，面对疾病挑战，医生和患者建立同盟关系，双方之间平等、真诚的交流。最后，好大夫在线是我国第一个病情优先的网上转诊平台，区别于传统医院的排队优先制容易造成专家资源浪费的缺点，好大夫在线采取的是病情优先制的转诊系统，把门诊机会分配给真正需要专家的重大疾病患者，保证专家的时间优先用于此类患者，提升医疗专家资源的利用率。最后，好大夫在线是我国领先的就医经验分享系统，拥有我国第一个中立客观的就医经验发布平台。

从生态结构 / 合作伙伴来看，好大夫在线逐渐获得了业内伙伴们的广泛认可，百度、腾讯、新浪、搜狐、新华网、人民网等数十家门户网站和好大夫在线结为战略合作伙伴，指定好大夫在线作为医院信息独家提供商。

2. 日本的智慧医院系统

从技术架构来看，日本的智慧医院系统利用计算机、通信、自动控制等多项技术，结合医院的特点及功能需求，将医院建设成高效、舒适、安全的理想环境，提升医院的医疗服务水平。日本医疗数据的驱动力，不仅仅表现在社会整体层面上医疗资源的合理配置，具体到单一的治疗机构、医务人员和患者个体，强大的数据驱动力进一步推动日本医疗体系向"智慧医疗"稳步迈进。

从运营模式 / 商业模式来看，日本的智慧医院系统由宏观层面的医疗卫生体系科学管理、中观层面的医疗机构服务质量和效率提升、微观层面的家庭和个人健康管理互相配合。通过互联网、移动信息化、大数据分析和应用等技术，配合强大的运营流程体系，打造形成一整套完整高效的技术服务运营体系。包括互联网

⊖ 数据来自好大夫 CEO 王航所作《互联网医疗的新阶段、新视角与新机遇》一文。

医院、远程会诊中心、移动急救视频系统、居民健康管理中心、区域公共卫生系统等。这些系统环环相扣，通过整体运作，统一部署，大幅提升了医疗服务效率，同时降低医疗费用开支。配合家庭健康系统，通过对健康生理数据采集、传输和分析，并通过可视化技术将健康状态分析结果实时展示给用户，对潜在的健康问题进行预警。

从核心主体和生态结构来看，日本智慧健康的发展很大程度上源于企业的贡献，由政府引领方向，组织企业和高校、研究机构和医院联合形成合力，串起不同级别卫生健康管理机构、医疗机构、患者和大众。

(三) 智能制造

1. 德国工业 4.0 平台

从技术架构来看，工业 4.0 代表着第四次工业革命的德国路线，其核心是将生产制造与最先进的信息通信技术结合起来，源动力来自经济社会数字化的快速发展。德国工业 4.0 平台推动德国的生产作业现场数字化，并带动传统产业的数字化转型，提出了跨部门跨行业的智能化联网战略。利用信息通信技术和网络空间（CyberSpace）虚拟系统相结合的手段，将制造业向智能化转型。

从核心主体和生态结构来看，德国工业 4.0 平台的核心主体由大型企业和中小企业构成，大型企业引领方向，中小企业广泛参与。西门子、博世、思爱普等大型企业引领工业 4.0 的方向，德国工业巨头和 IT 业（包括软件和硬件）领先企业是"工业 4.0"计划的积极倡导者和实践者，为"工业 4.0"计划的落实提供了资源保障和试验场。中小企业的参与则通过提供局部的产品或技术，比如应用于物联网及虚拟现实技术的软件。

从运营模式/商业模式来看，实力较强的大企业在开发工业 4.0 应用的同时，在软件和硬件，从生产到服务的全过程，不断拓展自身的生态系统，培育更加自主、全面提供完整解决方案的能力，以求在工业 4.0 带来的产业链重塑中抢占更多先机。通过充分实践，这些大企业形成了从上至下顶层设计、分层推动的"系统优化"体系，目标是把中小企业群打造成一个"万物互联、数字孪生"的信息物理系统（Cyber-Physical Systems）整体。通过纵向集成、端到端集成和横向集成三大集成模式，实现工厂内部、跨产业链边界、跨产业生态的边界的价值创造。

2. 海尔卡奥斯平台

从技术架构来看，卡奥斯为混沌中寻求新生的企业提供转型升级解决方案，联合各方资源缔造共创共享、面向未来的物联网新生态，动员更多企业实施工业互联网技术改造，敞开应用场景，整合优质要素资源，努力创造一个全世界最好的发展生态，把 5G、人工智能、区块链、创投风投等紧密结合起来，让产业发展、招商引资、结构调整等成为一个血脉相通的主体，打通市场、政府、产业。

从核心主体来看，海尔卡奥斯平台由平台型企业海尔卡奥斯物联生态科技有限公司主导，用互联网把各类企业汇集到一个平台上，让它们之间的人、资源、资金、技术、市场等实现互动耦合，用最低的成本组织企业的生产经营，为用户、企业和资源创造和分享价值。

从运营模式／商业模式来看，卡奥斯主要运营和推广工业互联网平台，涵盖工业互联网平台建设和运营、工业智能技术研究和应用、智能工厂建设及软硬件集成服务（精密模具、智能装备和智能控制）、能源管理等业务模块，助力企业实现大规模制造向大规模定制升级快速转型。海尔卡奥斯平台聚集想做工业互联网的企业、各种类型的应用场景以及各种各样的解决方案、人才、资金等资源要素，实现"一站式"对接，形成深度关联、跨界融合、开放协同、利他共生的生态系统。海尔卡奥斯平台不断地整合资源，推动平台和平台之间的互动，让所有与工业互联网相关的企业实现共同成长。

从生态结构／合作伙伴来看，卡奥斯运营和推广的工业互联网平台不仅局限于工业，而是面向整个青岛产业发展的平台，既赋能新产业，也赋能传统产业，又整合资源发展新型高端产业，聚集人才链、资金链、产业链、技术链"四链合一"。

3. 阿里云工业互联网平台

从技术架构来看，阿里云工业互联网平台打破企业内的组织边界，打通产业上下游的组织边界，产品架构由阿里产业生态、行业 & 区域平台、企业级平台 – 数字工厂和工业物联网平台构成。

从核心主体来看，核心主体由工厂企业、渠道运营商、应用开发和集成商构成。其中，工厂企业提供数字工厂，实现全面的数字化转型；渠道运营商帮助企业实现行业／区域工业互联网平台商业化运营；应用开发商为企业提供各种开发工具，持续创新，实现方案在线分发；集成商为企业提供标准化集成工作台，实现快速集成、定制、交付。

从运营模式／商业模式来看，阿里产业生态全面整合阿里生态能力，帮助企业实现新制造转型升级；行业 & 区域平台为平台化运营，促进产业数字化及工业互联网产业的发展；企业级平台 – 数字工厂助力企业实现全面的数字化升级，提升生产经营能力；工业物联网平台由专业化的设备、应用数据上云服务提供安全、可靠、高效的物联网服务。阿里云工业互联网平台全面助力制造企业数字化转型，打造工厂内、供应链、产业平台全面协同的新基建。其核心能力是把工厂的设备、产线、产品、供应链、客户紧密地连接协同起来，为企业提供可靠的基础平台和上层丰富的工业应用，结合全面的产业支撑，助力企业完成数字化转型。同时，联合阿里巴巴在电商、供应链、物流、金融等领域的数字化能力，全面提升企业核心竞争力。

（四）智能交通

1. 谷歌 Waymo 无人驾驶

从技术架构来看，Waymo 无人驾驶用名为"ChauffeurNet"的深度循环神经网络来模仿"好司机"来驾驶，该网络通过观察场景的中间层表示作为输入来发出驾驶轨迹。中间层的表示不直接使用原始的传感器数据，而是分解出感知任务，并允许结合真实和模拟数据，以便更容易地进行学习。Waymo 用大量标记数据对深层神经网络进行监督训练，特别是在感知和预测领域。通过识别周围的物体，从而感知和理解周围的世界，并预测它们下一步的行为，然后在遵守交通规则的前提下安全驾驶。

从核心主体来看，2016 年谷歌战略从"Mobile First"转向"AI First"，逐渐形成了从 Waymo、Google Assistant 到 TensorFlow、Cloud AI 再到 Cloud TPU、Edge TPU、量子计算，形成从应用到技术再到硬件的平台矩阵，其中 Waymo 无人驾驶在业界一直处于领先，是直接影响自动驾驶技术和走向的风向标。谷歌在发力数字科技相关领域具备独特优势，专注帮助数字世界如何优化和指导物质世界，发挥着关键作用。谷歌以人工智能和量子计算为主要方向进行未来技术布局，围绕平台和生态，在自动驾驶等领域已形成领先优势。谷歌 Waymo 无人驾驶将数字科技与汽车的相关学科、技术、产业进行不断融合，而且这两方面本身又在不断融合。

从运营模式 / 商业模式来看，Waymo 将在谷歌无人车项目此前所做努力的基础上继续发展，确保提供的无人驾驶系统在日常生活中使用，让越来越多的民众用上谷歌的技术。谷歌将无人驾驶相关技术带向商业市场，不再致力打造自家品牌的无人驾驶汽车。谷歌作为一家科技公司，在整车制造上，与传统汽车厂商相比不占优势，来自对手和市场的压力已经迫使该公司不得不早日转向商业市场。Waymo 加强与传统汽车厂商的合作，转向开发类似有方向盘和刹车这类能合法上路的自动驾驶技术，这种技术可能的应用领域包括打车服务、交通、货车运输、物流以及个人使用的汽车等。

从生态结构来看，谷歌 Waymo 无人驾驶由互联网科技巨头企业谷歌主导，依托传统汽车厂商积累起来的经验和资源优势，搭建起谷歌 Waymo 无人驾驶产业生态。Waymo 与传统汽车厂商戴姆勒卡车公司、沃尔沃、极星和领克等公司达成合作伙伴关系。

2. 北京奥运智能交通系统

从技术架构来看，交通指挥调度系统，集成了电视监控、交通信号控制、诱导显示、单兵定位等多个应用系统的相关数据，通过制订的预案进行智能化的指挥调度。交通状态自动检测的任务，由安装道路上的上百台交通事件检测器，以及上万个检测线圈、超声波、微波设备、交通流检测器和网络设备等组成。利用监测设备实现交通事件检测、数字化监测等智能化的网络交通系统。

从核心主体来看，北京市建设了现代化的交通指挥调度系统、交通事件的自动检测报警系统、自动识别"单双号"的交通综合监测系统、数字高清的奥运中心区综合监测系统、闭环管理的数字化交通执法系统、智能化的区域交通信号系统、灵活管控的快速路交通控制系统、公交优先的交通信号控制系统、连续诱导的大型路侧可变情报信息板以及交通实时路况预测预报系统等 10 大奥运智能交通管理系统。将交通科技融入城市交通管理的每个区域网络、每个管理层面、每个细小环节。奥运智能交通管理体系已成为科学管理城市交通，高效服务北京奥运，最大限度提高出行效益，促进交通管理整体水平又好又快发展的第一推动力。

从运营模式／商业模式来看，北京奥运智能交通系统由政府引领，联合科技企业等多种社会主体参与，利用科技企业的技术优势，旨在提升公共服务构建起来的产业生态。以交通实时路况预测预报系统为例，系统对交通检测设备采集来的全市路网交通流数据，进行深层次挖掘分析，准确掌握实时的路网运行状态，并通过预测预报数学模型，预测路网流量变化。在该系统的支持下，利用互联网站、手机 WAP 网站和各种媒体，为广大民众提供最权威、最及时、最准确的个性化交通信息服务。不仅包括实时交通路况信息、交通管制信息，而且提供交通预报和行车路线参考，做到随时随地贴身服务。奥运智能交通管理系统的建成、投入使用，极大提高了首都科学交通管理水平，为保障道路交通安全、有序、畅通，实现平安奥运，提供了强有力的技术支撑和保证。

（五）智慧农业

1. 阿里巴巴数字农业

从技术架构来看，阿里巴巴数字农业事业部基于物联网和大数据技术的在全国多地建立了数字农业基地。阿里巴巴将数字农业定义为农业全链路数字化，企业围绕数字农业开发了多项技术，包括智能养蜂、AI牧羊、卫星遥感、光谱识别、农产品区块链溯源、农产品云上交易等技术。阿里巴巴充分利用盒马村分三个阶段推进数字农业。第一步，实现农产品从产品到商品的过程，从商品到品牌的过程；第二步，实现农业金融服务，包括供应链金融和农业保险；第三步，农业种植过程的数字化。

从核心主体来看，与新零售相比，"小散乱"农业格局与规模化经营长期存在不可调节的矛盾。要想做好农村市场，企业在入局之时便需要从源头实现种植数字化和销售可视化。阿里巴巴希望从生产端到销售端，建立完备的智慧农业管理系统。为了促进生产端的信息采集，阿里在全国寻找解决方案，希望在生产端布局物联网设备，以此进行信息采集，保证生产过程的透明性和可追溯性。

从运营模式/商业模式来看，盒马村是阿里巴巴数字农业基地的典型代表，也是当下农村转型、发展的新样本。盒马村通过阿里巴巴建设的"产-供-销"三大中台，让农村从分散、孤立的生产单元升级为现代农业数字产业链的一部分，农民成为数字农民，可以用新的办法，种出好东西，卖出好价格。

2020年初，阿里巴巴启动"春雷计划2020"，计划在全国落地1000个数字农业基地，计划在全国打造10个产值过百亿的数字化产业带集群。农业基地里面有众多高科技设备加持。基地遍布着很多高科技设施，包括无人机、无人值守果园机器人、水肥一体化灌溉设施、数据传感器，甚至果园还建立了溯源系统、农事管理系统、物联网云平台。农民只需操控手机屏幕，无人机就"放飞自我"做低空植保，水肥一体化设施会自动配液"挥汗如雨"，真正实现用手机种田。

2. 汉得智慧农牧案例

从技术架构来看，在汉得智慧农牧中，汉得公司利用机器学习的算法构建牛群预测、奶量预测，对未来进行洞察；将料、药、奶、车、质检验收和质量分析全链路打通，形成原奶质量的全链路追溯，实现质量全流程管理。在智慧种植管理中，汉得通过边缘网关连接温度、湿度、光照、土壤、EC值、pH值等传感器，摄像头实时获取农作物情况并控制智能设备工作，实现端、边、云互联，形成从数据、大屏、分析、预警、预测到智控的智慧种植闭环。

从核心主体来看，汉得智慧农业种植项目以企业牵头，整合国内外著名大学、研究所的一批专家，形成了教科企三结合的研发运营团队。同时基于汉得物联网平台，客户企业能够更好更快更省地实现物联网方案的转变。汉得助力企业实现全面数字化转型，以信息化手段帮助客户提高组织的运营效率、效益与竞争能力，实现客户价值。

从运营模式/商业模式来看，汉得智慧农业领域使得养殖过程的自动化、信息化、智能化，通过农事管理、环境管理、专家系统以及农机设备的物联网、智能化管理等智能管理模块，提供农业大数据通、存、用、治核心能力支撑管理决策和业务运营。在汉得的智慧牧场项目中，实现了原奶供应链信息化、共享最大化。在农业种植过程中，将农作物种植过程智能化、自动化，提升农作物产量，降低人工成本。业务执行的流程化、任务化，使得数据收集和处理更及时、更准确，能够显著降低管理成本，提升整体执行效率和效果。

从生态结构来看，通过使用物联网和边缘网关技术，在智慧农业项目中打通大厂商的硬件，实现了牛、牧场、乳企和第三方的全产业链条，在农业种植中实现源、产、供、销全流程数据整合，为消费者、政府、企业内部提供质量安全溯源能力，帮助客户打通新零售产业链上的"第一公里"。

三、我国面向双智时代的数字科技产业发展的挑战与政策建议

（一）我国现有数字科技驱动下的产业发展面临的挑战

近年来，我国两业融合步伐不断加快，新业态、新模式的不断涌现，构建了一系列行业生态，但也面临发展不平衡、协同性不强、深度不够和政策环境、体制机制制约等问题。

1. 技术方面，关键核心技术受制于人

我国已经初步形成了数字科技产业生态，在平台和应用方面相对有优势，但在核心器件、核心技术方面差距还较大，国产工业互联网软件、高端物联设备等核心技术供给不足，围绕关键核心技术实现生态培育的案例较少。同时，工业互联网体系与5G、大数据、人工智能、区块链等其他新兴技术优势的融合应用能力也有待进一步加强。我国数字科技产业生态的发展亟须从需求和供给两个维度加强基础性和源头性关键核心技术的布局。

2. 数字科技产业结构方面，传统行业转型面临系列挑战

我国消费级和产业级应用场景布局不均衡，在从消费领域向工业、能源等领域拓展时面临重大挑战。近年来，我国在传统消费者互联网市场领域深耕，形成了以阿里巴巴、腾讯、百度、京东、拼多多等为代表的大批全球领先的互联网服务企业，以及小米、华为、中兴等为代表的通信设备领军企业，具备较大的国际

影响力。但现阶段我国完整的产业结构整体上仍以劳动密集型产业为主体。在未来发展过程中，亟须提高资本密集型、技术密集型和知识密集型产业在产业结构中的占比，构建高端主导以及中低端匹配的竞争新优势。此外，在新业态新模式部分，随着消费端互联网市场进入竞争红海，亟须依托我国超大规模市场，在更多新领域（制造、医疗、交通等）、新维度（设备、服务、解决方案等）拓展产品和服务的新价值，积极提升我国在数字科技的全方位领先优势。

3. 行业主体和组织模式方面，领军企业和中小企业差距显著

近年来，我国在基础条件好、需求迫切的重点地区、行业、领域，已经广泛开展数字科技的集成创新与应用示范，加快推进新技术、新模式融合应用。其中，领军企业在数字化转型的道路上不断突破行业边界、实现产品和业务创新，但中小企业数字化核心能力不足、动力和资金支持不足、战略规划和实施不足等。根据埃森哲报告⊖显示，我国 2020 年数字转型成效显著的领军企业占比由 2018 年的7% 上升到 11%。疫情防控阶段，63% 的领军企业在三个月以内恢复产能，而这一比例在其他企业中不足一半。

领军企业不仅立足当下，充分利用数字技术强化核心业务，还同时着眼未来，迅速发掘并拓展新的增长领域，不断成为行业标杆和灯塔，为追随者指明方向，增强中小型企业对数字化转型的信心。同时，领军企业着力打通企业内部壁垒，实现全业务全流程贯通，并注重上下游、外部生态的数字协同和价值创造。例如部分企业在疫情期间借助数字化工具积极拓展与生态圈其他企业的合作，尝试拓展新业务，并探索新的商业模式。小部分行业领军企业基于自身的数字化转型，积极推动数字化生态圈建设，带动其所在行业产业生态变革。

非领军企业的数字技术应用广度和深度不够，复制推广存在瓶颈，特别是面向中小微企业推广过程中面临系列挑战。一是相关支撑专业服务不够完善，即针对如何将既有生产运营、管理体系与工业互联网相结合，相关金融支撑、人才供给、政策配套体系等尚未形成完善的专业服务生态。二是现有服务商给予的通用解决方案，往往脱胎于服务大型企业的方案模板，服务商一般不会面向中小微企业客户精研细分方案，为中小企业的技术团队配给也一般，无形之中增加服务商的部署难度与售后服务频次。三是很多数字化工具体系走向软件（设计、仿真、制造、生产、运营软件全面集成，打造连续集成的工业软件产品链）、服务和应用开发的集成，很多服务模块是中小企业当前并不需要的，却要打包销售，导致中小微企业数字化转型、利用数字技术赋能的成本较高。

⊖ 报告全称为《2020 年中国企业数字转型指数研究》。

4. 基础能力方面,数字基础设施建设、供给和安全保障能力有待提高

我国数字基础设施布局和发展不断优化提升,但整体供给能力仍面临多方面挑战。一是我国现有数字基础设施建设有待进一步完善,例如现有数字基础设施中网络负载能力不足,工业算力整体规划滞后,缺乏可用好用可信的工业大数据平台等。以多模态、高通量、强关联特征的工业大数据为例,我国普遍面临国际高端设备黑箱数据难获取、多厂商设备接口协议不统一、数据壁垒难打破、数据产权不清晰、数据资源管理水平不足等问题,导致目前我国工业互联多呈现工业局域化互联,还未打通不同局域网的边界实现互联。二是围绕数字科技产业安全保障建设有待提高,近年来针对工控系统的网络攻击、网络入侵等安全事件频发,涉及工控、网络传输和数据安全等多方面。面对系统化安全问题,亟须构建体系化的数据安全保护、利用和安全监管机制,为数字科技全产业链提供全方位抵御外部攻击的能力。

(二) 政策建议

1. 技术方面

一是重点围绕科技产业融合、数字实体融合、制造服务融合,围绕新技术、新模式、新业态、新产业培育创新生态,一方面对接数字关键核心技术供给,另一方面对接地方性产业集群的生产技术需求和市场应用,前瞻性布局未来关键工程技术,实现"产业带技术,技术促产业"的良性循环。二是探索关键核心技术突破的新型举国体制。支持领军企业牵头组建创新联合体,联合大学和科研院所开发前沿技术,承担国家重大科技项目,与产业需求端高度紧密结合,重视发挥下游"超级用户"企业的集成整合作用,真正激活上游产业的研发资源,形成多元主体协同的创新,推动产业链上中下游融通创新,提升创新企业在国家创新决策体系中的话语权,使企业成为创新要素集成、科技成果转化的生力军。

2. 主体和组织模式方面

一是进一步扩大数字技术应用的深度。一方面要加大面向重点行业和重点领域的数字转型解决方案供给,促进数字工具和手段延伸至生产制造核心,发挥更大的赋能作用。另一方面要加快5G、人工智能、区块链、工业互联网等数字技术深化融合应用和典型案例的积累,积极开展创新应用示范,打造可复制推广的实践样板,编制"优秀案例集",不断壮大新技术、新模式、新业态。二是着力培养一批面向不同行业、不同领域、不同区域的,在战略咨询、架构设计、数据运营

方面提供综合解决方案专业的第三方服务商，促进由早期的应用试点向行业系统性应用推广。不仅能提供通用型（应对共性需求）数字转型解决方案，更能够准确把握制造业中小企业的业务痛点和需求，有实力提供定制化、一体化数字转型服务。三是从政策扶持、加强公共服务平台建设、构建专家咨询团队、改革投融资模式等多个方面入手，为开展数字化转型的中小微企业提供配套服务体系，同时鼓励国家科研机构、龙头企业为应用型研发创新服务。

3. 基础设施建设方面

一是利用新基建契机，统筹数字基础设施的规划，加快推进大数据平台、云计算数据中心、工业互联网等应用型数据基础设施的建设，加快自动控制与感知、核心软硬件、工业云与智能服务平台等新型基础能力和平台设施的建设，特别是加强促进大规模连接，促进数据获取、分析、交易、利用等支撑工业发展的基础设施的建设和完善，促进基础设施的共建共享。二是将大数据、人工智能、物联网等智能技术应用到企业的设计研发、生产制造、营销管理等各个环节，大力发展数字贸易，充分发挥数据资源的价值作用，以及其在利基市场挖掘、全市场流程把握和全产品周期管理的能力，促进企业从提升劳动生产率逐渐向提升知识生产率过渡和拓展，促进各类信息和数据转化为产品／服务附加价值（产出）的效率。

4. 文化和环境方面

数字科技产业的发展不仅是数字技术的进步、行业的跨边界融合，更是创新环境、创新思维、创新文化乃至整个经济社会的变革。其中，应重点关注数据驱动价值创造的数据文化培植。从微观主体角度来看，无论是数字科技产业的企业主体，还是企业内部的员工和业务人员，都应树立数据思维，依托数字技术的有序部署和加快渗透，通过企业主体战略层持续推动、对企业业务人员开展技能培训等手段，不断培育和发展企业内部的数据文化。从国家层面来看，应加快对深度数字化背景下大数据资产流动、管理和分析中的数据确权、知识产权保护和安全保护等方面的规范化和制度化建设，为促进数据跨部门、跨行业流动创造有利环境。

Chapter11 | 第十一章

数字科技的基础产业：新计算产业[⊖]

以数字科技为核心，生物医药、新能源、新材料等多领域交叉融合共同推动着第四次工业革命的到来。数字科技、万物互联的时代正在开启，带来数据的爆炸式增长，围绕数据这一生产要素的处理和价值挖掘正面临越来越高的要求，海量存储和密集计算成为常态化需求，这必然给现有计算体系带来了新的挑战、提出了新的需求。传统 PC 正向移动智能终端转移，传统 PC 应用逐步云化，数据不仅实现量的指数增长，同时也对实时处理提出了更高需求。数据显示，全球每年新增数据 20ZB，AI 算力需求每 3.5 个月翻一倍，这一速度已经远超摩尔定律关于性能翻倍的周期。同时人工智能、5G、物联网、边缘计算、大数据等新数字科技的出现也为行业发展提供了新的供给。随着新技术的应用，企业对于算力的需求再度提升并不断多样化。需求与供给均发生翻天覆地变化，传统计算产业亟待转型升级。在这样的背景下，新计算产业应运而生，将与数字科技、新型基础设施等共同支撑传统产业转型升级，推动数字经济发展。

⊖ 本章执笔人：中国科学院科技战略咨询研究院的侯云仙。本章主要内容来自课题组前期研究报告，编写过程中有修改。研究报告的完成人包括中国科学院科技战略咨询研究院的王晓明、张越、隆云滔、鹿文亮，中国科学院大学的陈凤以及华为技术有限公司的钟来军、李英。

一、新计算产业的定义与内涵

(一) 新计算产业的定义

新计算产业是传统计算产业的升级与扩展，技术的发展提升了计算能力，而多元化的场景需求将计算能力扩展到云网边端全场景。新计算产业是在万物互联的时代背景下，为了满足异构计算能力和多元化的算力需求所构建的多架构共存、多技术融合、多领域协同和多行业渗透的软硬件产业体系。

从计算架构来看，新计算产业的计算架构从通常的 X86 处理器架构扩展到异构处理器、人工智能处理器等多种架构，根据行业应用特点和计算能力需求衍生出多架构共存的状态；从技术融合来看，人工智能、量子计算、类脑计算等新技术与计算产业相结合，拓展全方位的计算能力；从领域协同来看，数据的泛在分布推动计算从云端向物联网、边缘计算逐步普及，计算无处不在，不同的计算领域相互协同；从行业渗透来看，计算已经跨越 IT 产业本身，成为数字化基础设施，为制造业、汽车行业、智慧城市等多领域的数字化转型提供支撑。

新计算产业将贯穿数字科技全流程，通过搭建新的基础架构，利用新的技术，满足数据的采集、流动和存储等流程；同时通过更好的算法供给，实现行业渗透和融合，实现数字世界的模拟运行优化，进而通过预测、决策反馈给物理世界。新计算产业作为支撑各行业数字化转型的基础，无法脱离于行业需求单独存在，新计算产业为传统产业提供的大量软硬件产品、面向行业需求构建的云服务、大数据平台等通用服务以及智能制造、智慧城市、智慧医疗等专业领域的行业应用和解决方案，共同构筑起了新计算产业生态。

(二) 新计算产业的内涵

根据新计算产业中不同的产业环节和各自产业链中的地位，可以将新计算产业生态分为新计算核心产业和外围产业两部分，如图 11-1 所示。

新计算核心产业是新计算产业的基础，属于 IT 产业，以软硬件的方式对外提供计算与服务能力。核心产业既包括传统 IT 产业中的处理器、服务器、操作系统、中间件、数据库和基础软件等软件应用及相关服务，也包括人工智能芯片、异构处理器、物联网、边缘计算等新兴的软硬件。从代际发展来看，基于 PC、移动互联网的计算浪潮正在向基于物联网的计算转移。核心产业中基于物联网、边缘计算的架构将是未来新计算产业的重要增长点，因此本报告的新计算产业更多定位在基于万物互联、泛在智能的计算领域。

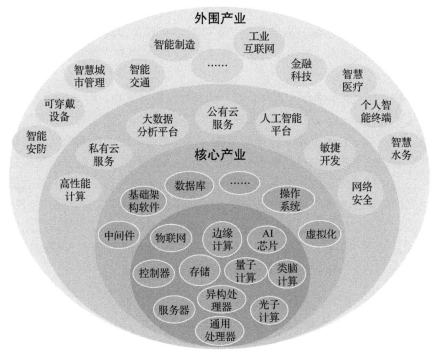

图 11-1 新计算产业生态的内涵

　　新计算外围产业是新计算产业中核心产业与行业应用相结合所催生出来的能满足行业个性化需求的应用与服务。外围计算产业以服务和解决方案为主要内容。一方面提供满足行业需求的、通用的平台与服务，例如云计算平台、大数据分析平台、人工智能平台等平台服务。另一方面实现新计算核心产业与行业应用的深度融合，打造工业互联网、智能交通、智慧城市等的解决方案，支持行业数字化转型，提升行业运行效率。外围产业是新计算产业不可或缺的一部分，只有不断丰富外围产业的内容，推进计算产业与各行业的深度融合，才能反过来带动核心产业的优化与升级，从而最终实现整个新计算产业生态的螺旋向上发展。

　　新计算是自主创新、可持续发展、开放领先的产业体系，满足面向未来万物互联、智能世界的发展需求，具有异构、极致、泛在、协同、绿色、普惠等新特征。为了适应新计算的多元化需求，对应的产品与服务也进行一定的调整与升级，形成了新计算产业不同于传统计算产业的特点。传统单一的处理器架构难以满足多样化的数据处理需求，在绿色、高效的计算需求导向下，处理器架构从单一架构向多元化异构架构所转变；新计算需要提供分层的数据处理能力，边缘计算、5G 网络、远程数据中心等环节相互协同，以便达到海量数据的实时处理；以服务器、存储、数据中心、软件等核心产业为基础，与行业应用相结合，开发更多的应用与服务，吸引更多的开发者，创造更多的应用场景，与行业应用深度融合发展；对高效率、低成本、低能耗的绿色计算需求越来越强烈，推动新计算产业实现可持续发展。

在万物互联时代背景下，支撑计算产业蓬勃发展的核心，离不开两大要素：底层基本技术和行业生态。新计算产业的成功，"底层基本技术"和"行业生态"都很重要。底层基本技术决定了产业的深度，行业生态决定了产业的繁荣程度和影响广度。在底层基本技术已经掌握的情况下，需要积极推广行业应用来构建新的产业生态，才能够保证底层基本技术的迭代发展。逐步打通行业之间的数据，跨行业之间的合作成为可能，这种跨行业的合作需要多种主体参与协调，包括政府、产业联盟、新型研发机构、服务中介、知识产权代理、开发社区等不同主体和组织之间相互联动和影响，促进了行业问题的解决。特别是政府对于新计算产业的帮助与扶持，可以引导企业尽快构建起产业生态。

二、新计算产业的国内外发展现状

当前全球均面临着基于数字化、智能化的转型，需要大规模的算力支撑，客观上为新计算产业带来了新的发展契机。随着以摩尔定律为表征的芯片工艺技术进步放缓、颠覆性技术的不断涌现，加上各行业对数据密集型应用需求的持续旺盛，全球计算版图正处在快速演化之中。异构架构逐渐普及，计算系统愈发庞杂，应用软件面临的复杂度和可持续性方面的挑战日益严峻。传统计算产业在面对新需求、新动态、新趋势时有点难以为继，亟须升级以满足日益增长的算力需求。

(一) 国际经验

计算产业作为国家战略需求，一直以来都是各国高度重视的领域，在数字经济时代尤甚。当前，以美国、欧盟、日本为代表的国家与地区普遍将计算产业上升至国家战略高度，纷纷推出新计算发展计划。

1. 美国的新计算发展计划

美国在计算领域的主导地位，不仅与其进入该领域时间早、基础雄厚、资金充裕等因素有关，更与其对计算科学基本规律和发展走向的充分理解、认识与把握有关，与其敏锐的科技嗅觉和前危机意识的战略谋划密切相关。过去六十多年来，持续进行的新型计算系统的研发和部署应用使美国的计算产业一直领先于世界。主要从战略、组织、前瞻布局和生态构建方面总结其经验，具体如下：一是制定国家战略计划推动产业发展。以高性能计算领域为例看美国对战略计划的制定和跟进。2015 年 7 月，美国启动国家战略计算计划（National Strategic Computing Initiative，NSCI），以强化美国在全球高性能计算领域的领导地位。2019 年 11 月，美国发布了《国家战略性计算计划（更新版）：引领未来计算》，在 2016 年实施计划基础上，更侧重于改善计算基础设施和促进生态系统的发展、关注政府与产业界、学术界的合作，以确保美国在科技和创新方面的全球领导地位。二是组织架构清晰，高度统配，各部门分工明确、协同创新。从国家层面设计了战略计划组织结构，从"整体政府"概念的提出，到各相关部门颁布的计划项目的内容、推出时间、支持力度等一系列"整体政府"行为，再到政府与企业各自承担任务的角色分工，充分体现了各方面的配合、互补、协同。在这一过程中，资源分工、项目联动及成果互鉴特征表现得非常明显。同时，政府、科研机构与企业在前沿基础研究领域、竞争前共性技术攻关等方面开展协同创新是美国计算领域能够取得有效进展的经验之一。美国能源部与劳伦斯利弗莫尔国家实验室在 2019 年调整"利用高性能计算促进能源创新"计划，目的是为工业界提供来自美国能源部国家级实验室的高性能计算专业知识、技术和资源，降低工业界使用高性能计算资源的风险，并扩大高性能计算在技术开发中的应用。三是布局前瞻，谋划面向未来的战略布局。在高性能计算领域，其战略布局也并非单纯针对计算架构的技术瓶颈展开攻关与科学研究，而是直面后摩尔定律时代的结束及非冯·诺依曼结构到来的重大技术生态变革，并以此为出发点谋划发展。四是生态系统建设完整。在从人才培养到产业布局全方位生态系统建设中，均注重与其他战略计划的协同。美国在技术产业发展战略的早期制定阶段，会面向社会公开吸收来自行业或个人的意见（包括点子征集和草案修改等）。产业界有机会对战略制定施加影响，企业的充分参与更有利于战略的落地，形成良性互动态势，促进全方位产业生态系统的建设。

2. 欧盟的新计算发展计划

鉴于欧盟实践，对其分析将主要围绕高性能计算展开。希望通过对高性能计算的布局分析其对整体计算产业的站位和举措。作为一体化市场，欧盟积极部署高性能计算的发展战略，注重计算生态系统的构建。一是搭建欧洲高性能计算技术平台（ETP4HPC）。旨在引导欧洲 HPC 技术特别是超算的研究和发展。其主要工作包括帮助欧盟委员会制定 HPC 发展计划、推动欧洲 HPC 产业与欧盟委员会的沟通、促进欧洲 HPC 生态发展等。二是通过 HPC 公私合作伙伴关系，打造 HPC

产业生态系统。2013 年 12 月，欧盟委员会针对八个领域宣布与欧洲产业界建立合同性公私合作伙伴关系（cPPP），并通过"地平线 2020"计划提供 62 亿欧元，其中 HPC cPPP 获得 7 亿欧元的资助，用于携手技术供应商和用户开发下一代百亿亿次超级计算机技术、应用和系统。三是推出"欧洲高性能计算共同计划"，建立多个计算卓越中心。2015 年 9 月，欧盟宣布投资 1.4 亿欧元，资助 21 项"迈向百亿亿次高性能计算"的 HPC 项目并新建 8 所面向计算应用的卓越中心。其中三个项目（ExaNest、ExaNode 和 ECOSCALE）于 2016 年年底合作完成了 ARM64 + FPGA 架构的百亿亿次超算机原型。

3. 日本的新计算发展计划

日本高度重视信息技术发展，相继制定了多项信息发展战略。围绕计算领域，正在从知识、信息、智能、社会等角度出发进行高度战略部署和推进。第一，在高性能计算领域，为保持其在计算科学与技术领域的领先地位，日本不断推出超级计算机的研发项目。新的超级计算机"后京"（Post-K）于 2020 年投入使用，速度是日本现有最快超级计算机"京"的 100 倍。新的百亿亿次超级计算机研发被文部科学省列为"旗舰 2020 计划"（Flagship 2020 Project），由日本理化学研究所（RIKEN）的计算科学研究机构（AICS）负责实施。"后京"的开发将通过系统与应用的协同设计（Co-design）进行，一是开发下一代超算系统"后京"，二是面向"后京"的使用开发相应的应用，以解决革命性新药开发、生命科学计算、灾害预测、气象预测、绿色能源系统实用、宇宙演化分析等 9 项重要的社会和科学问题。第二，日本以技术创新和互联工业为突破口，提出建设"超智能社会"，而计算产业作为底层支撑将布局在万物互联时代的各个环节。为在新一轮国际竞争中取得优势，日本制定和发布了一系列技术创新计划和数字化转型举措，2016 年日本发布《第 5 期科学技术基本计划（2016—2020）》，提出利用新一代信息技术使网络空间和物理世界高度融合，通过数据跨领域应用，催生新价值和新服务，建立高度融合网络空间和物理空间，并首次提出"超智能社会"，即以人工智能技术为基础、以提供个性化产品和服务为核心的"超智能社会"概念。第三，日本传感器、芯片、显示等计算相关技术和产业优势突出，在强大的底层硬件和技术基础上，面向万物互联时代，较早布局 AI、物联网、大数据等核心领域，形成部分围绕核心技术的生态，但缺乏平台企业，尤其是面向重点应用场景的一体化整体解决方案的平台企业。同时以丰田为代表的制造业龙头企业为新计算产业发展提供丰富的试验田，在工业领域形成了独特的"日本模式"和工业互联网路径，生态化特点突出。

（二）我国新计算产业的发展现状

1. 战略层面：我国政府力量发挥情况

我国计算产业发展政策总体上是协同推进的，涉及移动互联网、云计算、大数据、高性能计算、移动智能终端等多个领域。既有促进前沿技术探索、关键技术突破的政策引领，也有重大科技项目、重大工程项目的布局；既重视某个领域自身的发展，也注重与其他领域的协同。在我国受制于人的集成电路产业领域，从财税、投融资、研究开发、进出口、人才、知识产权、市场等全方位给出支持措施，优化产业发展环境。在《"十三五"国家科技创新规划》提出的 15 项"科技创新 2030– 重大项目"中，有 5 项是与计算产业密切相关的：量子通信与量子计算机、国家网络空间安全、天地一体化信息网络、大数据、智能制造和机器人。其中在布局新一代人工智能重大科技项目时，强调加强与其他"科技创新 2030– 重大项目"的相互支撑。此外，国家政策层面始终强调计算产业与实体经济融合，推动产业生态建设。

当前，我国大力提倡新型基础设施建设，国家发改委发布的新型基础设施范围中，信息基础设施（基于新一代信息技术演化生成的基础设施）、通信网络基础设施（5G、物联网、工业互联网、卫星互联网）、新技术基础设施（人工智能、云计算、区块链等）和算力基础设施（数据中心、智能计算中心），都属于与新计算产业强相关的内容。这些内容都是新计算产业的重要组成部分。通过这些战略布局可以看出，新计算产业不但被纳入了国家基础设施的范畴，而且是新型基础设施建设的核心与保障。

但是，从国家战略布局来看，与美国、日本等国际高性能计算大国相比，我国计算产业国家政策覆盖面不全，目前实行的是单点突破的策略。资助项目不成体系，大多以重点专项的方式单点突破。如"科技创新 2030– 重大项目"中没有设立类似"战略计算"专项，只是设立了"量子通信与量子计算机""脑科学与类脑研究"2 个专项。虽然这 2 项非常前沿重要，但在目前信息与通信技术融合向后摩尔定律演进的时代，孤立地发展"量子通信与量子计算机""脑科学与类脑研究"等尖端技术，在激烈竞争中都难以制胜。仅靠"量子通信与量子计算机""脑科学与类脑研究"等专项，对现阶段的产业发展影响非常有限。即便攻克了这些项目的技术难关，也仅是解决了技术自身的问题，承担不了统领、带动整个产业生态变革的使命。

从实施维度看，我国新计算的发展仍以项目驱动为主，由于缺乏高层次项目统揽全局，平行的各项目之间协作配合困难。目前我国与高性能计算相关的各个技术分散在不同项目计划中，更增加了协调配合的难度。相比一些科技强国战略计算计划的前瞻性、系统性与融合性，我国计算产业在整体运筹、系统思考与全局把控上都还需加强。我国如能设置一个类似"战略计算计划"的重大专项，不但能在计算领域的研发实力有所整体提高，也能在计算相关产业发挥重要作用。

2. 市场情况：国内企业布局情况

当前，我国通用处理器（CPU）产业正处在新的"七国八制⊖"状态。处理器是算力的核心。国内 CPU 涵盖了全球所有的指令集，成为指令集博物馆。但不同架构之间又互不兼容，一款 X86 架构下的应用，要想"移植"到诸如 MIPS、ARM 等其他架构，几乎需要重走一遍软件研发流程，效率低下。CPU 架构的混乱，使得投资、市场和客户群碎片化严重，结果产业链上各方都长不大。更为重要的是由于研发与投资分散，每一种架构方面的技术研发均难以形成自身的优势，产品技术仍以外资企业所主导，并且随着技术的迭代，差距逐步拉大，并且逐步被淘汰。目前，国内处理器阵营中主流架构有 X86、MIPS、ARM、Power，以及刚刚兴起的 RISC-V。表 11-1 列出了我国芯片厂商采用的处理架构的大体情况。

表 11-1　我国芯片厂商采用的处理器架构大体情况

架构名称	推出机构	推出时间	主要被授权国内企业
X86	Intel	1978 年	兆芯、北大众志、海光
ARM	ARM	1985 年	展讯、飞腾、海思、晶晨、全志等
MIPS	美国 MIPS 公司	20 世纪 80 年代	龙芯、君正、瑞昱、炬力等
SPARC	SUN	1987 年	飞腾（后转为 ARM）
Power	IBM	1991 年	中晟宏芯
Alpha	DEC	1992 年	申威
RISC-V（开源）	加州大学伯克利分校	2014 年	华为、华米、阿里

X86 架构由 Intel 所主导，主要处理器厂商为 Intel 和 AMD，二者几乎垄断了桌面 PC 与服务器领域。由于 Intel 与 AMD 公司提供处理器产品，所以 X86 架构的对外授权将影响其核心业务，因此 X86 架构的授权费用极为高昂，再加上较高的专利壁垒，一般情况下外部公司难以接入。国内从事 X86 架构处理器研发的企业，如北大众志、天津海光，主要是获得了 AMD 的授权。国内企业基于授权进行

⊖ "七国八制"最初用来形容我国 20 世纪 80 年代的通信行业。当时，我国电信业由于几乎没有国产程控交换设备，全国市场共有来自七个国家、八种制式的交换机。多厂家、多种制式，导致当时的电信网络互联互通极其复杂，通话质量相当低下。所幸后来由于以"巨大中华"为代表的中国通信设备企业崛起，才彻底结束了"七国八制"混乱时代。

二次开发，难以掌握底层技术，一旦授权终止，未来更新迭代将停止，这将是采用 X86 授权的公司面临的最大风险，也是国内 X86 架构处理器技术路线最大的风险。

MIPS 最早来源于美国 MIPS 公司，基于 MIPS 设计的芯片具有每平方毫米性能高和能耗低的特点，目前被国内龙芯、君正等公司所使用。目前 MIPS 产业链较短，应用较少，因此 MIPS 处理器并没有进入主流消费计算机市场。龙芯的 MIPS 处理器可以用于个人计算机，但目前主要以高性能计算为主，而君正的 MIPS 处理器主要利用其低功耗的特点，用于穿戴、物联网领域等领域。应用领域通用性不强，产业链较短，X86 和 ARM 架构不容易出现垄断。

ARM 处理器具有性价比高、功耗低的特点，非常适用移动通信领域。可携式装置（PDA、移动电话、多媒体播放器、掌上型电子游戏，和计算机）和电脑外设（硬盘、桌上型路由器）中的处理器大量采用 ARM 架构。近些年来，随着高性能 64 位 ARM 架构的推广应用，基于 ARM 架构的处理器开始进军服务器市场。国内飞腾、华为海思开发了基于 ARM 架构的服务器处理器，其中海思最近的进展最为迅速。华为海思的麒麟芯片在性能上与高通、三星这些领先的芯片企业处于一个水平。华为海思在几年前便已经购买了 ARM 指令集架构授权，开始研发自有的处理器核，主攻服务器市场。凭借其强大的研发实力与市场运作能力，华为推出的鲲鹏系列在服务器市场取得初步成功，华为有望成为国内第一家可以与国际品牌展开正面竞争的自主服务器企业。

POWER 架构是 IBM 开发的一种基于 RISC 指令系统的架构，相对于我们常见的 X86 架构的处理器，采用 POWER 架构的处理器具有结构简单和高效率的特点。目前我国 OpenPOWER 产业生态发展与预期相差较远。

RISC-V 是一个基于 RISC 原则的开源指令集架构，无任何专利的桎梏。RISC-V 架构简单，易于移植 Linux 和 Unix，但由于 RISC-V 处于发展早期，未来发展存在较大的不确定性。

目前，CPU 作为计算产业的重要"底层基础技术"，全球正在逐步收敛到 X86 和 ARM 两种指令集上。X86 主导了桌面和 PC 服务器（又称 X86 服务器）市场，ARM 主导智能终端市场，同时也在向桌面和 PC 服务器市场发力。计算产业"底层基础技术"的竞争从未停止，AI 成为新战场，各个阵营，都开始进入 AI 芯片。比如芯片阵营有 Intel、ARM、NVIDIA、海思，云服务阵营有谷歌、阿里、亚马逊、华为，其他相关领域如特斯拉做自动驾驶汽车，也开始自研人工智能芯片，等等。

国产操作系统（包括桌面操作系统和移动操作系统）也有类似的生态之痛。现有国产操作系统都是以 Linux 系统某一发行版为基础定制开发的。这在移动操作系统领域表现得更为明显。主流国产手机，以华为和小米为例，华为手机的操作系统 EMUI、小米手机的操作系统 MIUI，严格说来都不是独立的操作系统，只是基于安卓系统进行深度定制的 UI（用户界面），比原生态的安卓系统更贴合国内用户操作习惯而已。据初步统计，从事国产操作系统开发的厂商至少有 15 家。由于各厂商的技术能力不同，优化方向各异，应用与系统的匹配要求也就不一样。一款应用如果要进入国产化市场，需要适配少则几个多则十几个不同版本。版本的混乱使得应用开发的工作量加大，应用厂商开发热情十分低下。

目前全球几乎所有的基础软件都是建立在"美国技术体系"之上的，我们必须正视美国 IT 产业的强大。但是，我国在行业定制化软件方面的基础是发展软件生态的锚点。在数字化转型、智能化发展的时代机遇中，我们有机会改变计算格局，但也面临更大的挑战，需群体发展才能成功。

三、对我国新计算产业定位的认识

新计算产业作为一项兼顾当下与未来长远布局的领域，对我国在未来全球竞争中抢占战略主动权以及推动传统产业转型升级有着不可替代的作用。当下新计算产业对国民经济的重要性主要体现在基础性与战略性两大方面。

（一）基础性定位

一是从国民经济发展来看，新计算产业是各行业数字化转型的核心驱动和赋能型力量。我国当前大力发展数字经济与战略性新兴产业，新计算产业在对传统产业的赋能、产业结构的调整和优化、整个国民经济结构调整所发挥的作用已经充分显现。"十四五"期间，新型基础设施建设的完善，云计算、物联网、人工智能、5G 等新技术的不断普及，将加速以"万物感知、万物互联、万物智能"为特征的智能社会的来临。实现智能社会首先要经历全面的数字化进程，而计算产业是数字化的核心驱动力。拥有了计算能力的基站、路由器、各类智能终端和无处不在的云计算相结合，又将不断拓展行业服务的深度和广度，释放巨大的计算需求。在经济转型升级的浪潮中，亟须构建一个我国自主控制核心技术的多元新计算体系，推动新计算技术的协同发展与产业应用。

二是新计算产业所承载的计算能力作为一种核心的基础能力，正在与行业不断融合并不断赋能行业转型，成为第四次工业革命下强大的新型生产力。纵观历次工业革命的特点，前两次工业革命主要是以能源动力为特征推动的生产发展，第三次工业革命为人类开启了信息化时代，计算机、通信技术等的发展将人类带入了新的发展纪元。而第四次工业革命中，以数字化、网络化、智能化为特征的新型计算技术正在颠覆社会经济运行特征和模式。随着第四次工业革命的到来，计算力成为核心生产力。正如热力、电力推动了前两次工业革命一样，算力在以计算机及信息通信技术为代表的第三次工业革命中崭露头角，并将在以新计算技术为代表的第四次工业革命中发挥着至关重要的作用。而新计算产业包括传统 IT 产业中的处理器、服务器、操作系统、中间件、数据库和基础软件等软硬件和相关服务，以及人工智能芯片、异构处理器、物联网、边缘计算等新兴的软硬件；面向行业需求的、通用的平台与服务；以及与行业应用的深度融合等都是围绕计算力展开的。

（二）战略性定位

一是从国际竞争来看，新计算产业，尤其是底层基础技术是未来竞争的战略制高点。这里的底层基础技术，是指对行业发展起基础支撑作用的技术。计算产业的底层基础技术，大致可分为硬件（芯片设计与制造）、软件（操作系统和数据库等）两个层面，我国在这方面一直处在受制于人的状态。美国对中兴、华为等企业的技术封锁，已充分展示计算产业的底层基础技术受制于人对产业发展的巨大风险。新计算产业与国家重大科技基础设施、新型基础设施等建设息息相关，举国之力突破底层基础技术束缚，打造新计算产业的自主生态圈有利于将发展的主动权牢牢握在自己手中，从而提升国家科技实力，强化国际竞争优势地位。

二是从国家安全来看，新计算产业发展是新时代国家安全的重要方面。新计算是"核高基"（核心电子器件、高端通用芯片、基础软件）、集成电路装备、宽带移动通信等的计算技术底座。新计算的核心产业涉及数据库、操作系统、基础架构软件、中间件、AI 芯片、物联网、边缘计算、光子计算、量子计算等，是关切到我国产业安全、科技安全的核心关键技术，对国家科技安全、产业安全、经济发展与社会稳定具有重大意义。与当前创新型发达国家相比，我们的核心技术底层研发能力还有很大差距，还存在一些关键核心技术受制于人的情况。近年来美国对我国高端芯片产业的打压，陆续出台的各项高端技术出口限制条例，已给我国计算相关产业的发展带来了巨大影响。新计算技术自主创新是解决"卡脖子"问题的唯一有效办法。这要求我国从战略高度加强应对，"十四五"期间还需要进一步加大支持新计算研发力度，持续提升在关键核心技术领域的实力，进一步降低对外技术依存度。

四、我国新计算产业生态的发展战略和政策建议

新计算产业对我国在未来全球竞争中抢占战略主动权以及推动传统产业转型

升级有着不可替代的作用。亟须从新计算产业的战略性定位出发，构建自主可控产业生态体系，保障国家科技安全、产业安全；从基础性定位出发赋能产业数字化转型、打造创新主体协同的产业生态。以需求为导向，以自主可控底层芯片与架构为牵引，以数据库、操作系统、基础软件、中间件等生态系统关键环节为支撑，以技术创新、模式创新和体制机制创新为动力，破解产业发展瓶颈，推动新计算体系重点突破和整体提升，实现跨越发展。

（一）强化我国新计算产业顶层布局

加快推动新计算产业发展国家战略规划。借鉴美国"战略计算"计划模式，成立新计算产业发展领导小组，实现对计算产业发展战略的顶层设计和重大研究项目的统筹布局。在"十四五"国家科技创新规划、国家重点研发计划中，布局高性能计算、云计算、大数据计算、AI 计算等关键领域，提升计算产业战略布局的体系化。设置国家新计算技术和产业发展路线图研究专项，整合国家部委、科学界和产业界专家，对包括量子计算、类脑计算、光子计算、新型变革性器件等领域开展面向未来竞争的新计算技术和产业发展路线图研究。

（二）发挥国内需求的牵引作用

面临世界政治经济竞争格局的深度调整和严峻复杂的国际疫情形势，需要充分发挥我国超大规模市场优势和内需潜力，加快政府部门和公共机构对我国自主研发的、安全可靠的计算软硬件的采购力度，在两到三年内实现全面国产化替代进口设备。推动我国新计算产业在金融、能源、航空等国家安全需求场景，制造、电信等面向国际竞争的产业场景，智慧城市、医疗等与民生消费紧密相关领域的应用。建立创新容错和风险共担机制，对重要应用场景中优先采纳和布局我国新计算科技创新成果的国有企业和民营企业出台相关免责条款，分散新技术推广和国产化替代的风险。

（三）强化我国新计算产业在新型基础设施建设中的布局

将我国新计算技术体系融入 5G、大数据、人工智能、物联网、区块链等应用场景，推进在智能制造、智能视听、现代服务业和智慧农业等领域的应用，促进电商平台、金融科技，现代物流等新业态与新模式发展。重视软件和服务价值，鼓励应用创新。提高新基建、IT 采购中软件与服务的采购比例，牵引新型基础设施构建完整的云基础服务、高级服务、运维服务和数字化运营服务体系和能力。鼓励由地方政府、领军企业等主体组织推动和构建一批承担国家使命的新计算产业基础创新平台和设施。依托计算产业领域的重大科技基础设施建设专项和大科学装置集群促进行业整体应用水平的提升。

（四）深入推进新计算产业创新能力建设

面向各行业数字化、智能化的应用需求，以一到两个龙头企业为抓手，分层次布局一批区域新计算技术科创中心。特别是加快谋划布局智能计算中心的建设规划、标准体系和应用评价体系，鼓励我国自主计算体系在智能计算中心的建设上扮演主导角色，通过提前卡位，实现跨越式发展。例如，统筹工信部、发改委、科技部等部委已建立的各类创新中心、国家实验室和相关研究机构，整合地方和区域优势资源布局人工智能超算平台等算力基础设施，打造自主可控的公共算力服务平台，实现人工智能共性基础技术突破，推动产业链和创新链的协同联动。

（五）建立产业核心标准与安全体系

对新计算产业链进行扩链、补链、延链，保障我国关键产业链的连续性与稳定性。提升安全设计、数据防护、安全评测等方面计算核心技术底层研发能力，降低对外技术依存度。依托自主可控芯片／处理器与相关计算技术体系，融合区块链、软件定义边界等新技术，在网络化基础设施、云计算、大数据、工业控制、物联网等领域建立安全的网信发展环境。进一步深入细化《网络安全审查办法》，确保我国新计算产业体系在信息化系统安全设计、数据防护、安全评测等方面标准的建立与实施。加强国际合作，构建自主开放的国际化技术标准体系，加速技术标准的国际化进程，掌握我国新计算产业发展主导权。尽快梳理对我国现有产业链、就业制约较小的重点领域并更新不可靠实体清单，提升应对美国对我国计算产业高技术企业打压的反制能力。

第十二章 | Chapter12

数字科技产业空间组织新形态：虚拟产业集群[⊖]

　　党的十九届五中全会明确提出"发展数字经济，推进数字产业化和产业数字化，推动数字经济和实体经济深度融合，打造具有国际竞争力的数字产业集群"，并将其纳入《中华人民共和国国民经济和社会发展第十四个五年规划和 2035 年远景目标纲要》中。形成以国内大循环为主体、国内国际双循环相互促进的新发展格局，是应对当前国际发展形势不稳定性不确定性增大的必然战略选择。数字科技支撑下的数字经济能够有效打通生产、消费、分配与流通环节，实现效率变革、动力变革与质量变革，助力实现双循环新发展格局。同时，创新型产业集群能够加快创新要素的集中集聚集约集成发展，推动单一线性的个体创新转变为多维网络化的系统创新，形成有竞争力的增长极和创新经济集聚发展的新局面^{⊖⊜}。先进制造业集群、战略性新兴产业集群等内需导向的创新型产业集群已成为新时代下我国实施创新驱动发展战略、实现经济高质量发展的重要抓手。

　　全球化正在通过连接各地区域集群的价值链整合知识流[⊗]。以信息技术革命、知识经济和全球化大市场为基础的新经济时代，加速加强了知识、技术、人才、

⊖ 本章执笔人：中国科学院科技战略咨询研究院的赵璐。

⊜ 王缉慈. 创新的空间：产业集群与区域发展 [M]. 北京：科学出版社，2019.

⊜ 赵璐. 推动创新型产业集群发展的四个着力点 [J]. 科技中国，2020（6）：4-7.

⊗ Cooke P. The regional innovation system in Wales: Evolution or eclipse? In Regional Innovation Systems: The Role of Governance in a Globalized World[M], second edition, Edited by Cooke P, Heidenreich M and Braczyk H J. London: UCL Press，2004.

资金等生产要素的时空交换[1][2]，特别是党的十九届四中全会已将数据纳入生产要素，生产要素流动空间的支配性正在创造一种新的时空区位优势，创新空间集聚和扩散以全新的形式呈现，突破传统等级体系的跳跃性扩散显著增加。在以数字科技为代表的数字化创新的驱动下，集群的本质逐渐从传统的地理临近转向为新的虚拟化交互作用[3]，基于传统地理空间集聚的区域产业集群正在加快向基于功能距离集聚、基于网络空间集聚、实虚一体空间集聚的跨区域虚拟产业集群演化[4]，形成新的产业组织形式和区域竞争优势，并促进传统的区域创新体系向跨区域、全球范围扩展，重构全球经济地理版图[5][6][7][8]。

本章结合对已有相关学术研究的系统梳理和总结，提出虚拟集聚的三层内涵——基于信息技术的网络空间虚拟集聚、基于功能距离的地理空间虚拟集聚、地理空间和网络空间一体化的虚拟集聚；结合国内外相关数字科技支撑和驱动下的虚拟产业集群发展实例，从集群"聚集核"和"粘合剂"的角度，明确虚拟产业集群的三类主要模式——围绕互联网平台的虚拟产业集群、围绕供应链的虚拟产业集群、围绕技术标准的虚拟产业集群，继而面向新时期推动我国数字产业集群高质量发展的战略要求提出相关建议。

一、虚拟集聚的内涵

虚拟产业集群（virtual industrial cluster）的概念于 1997 年由欧盟 EU-SACFA

[1] Castells M. The rise of the network society: The information age: Economy, society, and culture[M]. John Wiley & Sons, 2011.
[2] Turcan V, Gribincea A, Birca I. Digital economy-a premise for economic development in the 20th century[J]. Economy & Sociology: Theoretical & Scientifical Journal, 2014(2): 109-115.
[3] Passiante G, Secundo G. From geographical innovation clusters towards virtual innovation clusters: the innovation virtual system[C]. 42th ERSA Congress, University of Dortmund (Germany), 2002.
[4] 陈小勇. 产业集群的虚拟转型 [J]. 中国工业经济，2017（12）：78-94.
[5] Vince I. Cities in a related world: limits and future perspective for planning through the network paradigm[C]. International Conference City Futures 2009, Madrid.
[6] Eisingerich A B, Bell S J, Tracey P. How can clusters sustain performance? The role of network strength, network openness, and environmental uncertainty[J]. Research Policy, 2010, 39(2): 239-253.
[7] Taylor P J, Hoyler M, Verbruggen R. External urban relational process: introducing central flow theory to complement central place theory[J]. Urban Studies, 2010, 47(13): 2803-2818.
[8] Trippl M, Grillitsch M, Isaksen A. Exogenous sources of regional industrial change: attraction and absorption of non-local knowledge for new path development[J]. Progress in Human Geography, 2018, 42(5): 687-705.

计划资助的 7 所大学组成的网络化研究课题组首次提出[⊖]，是开发全球虚拟业务框架的模型，该模型内的成员共同参与虚拟企业运作，是一个共享市场机遇的企业群体。起初，虚拟集聚的研究对象主要基于波特 1990 年提出的产业集群，即"某一领域内地域上接近的公司集团和关联组织，它们通过商品和辅助活动相联系""集群的地理范围从单一城市到省（州）、国家甚至多个国家组成的网络"[⊖]。1999 年，OECD 专门的集群政策研究小组 Focus Group 从以产业价值链为基础的生产网络角度，对产业集群的概念做了扩展和完善，即"由强烈地相互依赖的企业通过一条增值的生产链联结而成的生产网络"^{⊜⊗}。Romano 和 Passiante 引入虚拟创新系统的概念，并作为一个新的分析单位，用来描述地理产业集群到虚拟产业集群的转变，在此基础上，Passiante 和 Secundo 从电子学习过程和虚拟创新系统的角度研究了虚拟集群的性质与特征，认为虚拟集群是综合了各参与者拥有的不同核心竞争力，并共担创新成本和风险的复杂系统[⊕]。Belussi（2004）等强调组织间网络、信任和社会经济网络的作用[⊗]，并将网络视为一种创建和发展产业集群的有效工具。赵有广和蒋云龙将跨地域空间内的实体企业、非实体企业和政府组织、大学等相关机构的地理聚集映射到虚拟空间[⊕]，构建了虚拟产业集群一般网络架构模型。Tommaso 和 Rubini 认为，通过整合跨区域的产业价值链可形成虚拟产业集群[⊗]，提高区域整体竞争能力。金潇明和陆小成认为，网络效应经济所引发的虚拟

⊖　Maria V. The challenge of virtual organization: critical success factors in dealing with constant changes[J]. Team Performance Management, 2004, 10(5): 112-120.

⊖　Porter M E. Knowledge-based clusters and National Competitive Advantage[Z]. Ottawa: Presentation to Technopolis 97, September 12, 1996.

⊜　Bergman Edward M, Pim Den Hertog. In pursuit of innovative clusters: Main findings from the OECD Cluster Focus Group[Z]. Vienna: NIS Conference on Network- and- Cluster- Oriented Policies, 15-16 October, 2001.

⊗　Roelandt T J, den Hergtog Pim. Cluster Analyses & Cluster-Based Policy in OECD-Countries[Z]. The Hague/Utrecht: OECD-TIP Group, Boosting Innovation: The Cluster Approach[Z]. 1998.

⊕　Passiante G, Secundo G. From geographical innovation clusters towards virtual innovation clusters: the innovation virtual system[C]. 42th ERSA Congress, University of Dortmund（Germany）, 2002.

⊗　Belussi F. In Search of a useful theory of spatial clustering[C]. 4thCongress on Proximity Economics: Proximity, Networks and Coordination, 2004.

⊕　赵有广, 蒋云龙. 论虚拟中小企业集群及其实现形式 [J]. 财贸研究, 2006（3）: 9-14.

⊗　Tommaso M D, Rubin L. Industrial policy for "new" industries in "old" Europe: virtual cluster in genetics in Italy[J]. International Journal of Healthcare Technology and Management, 2007, 8(5): 503-521.

企业集群克服了传统集群空间、信息、资源等要素聚集的地域限制，并将其演进模式分为资源空间型、供应链型、虚拟企业型等。Davidovic 提出了 E-Cluster 的概念，即在一个区域构建的以电子信息技术为基础的，由企业、高校、供应商、客户、政府部门等组织结构组成的价值增值网络。王如玉和梁琦等研究了虚拟集聚的类型和形成机理，阐释了其功能、载体、特征与模式，并提出虚拟集聚是"互联网 +"下产业组织的新形态。

总体来看，虚拟集聚是对传统产业集聚内涵、形式的丰富和外延、范畴的拓展，创新模式的发展、以技术标准为纽带的创新网络的出现、产业组织的虚拟化共同推动了虚拟集群的发展。目前学界尚未对虚拟集聚 / 集群形成统一的认识，其称谓包括 E-Cluster、Virtual Agglomeration、Virtual High Tec Cluster、Virtual Enterprises Cluster、Virtual Cluster 等。由于不同学者研究的侧重点不同，其对虚拟集聚的内涵理解也有所不同。综观已有相关研究，虚拟集聚主要包含三层含义。

(一) 基于信息技术的网络空间虚拟集聚

信息和通信技术是产业组织网络化与虚拟集群发展的技术平台。罗鸿铭和郝宇围绕高新技术企业在虚拟网络空间的集聚，提出利用先进的信息网络平台，突破地域条件限制，将散布在全国的高新技术企业按行业价值链整合在一起，产生纵向或横向的聚集效应。刘琦岩提出完全可以通过网络手段在虚拟空间创造新的集群，如科技部高新司通过信息手段和政府组织，将全国各地与金属镁相关的生产、开发、营销、产品应用等企业、研究机构链接起来，形成一个虚拟的产业群体，共同分享资源和技术优势。孙耀吾等指出虚拟集群是基于网络的、以现代信息和通信技术为主要交流手段、以合作创新与共同发展为目的和内容的相互关联的企业与组织在虚拟空间的集聚。吴哲坤、金兆怀则认为在某些特定产业内，各

⊖ 金潇明，陆小成 . 基于网络效应经济的虚拟企业集群模式演进与策略 [J]. 系统工程，2008，26（7）：117-121.

⊜ Davidovic M. Building e-clusters[J]. Business logistics In Modern Management, 2013, 211-223.

⊜ 王如玉，梁琦，李光乾 . 虚拟集聚：新一代信息技术与实体经济深度融合的空间组织新形态 [J]. 管理世界，2018（2）：13-21.

⊛ 孙耀吾，韦海英，贺石中 . 虚拟集群：经济全球化中集群的创新与发展 [J]. 科技管理研究，2007（2）：176-179，185.

㊱ 罗鸿铭，郝宇 . 应用信息化整合高新技术企业集群 [J]. 科学学与科学技术管理，2004（7）：101-103.

㊏ 刘琦岩 . 产业集群与区域创新体系 [J]. 中国科技产业，2003（5）：49-52.

㊉ 孙耀吾，韦海英，贺石中 . 虚拟集群：经济全球化中集群的创新与发展 [J]. 科技管理研究，2007（2）：176-179，185.

种公共服务提供方或中介机构等组织搭建共享资源平台，企业通过该平台在虚拟空间上集聚[⊖]。

新经济带来的发展机会决定了企业组织结构的根本变革，产生了崭新的虚拟集群化组织形式。分布在不同地区的企业利用信息和通信技术等网络手段，为快速响应市场需求而组成动态联盟，呈现出虚拟型企业集群模式，其突破传统集群模式的地域空间和资源禀赋限制，具有系统优化组合的优越性。虚拟集群内的供应商、分销商、服务提供商、顾客等应用互联网技术互相交换数字信息或知识，不断为网络组织结构增加产品 / 服务价值。例如，亚马逊、阿里巴巴等基于互联网平台的网络空间虚拟集聚即是这种类型。其中，全球商品品种最多的网上零售商和全球第二大互联网企业——亚马逊的"微服务模块"及其主导的商业模式直接推动全球进入云计算时代，并通过不断加大在机器学习、人工智能、物联网、机器人和无服务器计算等数字科技前沿领域的创新投入，形成了具有自身特色的创新生态体系。

（二）基于功能距离的地理空间虚拟集聚

现代交通与通信技术的快速发展带来的"时空压缩"是推动现代全球化最重要的前提之一[⊖]，并引发了社会科学内不同学科关于"地理终结"的思考与争论^{⊜⊛}。Castells 源于信息技术发展的地方联系所构成的超越边界的空间，提出流的空间（space of flows）概念[⊛]，这种联系多以信息传播为主体，包括金融市场、商业服务、科学技术等。在金融地理学视域下，Alessandrini 等创新性地提出了功能距离的理念，认为对创新型小微企业而言，考虑到借贷所需的关系强度要素，功能距离要比操作距离（人均拥有银行分支数量）更加重要[⊛]。同时，在经济地理学视域下，贺灿飞等提出，基于关系建构的全球尺度更契合不同主体和空间联系日趋紧密的

⊖ 吴哲坤，金兆怀. 关于我国虚拟产业集群发展的思考 [J]. 东北师大学报（哲学社会科学版），2015（6）: 82-86.

⊖ Harvey D. Between space and time: reflections on the geographical imagination[J]. Annals of the Association of American Geographers, 1990, 80(3): 418-434.

⊜ Greig J M. The end of geography? globalization, communications, and culture in the international system[J]. The Journal of Conflict Resolution, 2002, 46(2): 225-243.

⊛ Bathelt H, Li P F. Global cluster networks: foreign direct investment flows from Canada to China[J]. Journal of Economic Geography, 2014, 14(1): 45-71.

⊛ Castells M. Grassrooting the space of flows[J]. Urban Geography, 1999, 20(4): 294-302.

⊛ Alessandrini P, Fratianni P, Zazzaro A. The Changing Geography of Banking and Finance[M]. New York: Springer, 2009.

特征[⊖]。

组织形态接近是基于传统自然地域集聚视角的创新,超越了固有的地理空间物理距离的度量口径与标准,其是虚拟企业集群动力的新来源,通过供应链配套关系来实现,并替代地理空间邻近[⊜]。由在产业链上强经济联系的企业构成的产业集群,若其处于供应链的上下游或相互之间形成配套关系,由于其分工的垂直分离特征,则各个企业不需要在地理空间范围内集中,而是基于功能距离呈现地理区域块状集中分布,各"区域块"超越地理空间限制、通过配套关系联动发挥集聚优势,呈现出基于功能距离的、聚而不集的地理空间虚拟集聚[⊜]。并且,在以数字经济为代表的新经济时代下,产业组织空间更趋向成为流动的虚拟空间,组织内部网络的联系成为新的空间逻辑联系,一方面,产业链供应链向跨区域、全球范围扩大,另一方面,数字科技企业基于互联网平台,实现供应主体的虚拟空间集聚,有效缩短产业链分工的距离,降低各类协作成本,并实现极致的模块化分工。例如,苹果通过自主研发和生产芯片,掌握产业链主导权,建立全球性的供应链,并基于功能距离形成打破地理空间限制的上下游模块化虚拟产业集群,在创新技术、产业生态与用户市场之间形成完整的闭环[⊛],推动企业加速螺旋上升。

(三) 地理空间和网络空间一体化的虚拟集聚

新经济时代下,平台增长策略成为互联网企业网络化成长的重要方式[⊛],同时,资源的边界由供给端拓展到需求端,产业的价值由平台、供给面和需求面共同构成并创造[⊛],集群的依托载体从实体地理空间向实体地理空间和虚拟平台空间相结合转变。王如玉等将国家战略政策层面的"互联网+"行动计划与经典学术集聚理论相融合,认为"互联网+"使原有的产业空间集聚模式不再依赖地理空间的集聚,而是在网络信息技术的虚拟空间中产生更为密切的关系,并形成线上、线下

⊖ 贺灿飞, 毛煕彦. 尺度重构视角下的经济全球化研究 [J]. 地理科学进展, 2015, 34 (9): 1073-1083.

⊜ 周丽豪, 黄莉. 虚拟企业集群的模式及其合作动力分析 [J]. 华东经济管理, 2006, 20 (8): 66-69.

⊜ 倪卫红, 董敏, 胡汉辉. 对区域性高新技术产业集聚规律的理论分析 [J]. 中国软科学, 2003 (11): 140-144.

⊛ 刘刚, 熊立峰. 消费者需求动态响应、企业边界选择与商业生态系统构建——基于苹果公司的案例研究 [J]. 中国工业经济, 2013 (5): 122-134.

⊛ 刘江鹏. 企业成长的双元模型: 平台增长及其内在机理 [J]. 中国工业经济, 2015 (6): 148-160.

⊛ 李海舰, 田跃新, 李文杰. 互联网思维与传统企业再造 [J]. 中国工业经济, 2014 (10): 135-146.

相互融合的虚拟产业集聚新形态[⊖]。李恒和全华提出建立充分利用大数据平台优势、线上线下融合的旅游虚拟集群，其超越地理空间范围的限制，能够实现游客和服务供应商等旅游利益相关者在虚拟空间聚集和互动，同时其将解构旅游产业的线性分工体系，驱动旅游企业模块化转型并以大数据平台为无边界发展平台[⊜]。

新一代信息技术不仅改变原有集聚方式，同时使得地理集聚更加迅速，虚拟产业园成为线上线下空间聚集相结合的虚拟产业集群新载体。2020 年 7 月，我国国家发改委等 13 个部门公布《关于支持新业态新模式健康发展　激活消费市场带动扩大就业的意见》[⊜]，提出把支持线上线下融合的新业态新模式作为经济转型和促进改革创新的重要突破口，并在壮大实体经济新动能方面特别指出要打造跨越物理边界的"虚拟"产业园和产业集群。易军以大连虚拟科技园为背景，提出虚拟科技园是在现代通信和网络技术发展的基础上，突破产业集群固有的地域和产业限制，形成的一种跨行业、跨地域的实体园区与虚拟园区相结合的科技园区——其在地理空间上没有明确的空间约束，利用契约和网络等将相关产业联结成虚拟、动态的伙伴关系，同时其在管理模式、运行机制、研发机制、市场开拓等方面实体化存在于大连市高技术产业园区[⊗]。2019 年南京市建邺区与小米科技华东总部携手打造江苏首家"互联网虚拟产业园"，利用小米集团的生态链企业优势，集聚互联网头部企业的上下游关联企业入驻^⑤。

二、虚拟产业集群的主要模式

结合前述对虚拟集聚三层内涵的分析与描述，基于虚拟集聚的虚拟产业集群与传统产业集群相比，具有平台企业驱动、网络型价值分工体系、跨区域乃至全球维度空间集聚等特征。从国内外相关数字科技支撑和驱动下的虚拟产业集群发展实例出发，基于集群"聚集核"和"粘合剂"的角度，本章分别对虚拟产业集群的三类模式——围绕互联网平台的虚拟产业集群、围绕供应链的虚拟产业集群、围绕技术标准的虚拟产业集群进行论述。

⊖ 王如玉，梁琦，李光乾. 虚拟集聚：新一代信息技术与实体经济深度融合的空间组织新形态 [J]. 管理世界，2018（2）：13-21.

⊜ 李恒，全华. 基于大数据平台的旅游虚拟产业集群研究 [J]. 经济管理，2018（12）:21-38.

⊜ http://www.gov.cn/zhengce/zhengceku/2020-07/15/content_5526964.htm。

⊗ 易军. 虚拟科技园组织结构与模式探析——以大连虚拟科技园区发展规划为例 [J]. 中国软科学，2002（8）:91-94, 90.

⑤ http://www.xinhuanet.com/info/2020-08/12/c_139283906.htm。

(一) 围绕互联网平台的虚拟产业集群

依托海尔 COSMOPlat 工业互联网平台集聚的 400 万余家企业群体是围绕互联网平台的虚拟产业集群的代表,如图 12-1 所示。

2018 年, COSMOPlat 被评为全国首家国家级工业互联网示范平台。从模式上看, COSMOPlat 平台与海尔"人单合一"模式一脉相承,具备全周期、全流程、全生态三大差异化特点。其中,全周期指在平台上实现对用户全生命周期提供产品服务方案的升级。全流程是指平台实现以用户为中心的并联流程,从大规模制造转型为大规模定制。全生态是指平台成为一个开放的生态,企业、资源方和用户在平台上实现共创共赢共享。COSMOPlat 不仅实现跨行业、跨领域的扩展与服务,并且以企业为主体,带动制造业数字化转型并实现高质量发展。例如, COSMOPlat 与淄博市淄川区合作建立 COSMOPlat 建陶产业基地,通过基于工业物联网平台的虚拟产业集聚,实现从企业单打独斗到产业平台化的转型升级。

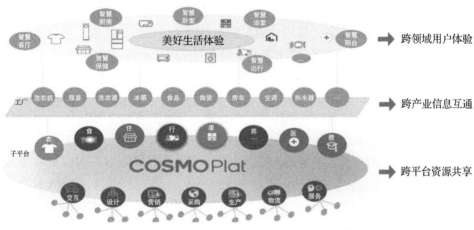

图 12-1 海尔 COSMOPlat 工业互联网平台[⊖]

(二) 围绕供应链的虚拟产业集群

美国苹果公司自 1976 年从个人电脑起家,逐渐扩展到 iPod、iPhone、Mac、iPad、apple Watch 等多产品,其通过自主研发和生产芯片,掌握产业链主导权,成为旧金山湾区产业集群中的代表性高科技企业。同时,传统供应链模式的上下游企业需要依靠地理临近来减弱"长鞭效应",数字科技时代下的苹果公司产业

⊖ 该图取自 https://www.sohu.com/a/336403142_664068。

供应链呈现出平台化、网络化的新特征，并重构了其服务模式，通过强大高效的互联网信息系统和强生产计划性以及模块化生产，使得上下游企业在生产环节能实时透明传递相关信息，从而降低了上下游企业对地理空间的依赖，在全球尺度上形成围绕供应链的上下游模块化虚拟产业集群，并最终形成包括 App Store、iTunes、iBooks、Health、HomeKit、CarPlay 等子生态系统在内的极具自身特色的数字科技产业生态系统，并以数字科技为核心不断推动形成新业态新模式并引领创造新需求。

围绕 iPhone 手机的生产，苹果公司建立了覆盖全球的生产供应链管理体系，建立了高度专业化分工的上下游模块化产业集群，其突破了企业组织和地理空间之间的有形边界，分布在全球各地并共同构成高度柔性的产品制造体系。

（三）围绕技术标准的虚拟产业集群

技术标准合作虚拟化网络的出现直接推动了虚拟集群的发展[⊖]。在虚拟化的合作创新网络中，技术标准各参与企业主体通过相互交换数字化编码知识，各自将自己独特的产品或服务价值添加到虚拟集群网络，进而提高整个网络的价值。图 12-2 所示为基于技术标准合作的企业虚拟集群结构。

基于蜂窝的窄带物联网（NB-IoT）是万物互联网络的重要分支，支持低功耗设备在广域网的蜂窝数据连接，也称为低功耗广域网（LPWA），具有超强覆盖、海量连接、超低功耗、超低成本等特点。其标准化的源头可追溯为华为与达沃丰于2014 年 5 月共同提出的 NB-M2M，随后高通、爱立信等行业巨头也加入这一方向的标准化研究中。2016 年 2 月 21 日，全球移动通信系统协会（GSMA）联合华为、达沃丰、中国移动、中国联通等 20 家企业共同发起成立了 NB-IoT Forum，以共同确保不同厂家的解决方案和业务的互联互通并促进 NB-IoT 产业未来的快速发展及商用部署。该组织涵盖了从芯片、终端、模组、运营各环节的诸多厂家和组织，在全球范围推进 NB-IoT 技术领域的标准制定、应用推动、技术实现与资源优化配置，是一种新的产业虚拟集聚模式。

⊖ 孙耀吾，曾德明. 基于技术标准合作的企业虚拟集群：内涵、特征与性质 [J]. 中国软科学, 2005（9）: 98-104.

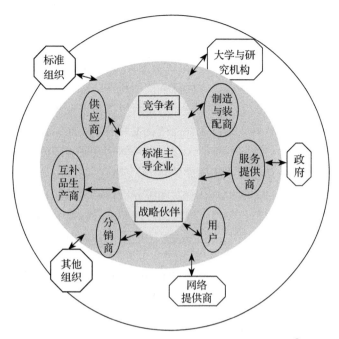

图 12-2　基于技术标准合作的企业虚拟集群结构[⊖]

三、推进我国数字科技产业集群化高质量发展的建议

面向"打造具有国际竞争力的数字产业集群"战略要求，我们要结合数字科技驱动下的虚拟产业集群发展新趋势新模式，聚焦构建现代产业发展新体系的战略目标，围绕区域创新体系建设和经济社会发展实际，使有为政府和有效市场相结合形成合力，充分发挥企业在数字科技产业技术创新中的主体作用，培育打造虚拟化集群平台，加快推动创新型数字科技产业集群发展，并将其与组织创新、融合创新等结合起来，发挥虚拟联盟、集群组织等网络化协作组织的作用，通过虚拟化数字科技产业集群的网络型价值分工机制，将传统区域分工体系嵌入虚拟空间集聚带来的全球化分工体系之中，最终提升集群国际竞争力和区域创新发展能力。

（一）政府"自上而下"引导与市场"自下而上"推动相结合

数字科技驱动下的虚拟产业集群是突破了企业组织和地理空间之间的有形边

⊖　本图取自孙耀吾和曾德明所作《基于技术标准合作的企业虚拟集群：内涵、特征与性质》一文。

界、跨区域发展的产业集群模式。围绕集群的整个生命周期过程，充分发挥政府引导作用和市场决定作用，引导并推进集群高质量发展。其中，政府主要充当网络化与知识交换的促动者及调和者，提供有效的公共服务、良好的基础设施、合理的制度环境等，促进多主体协作、优化集群创新网络。

建议加强政府"自上而下"的引导，制定数字科技产业集群发展规划，加快数字基础设施建设，超前布局支撑数字科技产业发展的基础网络体系，积极探索建立适应各类创新要素流动和协同创新的区域空间一体化发展治理体系，避免跨区域虚拟产业集群发展过程中存在的"区域边界锁定"现象，科学引导各类要素流的空间组织，推动数字产业链相关联企业、研发和服务机构跨区域虚拟集聚，通过分工合作和协同创新，形成具有跨行业跨区域带动作用和国际竞争力的产业组织形态，并有效融入柔性的区域管理实践中，推进国家治理体系和治理能力现代化。

（二）扶持平台企业，打造连接产业链和供应链的虚拟化集群平台

平台企业是虚拟产业集群形成的核心驱动因素，虚拟产业集群的企业主体在平台上互动并进行价值创造，实现虚拟集群创新网络的价值增值。同时，虚拟产业集群是在平台企业规制下有序运行的产业生态体系，进入平台的机制、退出平台的机制、在平台上活动的机制构成平台的基本框架，并为虚拟产业集群的形成提供制度基础，促使虚拟产业集群不断升级演化，在虚拟空间上无限延伸，超越地理空间边界的束缚，参与全球化分工体系。

建议加快培育一批核心技术能力突出、创新能力强的创新型数字科技平台企业，推动企业成为技术创新决策、研发投入、科研组织和成果转化的主体。按照平台企业主导、市场选择、动态调整的方式，搭建面向整个区域和行业的、连接产业链、供应链的集群虚拟化平台。综合运用云计算、大数据、移动和社交技术等已经成熟的技术以及不断涌现的物联网、人工智能、虚拟现实等新一代信息和通信技术，形成"云管端协同"的全栈式ICT基础设施平台。建立与完善平台进出机制和活动机制，实现多主体在虚拟空间的集聚与协作。

（三）充分发挥联盟组织、集群组织等网络化协作组织的作用

网络组织及其发展成为虚拟集群的结构基础。网络组织模式基于合作机制，具有活性结点的网络联结结构、信息流驱动特征和协作创新机制，同时具有自相似、自组织、自学习与动态演进等特征，有助于超越组织、部门、行业、技术、地域等边界，推动跨领域、跨主体、跨组织、跨区域形成协同创新共同体。集群组织、联盟组织等网络化协作组织作为政府与市场、社会高度合作的创新促进机

构，在促进区域本地技术创新网络、全球协同合作网络以及全球－本地互动网络构建及发展中发挥非常重要的"织网人"枢纽作用⊖。

建议优化数字科技战略性新兴产业组织结构，建立产业链上中下游互融共生、分工合作、利益共享的一体化组织模式。通过产业链、价值链、供应链的互联互接，激发关联企业的创新行为。推动建立一批以平台企业、行业协会为主体的集群联盟和集群促进中心，构建虚拟化集群创新平台和分工合作机制，为发挥知识外溢在国家创新生态系统中的纽带作用建立相对固定的渠道与内部化机制。集群组织与联盟组织相结合，促进有为政府、有效市场、有序社会高度合作，纵向强健产业链、优化价值链、提升创新链，横向促进产业间链式发展、集群间联动协作、区域间协同合作，建立集群创新共同体。

（四）统筹布局数字科技产业集群，形成有竞争力的区域增长极

2020 年 9 月习近平总书记在主持召开中央全面深化改革委员会第十五次会议强调，加快形成以国内大循环为主体、国内国际双循环相互促进的新发展格局。他同时强调，要把构建新发展格局同实施国家区域协调发展战略、建设自由贸易试验区等衔接起来。我国区域一体化的空间发展框架已逐步拉开，空间发展模式由区域板块协调发展转向城市群协同发展，且更加重视区域竞争与合作。随着数据作为新型生产要素被写入中央第一份关于要素市场化配置的文件，数字经济将进一步重塑我国经济地理格局，加快推动区域经济新型网络空间结构的形成，为减小区域经济空间差异、促进区域协调发展带来新的路径选择。

建议立足国家区域战略部署，围绕推进"一带一路"倡议、京津冀协同发展、长三角区域一体化发展、粤港澳大湾区开放融合发展、成渝双城经济圈建设等重大区域发展战略，在全国层面上统筹布局数字科技产业领域重大生产力布局，培育不同级别的数字化战略性新兴产业家集群，加快推进现有数字产业高新技术产业开发区、经济技术开发区等重点产业园区合作共建，在更大的区域空间尺度上打造更高级别的数字科技产业集群。增强产业集群创新引领力，联动中心城市、都市圈、城市群建设与发展，形成区域新增长点和新增长极。加强数字科

⊖ 赵璐. 网络组织模式下中国产业集群发展路径研究——发达国家产业集群发展的经验启示 [J]. 科技进步与对策，2019（7）：56-60.

技产业集群及其他类型集群之间的交流与合作，成为跨地区合作的纽带。通过数字科技驱动下的虚拟产业集群所具有跨区域的网络型价值分工机制，将传统区域分工体系嵌入虚拟空间集聚带来的全球化分工体系之中，助力构建释放动态发展效能的区域协同创新体系、疏通影响国内大循环的堵点、发展更高层次的开放型经济。

数字科技的基础设施：创新类新基建[⊖]

创新基础设施是为创新活动提供便利条件所必要的公共基础设施。习近平总书记在党的十九大报告中强调指出："创新是引领发展的第一动力，是建设现代化经济体系的战略支撑，要瞄准世界科技前沿，强化基础研究，实现前瞻性基础研究，引领性原创成果重大突破。"要实现以上目标，就必须不断加强国家创新体系建设。国家创新体系是决定国家发展水平的重要因素，国际竞争很大程度上是科技创新能力体系的比拼，而其中创新基础设施的建设则是体现国家创新体系的中坚力量。国家发展改革委明确创新基础设施是三大类"新基建"之一，主要指支撑科学研究、技术开发、产品研制的具有公益属性的基础设施，比如，重大科技基础设施、科教基础设施、产业技术创新基础设施等。本章将重点介绍重大科技基础设施、科学大数据中心、国家超算中心等几种典型的基础设施及其在科技创新领域中的作用。

一、重大科技基础设施

重大科技基础设施是为探索未知世界、发现自然规律、实现技术变革提供极限研究手段的大型复杂科学研究系统，是突破科学前沿、解决经济社会发展和国家安全重大科技问题的物质技术基础。科学研究对仪器设备的依赖是逐步发展的。从最初依赖放大镜、显微镜等简单扩展人的观察能力的小型仪器到电子显微镜等

⊖　本章执笔人：中国科学院科技战略咨询研究院的刘昌新。

大型仪器设备，一直到依赖重大科技基础设施，这遵循了科学发展的必然规律，目前世界科技强国都把重大科技基础设施的规划、设计、建设和运行放在科技发展战略非常重要的地位。我国正处于建设创新型国家的关键时期，前瞻谋划和系统部署重大科技基础设施建设，进一步提高发展水平，对增强我国原始创新能力、实现重点领域跨越、保障科技长远发展、实现从科技大国迈向科技强国的目标具有重要意义。

（一）重大科技基础设施的概念及其重要性

国家重大科技基础设施是指通过较大规模投入和工程建设来完成，建成后通过长期的稳定运行和持续的科学技术活动，实现重要科学技术目标的大型设施，是科学研究的重要工具。重大科技基础设施的规划和建设体现了国家科技战略意图，是世界科技强国保持国际竞争优势的重要手段。欧美发达国家从国家战略层面发展大科学工程，通过重大科技基础设施建设贯彻国家意志，科学历史学家丹尼尔·格林伯格称之为"科学与国家的联姻"。其中，有名的设施如同步辐射加速器，EAST 全超导托卡马克，以及射天望远镜 FAST 等。欧美科技强国都通过制定长期的战略路线图来规划科技基础设施，保证国家的科学与技术持久领先。我国除科技方面的五年规划、中长期规划，也有专门的国家重大科技基础设施规划。

国家重大科技基础设施的定义和内涵，特别是其功能分类和目标领域一直随着科学发展在演变，通常也会被称为"大科学装置"或"大科学工程"。大科学装置在国外也是有对应的说法的，比较官方的说法比如是美国能源部用的 Large Scale Scientific Instrumentation，德国电子同步加速器研究所 DESY 则称为 Large-scale facilities for science。表 13-1 所示为国际大型科学研究中心及其大科学装置。

表 13-1　国际大型科学研究中心及其大科学装置

研究机构	大科学装置
美国费米国家实验室	中微子束流及探测器、中微子探测装置、高能宇宙线天文台
美国阿贡国家实验室	先进光源、直线加速系统、加速器研发测试装置、超算中心、纳米尺度材料中心等
美国劳伦斯伯克利国家实验室	分子工厂、能源科学网络中心、国家电子显微中心
美国布鲁克海文国家实验室	国家同步辐射光源、相对论重离子对撞机、高通量反应堆、空间辐射实验室、激光电子加速器
德国电子同步加速器研究所	自由电子激光、相对论电子加速器
英国卢瑟福实验室	散裂中子源、同步辐射官员、中心激光装置、分子谱研究设施
欧洲核子中心	大型强子对撞机、超级质子同步加速器等
中科院高能物理所	北京正负电子对撞机、北京同步辐射装置、中国散裂中子源、大亚湾中微子实验室等

重大科技基础设施的出现实际上具有其历史的必然性，以重大科技基础设施为基本研究工具的"大科学"是科学研究发展的必然，是挑战重大科学命题的主战场。前中科院院长周光召曾形象地把"小科学"比喻成小的侦察部队，"大科学"则是打攻坚战的主战场。如果"大科学"装置落后，很多的"小科学"研究就无法开展，其技术成果也不能首先在世界上最先进的设备上取得。以高能物理为例，在北京正负电子对撞机建成之前，我国的科学家只能参与欧美国家主导的高能物理实验，或者是小规模的宇宙线实验，很难做出在国际上有影响的重大成果。

重大科技基础设施的"重大"特征不仅体现在科学技术的目标和科学意义上，在建设运行组织规模、投资体量方面也体现了"重大"或者"大型"的特点。设施的"大型"特征源于拓展人类探索能力的自然需要，承载了必要的多元创新要素，"重大"也体现在能否支撑新一轮科技创新。因为"重大"，设施的整个生命周期从预先研究到规划、设计、建设、运行及未来的升级改造，常常会达到几十年，其立项建设不仅需要通过高水准的科学、技术与工程方案评估，以及对未来发展方向、水平和需求的评估，有时还需要国家层面的政治决策。实际上，重大科技基础设施庞大的尺度本身就自带一种数量级上的暴力美学与浪漫。当你看到以山谷为台址，纵横 500 米的 FAST 天眼，或者贯穿法国瑞士边境，周长 27 千米的 LHC 大型强子对撞机，哪怕你对其中的科学细节一无所知，也一样会被这种现代人类文明的奇观所震撼。大科学装置，以及现代的各种超级工程，满足的是从上古的"移山填海"，到现代的以赤道作为加速器，以行星作为宇宙飞船这种永恒的对改造大自然的极致想象。

重大科技基础设施的重要性还体现在国家参与国际科技合作与竞争。在科技竞争方面，因设施在国际科学前沿领域中的地位，设施所在地往往成了相关领域国际科技交往的中心，也自然而然地成为高端人才、先进技术、前沿思想汇聚的地方。世界科技强国均依托重大科技基础设施建立了有国际影响的科学中心。此外，设施强大的创新支撑能力和人才承载能力，使得设施成为不同国家、不同学科，以及科学界与工业界之间的枢纽。重大科技基础设施不仅是开展科学研究的平台，还是技术成果、人才和资本动态交互的中心，创新知识、应用技术向周边地区的溢出，对设施所在地的科技、教育、社会经济有重要的影响。在科技合作方面，由于重大科技基础设施建设体量大，有的设施由于投资规模巨大，超出了一个机构或者一个国家独立投资或运行的能力范围，国际间的合作和跨地区的联合建设 / 运行已经正在成为一种必然趋势。

（二）重大科技基础设施的基本类型

按照重大科技基础设施的使用范围和方式可以将其分为专业科学领域使用、多个学科共同使用、科技机构与社会经济主体共同使用这三种类型，如图 13-1 所示，具体分析如下。

专用研究设施	公共实验平台	公益基础设施
• 正负电子对撞机 • 核聚变实验装置 • 宇宙线观测站 • 天文望远镜、天文卫星 • 中微子实验装置	• 同步辐射光源 • X 射线自由电子激光装置 • 散裂中子源	• 遥感卫星地面站 • 长短波授时中心 • 野生生物种质资源库

图 13-1 重大科技基础设施的三种类型

第一类是专用研究设施，这类设施是为特定学科领域的重大科学技术目标而建设的研究装置，如正负电子对撞机、核聚变实验装置、宇宙线观测站、天文望远镜、天文卫星、中微子实验装置等，专用研究设施有明确具体的科学目标，依托设施开展的研究内容、科学用户群体也比较集中。1931 年，美国物理学家欧内斯特·劳伦斯通过磁共振的原理建成了回旋加速器，并获得了 1939 年的诺贝尔奖。据统计，在此后的 60 年间，基于大科学装置获得的诺贝尔物理学奖有 21 个之多。特别是经过几十年的努力，欧洲核子中心的大型强子对撞机（LHC）上发现了希格斯玻色子，是大科学装置支撑重大科学前沿取得突破的典范，是人类探索自然的又一重大成就。事实上近 20 年来获得诺贝尔物理学奖的几个最重要发现，包括引力波、中微子振荡和希格斯粒子，都是基于大科学装置。在中国，北京正负电子对撞机（BEPCII）上发现了新共振结构 Zc（3900），被《自然》杂志评价为"开启物质世界新视野"，入选美国《物理》杂志 2013 年重大成果之首。大亚湾实验发现新的中微子振荡模式，被称为中微子物理研究的一个里程碑，入选了美国《科学》杂志 2012 年十大科学突破，获国家自然科学一等奖和美国基础物理学突破奖等一系列国内外大奖，大科学装置支撑我国的粒子物理走到了国际最前沿。20 世纪中叶以来，在物质结构方面的重大突破几乎都与大科学装置有关，要在这些领域取得世界级的研究成果，必须发展一流的专用研究设施，为原始创新提供必不可少的研究手段。

第二类是公共实验平台，这类设施主要为多学科领域的基础研究、应用研究提供支撑性平台，例如同步辐射光源、X 射线自由电子激光装置、散裂中子源等。这一类装置为多个科学领域的大量用户提供实验平台和测试手段，比如正在北京怀柔建设的高能同步辐射光源，将为凝聚态物理、材料、化学工程、能源环境、生物医学、航空航天等领域的科学家提供从静态构成到动态演化过程的多维度、实时、原位的微观结构表征，从而理解并掌握物质结构，特别是微观结构的客观规律，为相关基础科学研究及其应用提供关键支撑。

相比专用研究设施，公共实验平台是支撑跨领域、交叉学科研究活动的综合性科研平台，这一类设施为相关学科领域的基础研究和应用研究提供了新的手段和产生突破的基本实验条件。北京同步辐射装置（BSRF）、合肥的国家同步辐射实验室（HLS）、上海光源（SSRF）是目前正在运行的 3 个同步辐射类公共实验平台。上海同步辐射光源的 15 条光束线 19 个实验站累计向全国用户提供 35 万小时的束流时间，服务全国 537 家单位用户。2003 年突然暴发的 SARS 病毒，2020 年春节期间，肆虐中国大地的新型冠状病毒，都是依托同步辐射光源得到了蛋白酶结构的解析，为抗病毒药物研制提供了必要的基础数据。2018 年建成投入运行的中国散裂中子源，在不到一年的开放运行中，就完成用户课题百余项，这些课题围绕国际科技前沿和国家重大需求，涵盖了新型锂离子电池材料结构、斯格明子的拓扑磁性、自旋霍尔磁性薄膜、高强合金的纳米相、太阳能电池结构、芯片的中子单粒子效应等基础研究方向，同时也开展了航空材料、可燃冰、页岩、催化剂等应用研究，取得了多项重要成果。公共实验平台的建设和运行目标是结合用户的科学需求而制定的，为更好地为用户服务，理解用户需求及学科发展方向，甚至提前预知未来发展趋势，做好技术与研究的结合，设施的建设单位还必须发展自己的多学科研究，发挥多学科交叉的特长，开展有特色的研究，培养一支技术与研究相互融合的队伍。公共实验平台促进了跨部门、跨学科、跨领域的开放共享，充分发挥了科学设施与用户资源的集成、协调研究模式的优势，也推动了依托这些装置的新兴学科研究。

第三类是公益基础设施，这类设施主要是为国家经济建设、国家安全和社会发展提供基础数据和信息服务，属于非营利性、社会公益型重大科技基础设施，如遥感卫星地面站、长短波授时中心、野生生物种质资源库等。以遥感卫星地面站为例，其从 1986 年正式投入运行。通过对卫星数据持续的接收和处理，形成了我国最大的多种对地观测卫星数据档案库，为国家积累和保存了唯一的、极其珍贵的空间对地观测数据历史资料，这是进行空间信息应用中宝贵的数据资源。作为我国遥感应用所需卫星数据的主要信息源，地面站为全国各遥感研究和应用部门提供了数以万计的卫星遥感资料，为促进全国遥感应用事业的发展起到了重要作用。地面站现有国内外用户 600 多家，遍及政府部门和全国 30 个省、市、自治区。目前的用户涵盖自然资源部、生态环境部、农业农村部、水利部等国家机关，石油、冶金、煤炭等集团公司以及研究机构、高校、省市地方政府、国际用户等。地面站提供的卫星资料广泛应用于土地、林业、农业、水利方面的资源调查、环境监测、地质勘探、测绘、城市规划、水火虫灾害监测评估等众多领域，促进了我国高技术应用的产业化发展与经济建设宏观决策的科学化论证，产生了巨大的社会效益和经济效益。

（三）我国重大科技基础设施的布局与发展

我国的重大科技基础设施发展起步于20世纪80年代建设的北京正负电子对撞机（BEPC）。在此之后，我国陆续建成了一批大科学装置，包括兰州重离子加速器（HIRFL）、全超导托卡马克核聚变实验装置（EAST）、上海光源（SSRF）、合肥同步辐射装置（HLS）、长短波授时系统（BPL-BPM）、遥感卫星地面站（RSGS）等，对促进我国科技事业和其他各项事业的发展起到了积极作用。"十一五"之后，我国启动了设施建设规划的"五年计划"推进模式，设施建设进入有序规划、加速发展的阶段，散裂中子源（CSNS）、500米口径球面射电望远镜（FAST）、"科学"号海洋科学综合考察船、航空遥感系统（CARSS）等设施相继建设，设施建设和开放共享水平大幅提升，并向多学科领域扩展，科研支撑能力不断加强。党的十八大以来，我国制定发布了《国家重大科技基础设施建设中长期规划（2012—2030年）》，首次在国家战略层面形成了设施发展的中长期路线图。"十二五"期间，我国规划部署了16项重大科技基础设施。"十三五"期间，围绕国家重大战略需求制定了《国家重大科技基础设施建设"十三五"规划》，优先布局10项设施，覆盖了能源、生命、地球系统与环境、材料、粒子物理和核物理、空间和天文、工程技术7个科学领域，形成了服务于学科前沿研究、国家经济社会重大需求的健全功能体系。目前，综合考虑我国重大科技基础设施规划布局和建设情况，国家发展改革委、科技部先后批复在北京怀柔、上海张江、安徽合肥3个国家重大科技基础设施集聚区建设综合性国家科学中心。表13-2所示为中科院运行、在建的重大科技基础设施。

这些重大科技基础设施的运行基本上都需要强大的算力和海量的存储设施来支撑。目前，国家新建的重大科技基础设施对实时海量数据处理、编程环境友好性、数据分析实时可视化有较大的需求，特别是高重频自由电子激光理论上每秒会产生TB量级的数据，海量数据经过硬件筛选过后，每秒也会有几十甚至上百吉字节的数据。截至2019年9月，我国重大科技基础设施运行和在建总量达65个。从领域与区域分布看，生命科学主要布局在北京、上海、陕西、云南、四川；地球系统与环境主要布局在北京、广东、山东、四川、河北、黑龙江；工程技术科学主要布局在北京、安徽、四川、陕西、其他地区各 1 个；粒子物理和核物理主要布局在广东、安徽、上海、北京其他地区各 1 个；材料科学主要布局在北京、上海；空间和天文科学主要布局在四川、河北和贵州；能源科学主要在江苏。

表 13-2　中科院运行、在建的重大科技基础设施[⊖]

设施类型	设施名称	研究机构	投入运行时间
专用研究设施	北京正负电子对撞机（二期）	高能物理所	2009
	兰州重离子研究装置	近代物理研究所	2007
	超导托克马克实验室装置	合肥物质科学研究院等离子体物理所	2007
	大亚湾反应堆中微子实验	高能物理研究所	2021
	500 米口径球面射电望远镜	国家天文台	2019
	高海拔宇宙观测站	高能物理研究所	2021
公共实验平台	上海光源	上海高等研究院	2009
	国家蛋白质科学研究设施	上海高等研究院	2015
	武汉国家生物安全实验室	武汉病毒研究所	2018
	中国散裂中子源	高能物理研究所	2018
	大连相干光源	大连化学物理研究所	2018
	上海光源线站工程	上海应用物理研究所	2025
	地球系统数值模拟装置	大气物理研究所	2022
	模式动物表型与遗传研究设施	昆明植物研究所	2024
公益类基础设施	长短波授时系统	国家授时中心	1983
	中国遥感卫星地面站	空天信息创新研究院	1986
	遥感飞机	空天信息创新研究院	1986
	"实验 1"科学考察船	声学所、南海海洋所、沈阳自动化所	2009
	中国西南野生生物种质资源库	昆明植物研究所	2009
	航空遥感系统	空天信息创新研究院	2020

二、科教基础设施

（一）我国科教设施总体部署情况

科教基础设施的总的出发点是，我国在国家层面关于科技资源共享平台的方

⊖ 表中数据摘自王贻芳和白云翔所作《发展国家重大科技基础设施 引领国际科技创新》一文。

案出台了《科学数据管理办法》和《国家科技资源共享服务平台管理办法》，并在超算中心、国家科学数据中心、大科学装置等方面做了相关部署，如图 13-2 所示。需要说明的是，除了国家级别算力资源外，大量的科研院所和高校也拥有自己的小型超算中心资源。

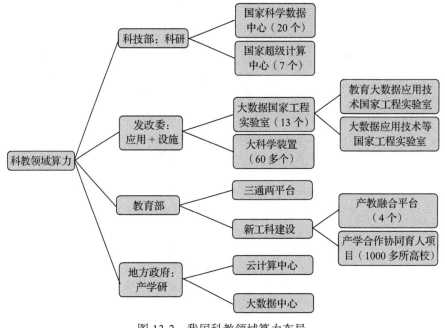

图 13-2 我国科教领域算力布局

（二）国家级超算中心

我国建设了一批国家级的超算中心，主要承担面向科学计算，承担大规模的科学计算和工程计算任务，以浮点运算为主。同时拥有强大的数据处理和存储能力，强调并行计算和高性能。为加强算力资源的共享应用，我国超算中心基本都有云计算服务功能，这是共享经济在计算领域的演进，面向所有需要信息技术的场景。未来，应用领域和应用层次不断扩张，要支撑构造千变万化的应用。云计算资源需要强调分布式和经济效益。

国家科技部于 2009 年批准成立了 5 个国家级云计算中心，截至 2019 年，全国共成立了 7 个国家级云计算中心，新增国家超级计算无锡中心、国家超级计算郑州中心（见表 13-3）。还有其他地方政府组建的超算中心，如上海、成都、山西等地都有云超算中心。国际超算大会（ISC2019）公布了新一期全球高性能计算机

（HPC）TOP500 榜单，中国境内有 219 台超算上榜，在上榜数量上位列第一。国家级的超算中心基本都具备云计算服务能力，可以实现远程使用，但其资源都相对集中，没有采取分布式布局模式，在数据远程传输效率上有一定的瓶颈。

表 13-3　国家级云计算中心

云计算中心	成立时间	规模	应用领域
天津云计算中心	2009 年	占用房屋面积约 8500 平方米，共建有 2 个大型机房共约 4000 平方米	生物医药、石油地震勘探数据处理、动漫与影视渲染、新材料新能源、高端装备设计与仿真、航空航天、流体力学、天气预报、气候预测、海洋环境模拟分析
深圳云计算中心	2009 年	运算速度达每秒 1271 万亿次，排名世界第二。同时配备高达 17.2PB 的海量存储及来源于各大运营商、教育网的丰富网络带宽资源	开展各种大规模科学计算和工程仿真、动漫渲染等计算业务，同时以其强大的数据处理和存储能力为社会提供云计算服务
长沙云计算中心	2011 年	一期工程规划建筑面积 30 000 平方米	为气象、国土、水利、卫生/医疗、交通等公共服务部门提供了高性能的计算平台服务
济南云计算中心	2011 年	采用自主处理器构建千万亿次超级计算机系统的国家	面向海洋科学、现代农业、油气勘探、气候气象、药物筛选、金融分析、信息安全、工业设计、动漫渲染等领域提供计算和技术支持服务，承接国家、省部等重大科技或工程项目
广州云计算中心	2013 年	总建筑面积 42 332 平方米，其中机房及附属用房面积约 17 500 平方米	是助推战略性新兴产业发展、支撑国家创新型城市和智慧广州建设的重大战略性基础设施，成为融高性能计算、海量数据处理、信息管理服务于一体的世界一流超算中心
无锡云计算中心	2016 年	中心建设面积 1173 平方米，引进了峰值速度为 20 万亿次每秒的"神威 4000A"超级计算系统，还配置了面向产业应用的高性能计算应用软件	连续四次登顶全球超级计算机 500 强榜首。除国家力量外，当前人工智能等互联网企业出于业务需要，也投入到了计算能力的发展建设中来
国家超算郑州中心	2018 年	配备技术先进、自主可控新一代超级计算机系统，峰值计算能力达到 100Pflops，存储容量 100P	超算服务包含科学计算和工程仿真。科学计算是指用计算机来求解科学研究和工程技术中所遇到的大规模数学计算。广泛应用于数学、物理、天文、气象、物理、化学、材料、生物等学科

（三）国家科学数据中心

2018 年，国务院办公厅正式印发《科学数据管理办法》，办法中明确了各部委、科研机构对科学数据管理的职责，对科学数据管理、共享与利用提出了较高的要求。同时办法还提出了建设国家科学数据中心的要求，明确其职责包括四个方面：一是承担相关领域科学数据的整合汇交工作；二是负责科学数据的分级分类、加工整理和分析挖掘；三是保障科学数据安全，依法依规推动科学数据开放共享；四是加强国内外科学数据方面交流与合作。科技部第一批公布的 20 家国家科学数据中心中，如表 13-4 所示。

表 13-4　国家科学数据中心[⊖]

序号	国家平台名称	依托单位	主管部门	序号	国家平台名称	依托单位	主管部门
1	国家高能物理科学数据中心	中国科学院高能物理研究所	中科院	11	国家冰川冻土沙漠科学数据中心	中国科学院寒区旱区环境与工程研究所	中科院
2	国家基因组科学数据中心	中国科学院北京基因组研究所	中科院	12	国家计量科学数据中心	中国计量科学研究院	市场监管总局
3	国家微生物科学数据中心	中国科学院微生物研究所	中科院	13	国家地球系统科学数据中心	中国科学院地理科学与资源研究所	中科院
4	国家空间科学数据中心	中国科学院国家空间科学中心	中科院	14	国家人口健康科学数据中心	中国医学科学院	卫生健康委
5	国家天文科学数据中心	中国科学院国家天文台	中科院	15	国家基础学科公共科学数据中心	中国科学院计算机网络信息中心	中科院
6	国家对地观测科学数据中心	中国科学院遥感与数字地球研究所	中科院	16	国家农业科学数据中心	中国农业科学院农业信息研究所	农业农村部
7	国家极地科学数据中心	中国极地研究中心	自然资源部	17	国家林业和草原科学数据中心	中国林业科学研究院资源信息研究所	林草局
8	国家青藏高原科学数据中心	中国科学院青藏高原研究所	中科院	18	国家气象科学数据中心	国家气象信息中心	气象局
9	国家生态科学数据中心	中国科学院地理科学与资源研究所	中科院	19	国家地震科学数据中心	中国地震台网中心	地震局
10	国家材料腐蚀与防护科学数据中心	北京科技大学	教育部	20	国家海洋科学数据中心	国家海洋信息中心	自然资源部

⊖ 表中数据摘自 https://www.sciping.com/29306.html。

国家科学数据中心既是当前国家创新体系的基础要素，又是未来国家创新体系的重要引擎之一，是变革未来创新模式的重要推手。2019年，科技部、财政部对原有国家平台开展了优化调整工作，经研究共形成"国家高能物理科学数据中心"等20个国家科学数据中心、"国家重要野生植物种质资源库"等30个国家生物种质与实验材料资源库。国家科学数据中心并不是简单的大数据中心，它集成了大科学装置、大数据中心和超算的功能。

"十四五"期间中科院的科学数据工作应围绕国家科学数据中心的建设开展，积极落实国家相关要求，将科学数据共享与利用做到实处，推进中科院优势学科领域申请成为新的国家科学数据中心。

（四）大数据国家工程实验室

2016年，《国家发展改革委办公厅关于请组织申报大数据领域创新能力建设专项的通知》明确了相关专项建设的目标、内容和重点，将围绕大数据基础技术和应用技术两个维度，组建13个国家级大数据实验室。分别是大数据系统计算技术国家工程实验室、大数据系统软件国家工程实验室、大数据分析技术国家工程实验室、大数据协同安全技术国家工程实验室、智慧城市设计仿真与可视化技术国家工程实验室、城市精细化管理技术国家工程实验室、医疗大数据应用技术国家工程实验室、教育大数据应用技术国家工程实验室、综合交通大数据应用技术国家工程实验室、社会安全风险感知与防控大数据应用国家工程实验室、工业大数据应用技术国家工程实验室和空天地海一体化大数据应用技术国家工程实验室。下文以两个实验室为例详细展开。

2017年3月，由北京大学牵头成立大数据分析与应用技术国家工程实验室，旨在建设大数据分析技术研发与应用试验平台，形成国内一流的科研环境，培养大数据分析技术研发与应用高端人才，形成可持续的产学研协同创新机制，为推动我国大数据分析与应用的技术进步和产业发展提供技术支撑。

2017年1月，国家发展和改革委员会发布《国家发展改革委办公厅关于开展教育大数据应用技术国家工程实验室组建工作的通知》，正式批复同意由华中师范大学作为牵头单位，联合相关单位共同建设。教育大数据应用技术国家工程实验室是我国首个面向教育行业，专门从事教育大数据研究和应用创新的国家工程实验室。工程实验室短期目标包括三项，一是完成教育大数据标准编制，构建中国教育大数据标准体系；二是全面形成教育大数据创新能力，构建完善的教育大数据理论创新体系；三是形成完善教育大数据产业链。在此基础上，实验室将实现"助力实现教育高位均衡，引领智慧教育，培养创新人才，成为国际一流的教育大数据工程实验机构"的愿景目标。

三、产业技术创新基础设施

(一) 国家产业技术创新中心

2020 年 3 月,科技部印发《关于推进国家技术创新中心建设的总体方案(暂行)》提出围绕国家创新体系建设总体布局,形成国家技术创新中心、国家产业创新中心、国家制造业创新中心等分工明确,与国家实验室、国家重点实验室有机衔接、相互支撑的总体布局。目前,主要国家创新中心如表 13-5 所示。

国家产业创新中心是整合联合行业内的创新资源、构建高效协作创新网络的重要载体,是特定战略性领域颠覆性技术创新、先进适用产业技术开发与推广应用、系统性技术解决方案研发供给、高成长型科技企业投资孵化的重要平台,是推动新兴产业集聚发展、培育壮大经济发展新动能的重要力量。

表 13-5　国家创新中心名称

创新中心名称	主管部门	主要方向
国家产业创新中心	发改委	产业升级和聚集
国家技术创新中心	科技部	科学到技术的转化
国家制造业创新中心	工信部	制造业升级
国家工程研究中心	发改委	重点工程实施
国家企业技术中心	发改委	企业设立研发机构
国家绿色数据中心	工信部	绿色数据中心

国家产业创新中心主要布局建设在战略性领域,创新方向定位于获取未来产业竞争新优势的某一特定产业技术领域。组建国家产业创新中心的牵头单位,应在行业中具有显著的创新优势和较大的影响力,具备充分利用和整合行业创新资源的能力,能够为国家产业创新中心建设发展提供充足的资金支持和条件保障。目前,国家已经建设的产业创新中心有国家生物育种产业创新中心、国家先进计算产业创新中心、国家智能铸造产业创新中心、国家先进存储产业创新中心等。

以国家先进计算产业创新中心(National Industrial Innovation Center of Advanced Computing,NIICAC)为例,说明国家产业创新中心的建设任务以及发展目标。该中心于 2018 年 9 月由曙光信息产业股份有限公司(简称"中科曙光")牵头组建成立,成为国家创新体系建设中新的重要组成部分。其建设任务是围绕实现先进计算产业自主可控发展、产品高端化发展的目标,整合国家、行业和地方创新资源，联合产业上下游企业和产学研等创新主体，建设先进计算技术研发应用平台、科技成果转移转化平台、知识产权运营平台、公共服务共享平台、双创空间与投融资平台以及人才服务平台，建立以企业为主体、资本为纽带、重大任务为牵引、技术与资本深度融合、平台与成果开放共享的高效运行机制，成为集先进计算核心关键共性技术研究、超融合体系架构研究、软硬件适配研究、行业应用系统集成研究、跨领域融合创新的综合性研发机构。其核心目标是围绕国产芯片建立健全国产计算技术供应链和产业链，提升产业的国际竞争力，到2025年年底，推动国产计算芯片在国内市场的占有率达到30%以上，到2030年年底，推动形成千亿规模的先进计算产业集群，带动我国先进计算产业基本实现关键核心技术自主可控。

2020年，国家先进计算产业创新中心将加大区域产业合作，汇聚资源，促进区域计算产业创新发展、集群发展。以新基建、信创工程为契机，在重点区域，围绕计算服务、硬件制造、技术研发、生态建设、人才培育、应用示范等业态版块，与地方政府、企业、高校、科研院所等机构展开全面合作，共同培育地方百亿规模的HG先进计算产业，共享产业发展红利。

（二）能源行业产业创新基础设施

就能源行业而言，大数据平台无疑是最值得关注的通用技术。2014年，中国工程院工程科技知识中心启动了能源大数据项目建设，目前已确立了能源大数据的知识理论框架体系和数据体系，未来将以相关研究、应用以及取得的成果为基础，从时间维度和空间布局上探索既促进经济社会发展又保障生态环境质量的能源综合发展战略，助力我国能源与经济社会实现高质量协同发展。目前已经建成了能源空间管理应用技术平台（Esmart），实现了全国任意区域的泛能源互联互通数据，还有成功案例和视频教程可供下载。伴随新能源产业的快速发展，智慧能源网络的重要性愈发凸显，底层技术对于产业格局的影响也得到各方关注。到2050年，风电和光伏发电将在发电领域成为新的煤炭，动力电池和氢燃料将成为新的石油，智能物联网将成为新的电力网络。目前国内的不少能源企业纷纷宣布要成为能源互联网企业、综合能源服务提供商。横跨能源行业的开源软件平台，类似于苹果手机的iOS，也将成为行业竞争的制高点。新能源汽车也被寄予厚望。新能源汽车将成为智慧交通网的终端平台、电力互联网的储能平台、智慧生活的连接平台和动态物理空间的赋能平台。在其背后，电池材料的升级、电力电子器件的换代更是业界应该大手笔投入研发的领域。

从模式上看，产业创新基础设施不可能由企业全部自行解决。在能源行业，政府对创新的引导作用尤其明显。相关部门也在行动。2020 年，科技部、财政部、教育部、中科院、工程院、自然科学基金委共同发布《新形势下加强基础研究若干重点举措》（以下简称《举措》），明确提出要进一步加强基础研究，提升我国基础研究和科技创新能力。《举措》从优化总体布局、激发创新主体活力、深化项目管理改革、营造有利环境、完善支持机制等方面提出若干措施。比如，对自由探索和颠覆性创新活动建立免责机制，宽容失败；推动科技资源开放共享；完善基础研究多元化投入体系等。

（三）基于科技基础设施的产业创新

产业技术创新与科技基础设施之间是一种相互促进的关系。"科学求新，技术求精"，每一个重大科技基础设施都是性能卓越的研究工具，为了保持设施的先进性，其建造的技术工艺指标都会高于上一代的同类设施，有些设施为了在一段时间内保持持续领先，在提出设计指标时还要考虑一定的超前性，这就要求发展更高的技术和工艺。这些前所未有的指标要依赖相关装备制造行业来实现，参与建设的企业需要通过不断地技术创新才能达到这一目标。比如，大型加速器的建造需要最高水平的机械、电子、测量、微波、低温、超导、控制和各种信息与网络技术，大型天文望远镜需要最高水平的机械、测量与光学等方面的技术，这都会成为相关领域技术发展的动力，并引发相关领域技术进步或革命。在欧洲核子研究中心（CERN）大型强子对撞机的设计准备过程中，科学家们开发了万维网，并基于此发展出了今天的互联网经济，改变了人类社会的生产生活方式。CERN 发明的万维网技术开放给全世界共用，对全球经济的贡献大大超过了有史以来人类对基础科学研究投入的总和。美国的费米实验室为了建设 Tevetron 加速器，开发了低成本大批量建造超导磁铁的技术，其直接应用就是使核磁共振成像（MRI）技术走出实验室进入医院，让全世界受益。

在我国，北京正负电子对撞机的研制曾让我国的广播电视用上了国产的微波功率源，让成都飞机制造厂的机械加工精度和工艺水平提高了近一个量级。江门中微子实验（JUNO）为实现其核心探测器件的国产化，联合北方夜视等相关企业和研究所，突破了大面积真空光电探测技术的瓶颈，成功实现了新型光电倍增管的批量生产；同时也据此成立研发中心，开展各类高速光电探测器件的研制，为基础科学研究和国家安全做出了重要贡献。江门中微子实验解决了一个光电探测领域的"卡脖子"问题，也造就了一个新的国际知名企业。

"大科学装置"在设计与建造期间是工艺创新、技术创新最集中的时期，设施的特殊工艺需求引发技术创新，带来产业升级，新的生产指标刷新了已有的工业规范，往往会成为下一代工业制造标准，这一过程是通过产业链条中的各环节创新突破来实现的，科学设施的需求是这一产业链条的起点，也是技术创新和产业升级的动力，通过设施的建设，科研院所和企业可以形成良好的产学研创新互动，这一创新过程是由科学界和企业界共同完成的，这种互相成就、相辅相成的关系是"大科学装置"创新驱动的特点，也带来了科学和技术上的丰厚回报。当然也应该看到这种回报对不同的大科学装置是不同的，有时也存在偶然因素，不可预料。但一般来说，越是世界先进的设施对新技术的需求就越大，在技术上国际领先的机会就越大；反之，如果设施水平是别人已经实现了的，在技术上就只能是"填补国内空白"。另一方面，规模越大的设施对技术的要求越高，对价格和批量生产能力越敏感，对企业的直接推动作用也越明显；不惜工本的高精尖技术，其推广转化为应用的溢出效益可能会受到限制。

四、创新基础设施的发展战略

新基建是我国重要的基础设施，具有基础性、战略性，既立足于促进国民经济发展，也是国家国防建设、空天信息安全、生态环保等重要领域的基础保障，其发展需要立足于百年强国目标，基于新发展理念，构建"双循环"发展格局，主要表现为以下三点。

（一）构建创新内循环基础设施体系

创新基础设施面向创新发展，加速了数字和知识流动，是国家的战略性设施。目前国际形势复杂，一方面量子计算、6G 网络、DNA 存储等更先进技术正在不断取得突破，另一方面，外循环的技术引进渠道也日益收窄，因此我国需要充分利用内需市场，实现关键技术核心技术的内循环能力，这是新型基础设施建设的使命。围绕重大科技基础设施、大数据中心以及国家超算中心等科技基础设施集群，致力于打造更加开放共享的产学研模式，鼓励自主创新，攻关"卡脖子"领域，充分补短板，加速技术迭代的内循环生态构建，提高我国产业链供应链的稳定性。这也是我国未来能源互联网、智慧农业、智慧交通等设施安全的重要保障，未来经济的主旋律将以知识创新和应用为核心。

（二）加强国际互联互通，发展开放共享的外循环

创新基础设施的互联互通具有较强的网络效应，全球设施相通是开创全球共赢的基础。我国始终坚持改革开放，积极发展开放共享的"外循环"，围绕创新基

础设施的建设，在科技、经济与社会治理方面加强与国际互动。科技上，继续加强在全球气候变化、生态环保、宇宙大尺度物理学等领域强化科教基础设施的连接与资源共享，加强技术标准统一和协调。

（三）强化研发创新实力，发展新型研发机构，加强创新人才队伍建设

建立与国际接轨的"现代企业化科研机构体制"，包括国家科研机构和部门科研机构。建立现代科研院所管理制度。调整结构，集中力量，重点建设一批掌握国际前沿知识的国家知识创新基地，包括一批国家科研机构和若干所教学科研型大学。创造有利于知识创新的良好环境，提高知识创新的效率。培养具有创新意识和能力的高素质人才，不断取得重大科技成果，提高国家知识创新能力。

企业篇

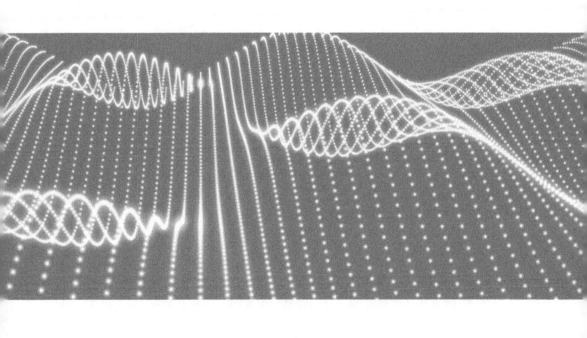

第十四章 | Chapter14
数字科技专利态势分析：三方专利[⊖]

当一项科学技术从理论走向应用时，多数研发主体会选择申请知识产权保护，即通过法律以公开的方式赋予其对原创性研发成果的独占权利，并进一步挖掘其商业价值以求抢占先机获取更高利润回报。在利用专利数据构建的各类不同指标中，三方专利是指在欧洲专利局、日本特许厅、美国专利与商标局均提交申请的同一组专利，目的是在欧盟、日本、美国这三个在全球拥有广泛影响力的市场保护同一项发明。由于其申请费用昂贵并且需要花费额外的时间成本，一般是由各领域具有一定实力的企业在确信一项发明具有较高价值和商业应用潜力时才会申请，并往往与其未来商业布局直接相关，也与产业技术需求方向和技术布局直接关联。三方专利成果转化和商业化的成功率远高于一般专利，能比较真实地反映一个国家的科技实力。在过去 20 多年中，三方专利指标在经济合作与发展组织（OECD）、欧盟统计局、美国国家科学基金会（NSF）等国际权威机构的统计报告中被广泛应用，已经成为评价创新的一个重要参考。通过使用三方专利数据库，可以对数字科技领域的三方专利进行深入数据挖掘，分析数字科技相关技术的发展趋势、全球分布、技术流向、专利申请主体，并对在第四次工业革命中数字科技与各类产业的融合特征开展进一步的研究。

一、整体态势分析

截至 2020 年，全球在数字科技领域共申请的专利族数量为 368 169 个，其中，

⊖ 本章执笔人：中国科学院科技战略咨询研究院的潘璇。

在欧洲专利局、日本特许厅、美国专利与商标局均提交申请的三方专利族为8164个，仅占全部专利族数量的2.2%。通过对不同类型技术的三方专利族数量与总专利数量的占比研究发现，具有较高的技术成熟度和市场成熟度的技术其三方专利族数量占也比较高，一般在4.5%到6%之间，个别如半导体、存储芯片等基础产业类底层技术的这类占比甚至能达到8.6%。一旦明确了某项潜在高价值发明的商业前景和应用场景，各企业主体必然会以最快速度在更广泛的地域申请对其的知识产权保护，从而拥有该项发明的主导权并抢占市场以拥有先发优势。相比之下，整体来看数字科技相关技术还处于初期的基础研发阶段，技术成熟度和市场接受度还不高，各项发明的未来商业价值尚未十分明确，各企业且均未开始在全球范围进行大规模的专利布局和抢占市场。

值得一提的是，我国在数字科技领域总共申请了216 644个专利族，全球占比达60.43%，位列第一，其后是日本（15.56%）、韩国（9.06%）、美国（7.41%）、德国（2.63%），可见这几年亚洲国家在数字科技领域发展迅速并在专利申请数量上占据了绝对优势。但是我国拥有的三方专利族数量仅为263个，全球排名第5位，占全球三方专利族数量的3.92%。拥有三方专利族数量最多的前4位国家分别是日本（33.53%）、美国（30.73%）、德国（7.81%）、法国（5.3%）。这反映了中国在数字科技领域更多的是在国内发展而缺少全球布局和高价值的发明专利，也说明了我国企业的国际化程度还不够，在国际上有竞争力的大公司还不多，在有价值的通用技术相关基础研发方面落后于日本、美国、德国、法国。尽管我国三方专利族的绝对数量不算多，但是总体一直呈现上升趋势（因专利审批周期较长，2019年至2020年的数据为不完全统计），其中2013年后的三方专利族共有311个，占全部申请量的83.2%。并且在2016年至2018年期间，我国的相关专利申请量超过了德国和法国，排名全球第3位，仅次于日本和美国。相比于在海外申请专利保护，我国在数字科技领域的本土专利数量积累和规模呈现扩张趋势，在一定程度上与我国高新技术企业认定等优惠政策的引导激励作用有关，而若要成为数字科技创新能力的核心要素和经济发展的根本驱动力，还需产出高价值的发明专利并全面提升专利的运用绩效，从而实现量变到质变的飞跃。

每项技术随时间演变均存在从萌芽到成熟再到衰退的技术生命周期（whale-shaped chart），这样的演变行为在其专利数量和状态特征上也会有相应的表现。通过对各类技术发展演进规律的研究，在专利发展趋势上可以相应地分为5个阶段，一是技术的"萌芽期"在专利数量上会表现为波动性缓慢增长的"缓慢发展期"；二是该技术在工程应用上越来越成熟，有望应用于产品原型的生产时，其专利数量会出现快速增长的趋势称之为"增长期"；三是当开始出现规模化生产并为企业带来可观的经济效益时，其专利数量急剧上升则会出现一个"飙升期"；四是紧接着面临一个 5 年到 10 年或长或短的"平台期"，这意味着该技术实现了普遍应用且行业利润逐渐减少并趋于稳定；五是随后专利数量逐步呈现衰减趋势的"衰退期"，说明该项技术也演变到了其生命周期的尽头，即将面临被新技术淘汰或替代的局面。

通过对全球数字科技领域在时间轴上的专利申请起源和发展态势进行研判可以得出，截至 2020 年全球数字科技领域的专利申请大致可分为两个阶段：第一阶段是 2013 年以前的"缓慢发展期"，相关专利数量缓慢增长，平均每年较上一年的增量约为 466 件；第二阶段是 2013 年至今的"增长期"，2013 年全球数字科技相关专利的申请量第一次出现明显增长，之后以平均每年 8361 件专利的增量一直上升到 2019 年的 61 006 件。其中，需要说明一下的是 2019 ～ 2020 年显示的专利数量因为公开和申请之间存在时滞，可能存在少于实际申请量的情况。从总体专利申请量的趋势图中可以看出数字科技产业目前处于"增长期"，尚未达到"飙升期"，数字科技在实际生产生活中的应用场景尚需不断探索，配套的技术手段还需要进一步提升和完善，因而其商业价值也有待持续挖掘。根据专利数量增长趋势不难发现，每年的专利申请量远未触顶，还未形成可通用的成熟技术，不同技术赛道的分化还在继续演进，相关科技水平还有待进一步提高，未来的发展空间巨大。

数字科技领域的三方专利族申请量排名前 10 位的国家的申请趋势如图 14-1 所示。申请量从高到低依次为日本（3177 个）、美国（2950 个）、德国（749 个）、法国（503 个）、中国（374 个）、英国（367 个）、韩国（284 个）、瑞士（279 个）、印度（273 个）、荷兰（268 个）。仅美国和日本两个国家就贡献了绝大多数的申请量，约占总申请量的 56.08%。从图 14-1 可见，全球在数字科技领域的三方专利申请趋势上一直呈现增长态势并出现了 3 次高峰，第一次高峰出现在 1988 年前后，主要的三方专利申请保护技术集中在工业自动化、机械臂以及半导体工艺流程等方向；第二次高峰出现在 2004 年前后，主要的方向包括高性能计算（HPC）、远程控制、自主机器人等；第三次高峰出现在 2017 年前后，主要专利集中在区块链、大数据、工业互联网、通用机器人等与第四次工业革命紧密相连的技术方向。从变化趋势可以看出，第三次高峰尚未触顶，这也进一步验证了第四次工业革命的技术发展还未达到成熟阶段，新旧技术代系替换尚未完成，相关科技还需要进一步研发。

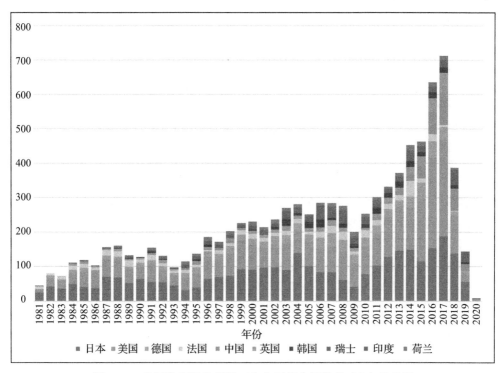

图 14-1 各国数字科技领域三方专利族申请数量（个）趋势图

二、地域分布及流向

近十年来（2011～2020年）全球在数字科技领域的三方专利族申请总量为5189个。各国申请量从高到低依次为美国、日本、德国、中国、法国、英国、印度、韩国、瑞士、荷兰。其中，美国拥有的三方专利族数量约占总申请量的39.5%，日本紧随其后占比约为34.7%，这两个国家的三方专利族申请量远高于其他国家或地区，在数字科技领域占有绝对的优势。中国排名第4位，共计拥有360个三方专利族，约占总申请量的6.9%，见表14-1。

表 14-1 近十年各国数字科技领域三方专利族申请数量前十位的国家分布

排名	申请人国别	三方专利族数量（个）	总量占比（%）
1	美国	2051	39.5
2	日本	1799	34.7
3	德国	492	9.5
4	中国	360	6.9

（续）

排名	申请人国别	三方专利族数量（个）	总量占比（%）
5	法国	275	5.3
6	英国	268	5.2
7	印度	262	5.0
8	韩国	226	4.4
9	瑞士	190	3.7
10	荷兰	176	3.4

　　每个国家的专利发明人和申请人可以根据自身机构或企业的发展战略需求，在全球各国和地区申请对自己的发明和设计进行专利保护，从而在更大范围内布局形成专利池最大限度保护自己的知识产权，并抢占有潜力的市场。图 14-2 展示了在数字科技领域各个国家或地区在全球范围内申请保护的三方专利分布情况。可以看出美国和日本申请相关专利数量较多，美国相较其他国家更加注重专利技术的全球布局，基本在图 14-2 中的所有国家都有覆盖。

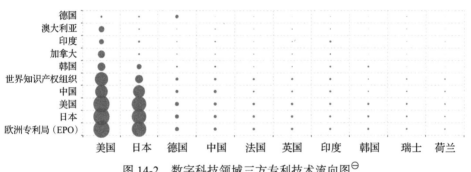

图 14-2　数字科技领域三方专利技术流向图[⊖]

　　值得注意的是，除了德国之外的其他国家在本国的公开专利都不占优势，基本被美国、日本两国垄断，容易形成专利技术壁垒，为本国的数字科技研究开发和知识产权保护带来较高运营成本，并且很可能在将来阻碍本国的数字产业发展、从而失去拓展相关市场的先机。

　　相比之下，德国在本国公开保护的专利数量上占绝对优势，拥有 392 个三方专利族，高于美国、日本分别在德国申请保护的 254 个、192 个三方专利族，在本国数字科技领域牢牢占据着主导地位。德国自第二次工业革命后逐渐崛起为工业强国，为了提高德国工业的竞争力在 2013 年汉诺威工业博览会上推出"工业 4.0"战略，旨在提升制造业的智能化水平，利用信息化技术促进产业变革和数字化转

　　⊖　图中横轴为专利申请人国别，纵轴为专利公开国。

型，其在数字科技领域的三方专利主要集中在大数据、远程控制、人机协作等应用于工业中的关键技术方面。

此外，从总体看来，各国在中国的公开三方专利族数量均仅次于美国、日本、欧洲专利局和本国。全球各国共计有 4933 个三方专利族在中国申请公开保护，说明各国均十分重视在中国的专利布局。我国数字科技相关产业起步较晚，相对于整体处于领先地位的发达国家，存在发展不均衡、关键技术落后等问题，但这也意味着我国在该领域尚未出现有明显技术优势的龙头企业，为各类中小型创新企业提供了自由竞争的良好环境，具有巨大的市场前景。此外，在我国的信息技术突飞猛进的态势下，民众对数字科技的接受度很高，全球相关企业对我国在该领域的市场开发和拓展高度关注，争相在我国进行专利布局，以保护本国研发机构和企业在我国的知识产权从而最大化本国企业在中国的利益。

通过对我国数字科技领域近十年三方专利族申请情况进行研究，可以发现我国在这一新兴领域的科技发展也呈现出明显的地域特征。拥有数字科技三方专利族数量较多的省市地区比较集中地分布在东部及南部沿海经济较发达的区域。其中，排名前 7 位的是：广东（拥有三方专利族 66 个）、北京（52 个）、台湾（30 个）、浙江（27 个）、上海（22 个）、江苏（22 个）、香港（10 个）等。尤其是广东和北京在数字科技领域表现最为突出。从区域集聚看，京津冀、长三角、珠三角成为我国数字科技发展的主要区域。主要是因为这三个区域的综合实力和发展优势为数字科技的研发打下了良好基础，提供了充分的基础科学资源、人才供应、以及资金保障。此外这些区域也是高新科技产业集聚度最高的地区，并且拥有种类丰富多样和坚实的产业基础，为数字科技的落地提供了广阔的应用场景。

三、申请主体

通过对数字科技领域三方专利的全球申请人进行类型分析，可见企业类的申请人以绝对的数量优势占据主导地位，共有 3913 家企业，占所有申请人数量的 91.83%；其次有 172 位个人申请人，占总数的 4.04%；再次是大专院校共 105 家，占总数的 2.46%；科研单位和机关团体则参与较少，分别是 40 家（占比 0.94%）和 21 家（占比 0.49%）。其中大专院校排名前 8 位的主要申请人有：约翰斯霍普金斯大学（美国）、加州大学（美国）、麻省理工学院（美国）、南洋理工大学（新加坡）、哈佛大学（美国）、浙江大学（中国）、南加州大学（美国）、大阪大学（日本）。美国大学占据 5 席，新加坡、中国、日本各 1 席。科研单位中排名前 5 位的主要申请人有法国原子能委员会（法国）、产业技术综合研究所（日本）、国家信息与自动化研究所（法国）、情报通信研究机构（日本）、中国科学院（中国）。

通过对全球数字科技材料领域三方专利族申请量排名前 40 位的申请人进行统计（见表 14-2），有 12 家美国公司、16 家日本公司、2 家韩国公司、1 家中国公司以及 9 家来自欧盟国家的机构或公司（德国 4 家、瑞典 2 家、法国 1 家、瑞士 1 家、荷兰 1 家、意大利 1 家）。其中，日本在这 40 位申请人中拥有三方专利族的数量占比达到 59.5%，展现出了雄厚的实力。美国拥有 12 家公司位居第二，但拥有的三方专利族数量还不及日本的 1/3。但美国和日本相对于仅拥有 4 家公司的德国已经是遥遥领先，可见其数字科技产业在两国的发展已经形成了规模化的集群效应。

表 14-2　全球材料领域三方专利主要申请人

排名	申请主体	国家	专利族数量（个）	排名	申请主体	国家	专利族数量（个）
1	发那科公司	日本	491	21	富士通公司	日本	60
2	安川电机公司	日本	390	22	东芝公司	日本	56
3	本田公司	日本	187	23	强生公司	美国	55
4	索尼公司	日本	160	24	法国原子能委员会	法国	55
5	精工公司	日本	145	25	通用电气	美国	49
6	阿里巴巴集团	中国	120	26	乐金集团	韩国	48
7	日立公司	日本	108	27	柯马公司	意大利	46
8	三星集团	韩国	107	28	欧姆龙公司	日本	45
9	ABB 公司	瑞士	99	29	博世公司	德国	42
10	丰田公司	日本	97	30	三菱公司	日本	41
11	松下集团	日本	95	31	福维克集团	德国	41
12	波音公司	美国	91	32	微软公司	美国	37
13	川崎重工	日本	83	33	阿法拉伐公司	瑞典	36
14	应用材料公司	美国	83	34	日产公司	日本	35
15	西门子公司	德国	80	35	谷歌公司	美国	32
16	IBM	美国	78	36	库卡机器人公司	德国	29
17	飞利浦公司	荷兰	78	37	陶氏杜邦公司	美国	29
18	佳能公司	日本	71	38	神户制钢	日本	28
19	国际机器人公司	美国	71	39	甲骨文公司	美国	26
20	直观外科手术操作公司	美国	66	40	美国电话电报公司	美国	25

值得注意的是，上榜公司大多已经具有实体化的商业产品，而如 Facebook、亚马逊、字节跳动等在数字科技领域公认以算法见长的龙头企业并没有上榜。究

其缘由，这主要是因为这类公司在数字科技领域一直倡导并坚持推行开源生态，简单说即遵循通过推行开源并利用 AI 开源工具与平台打通产业链并形成生态的技术路线。目前国外开源深度学习框架几乎占有全部的用户市场，引领全球核心算法的发展并主导着基础理论框架的构建。此外，这类公司的核心算法作为其核心知识产权由于具有容易被复制和改写的特点，往往不会以专利的形式进行公开保护，而是由各家公司以商业秘密的方式确保公司不易丧失竞争优势，因此在三方专利数据中也少有体现。

此外，还注意到排名前 40 位的主要专利申请人中仅有法国原子能委员会这 1 家研究机构，其余均为企业，说明数字科技领域的发明主体是企业，其创新创造主要来源于应用需求，与实际生产生活紧密结合。一直以来，欧美日等地的企业研发投入强度非常高，可以联动科研院所建设成完善的产业生态系统，各国龙头企业在数字科技发展中起主导作用。很遗憾的是在全球数字领域三方专利申请量前 40 位的申请人中，仅有 1 家是来自中国的企业——阿里巴巴公司，拥有三方专利族 120 个，占比 3.4%。这说明我国在数字科技领域实力较弱，欧美日发达国家在这个产业仍然保持着绝对的控制力。图 14-3 所示为前 40 名主要申请人国别及专利数量占比。

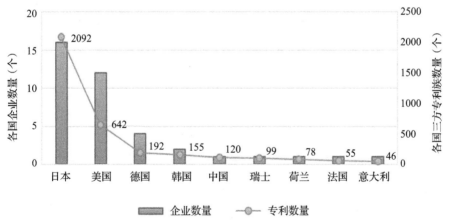

图 14-3　前 40 名主要申请人国别及专利数量占比

通过分析数字科技领域三方专利数量排名前 40 位的主要专利申请人的产业类型（见图 14-4），发现仅这 40 位申请人就来自 18 个不同的产业类型，而且其中有近半数为传统产业，如重工业、工业控制、工业制造、工业零部件、化工材料、航空航天等。这说明数字科技已经成为传统企业进行转型升级的首选方案，在各自领域为现有生产力赋能、降低生产成本、提高生产效率，并在数字科技的共性技术的推动下逐步实现群体性的产业交叉融合和突破。将关键核心技术的研发在实际生产活动中与应用场景结合，不断推动数字科技的迭代创新，最终实现模块化、通用化的生产方式是未来的发展趋势。例如在工业领域，通过自主机器人、自动化控制、数字孪生等技术可大幅度提升工厂生产、管理以及预测能力，并且这些技术也由针对某一生产线、工作流程研发的特有技术逐步发展为可广泛推广应用到更多生产环节甚至不同产业类型的通用技术。

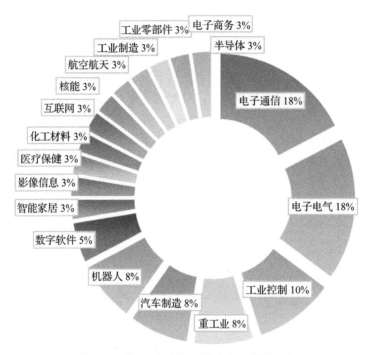

图 14-4   前 40 名主要申请人产业类型分布

此外，为了研究全球主要申请人的技术应用范围，这里对其技术布局进行了梳理和分析。结果显示，中国的阿里巴巴公司，日本的本田公司、索尼公司和丰田公司，美国的波音公司、应用材料公司和强生公司，德国的西门子公司、荷兰的飞利浦公司、以及瑞士的 ABB 公司比较注重专利的全球布局，对海外市场的关注是这类全球化跨国企业的重要特征。日本的安川电机、精工公司、川崎重工和佳能公司，韩国的三星集团和乐金公司相对而言其专利技术布局更集中于亚洲国家，在欧美等其他全球市场的开拓程度比较低。

我国在数字科技领域申请三方专利族数量排名前 7 位的主要申请人主要有阿

里巴巴集团（拥有三方专利族 91 个）、小米科技（10 个）、华为（9 个）、腾讯（9 个）、美的（7 个）、百度（5 个）、东土科技公司（4 个），主要来自互联网、电子电气、通信、工业互联网等行业，其中拥有三方专利族数量最多的是阿里巴巴集团且优势显著。这 7 位申请人均为国内行业龙头企业，说明我国数字科技的研发还是以公司为主体。总体来看，这 7 家企业拥有的数字科技领域三方专利族数量远远少于国际龙头企业，并且基本没有传统行业。这说明我国目前缺少数字科技领域的关键核心技术，传统行业的数字化转型升级进展较国际企业步伐偏缓慢。

在全球数字科技领域个人申请人是仅次于企业的申请主体，拥有三方专利族数量最多的前 10 位的发明人主要来自飞利浦公司、川崎重工、奥瑞斯健康公司、本田公司、安川电机这 5 家公司。其中，专利最多的发明人是来自飞利浦公司的 Aleksandra Popovic，拥有 41 个三方专利族，其相关发明主要用于医疗诊断（A61B）和机械手（B25J）领域。从总体看来，个人发明人的数字科技发明专利主要应用方向包括医疗诊断、工业机械手以及电数字数据处理。

四、技术构成分析

通过对全球数字科技三方专利按照国际专利分类表（IPC）的小类进行分析，筛选出专利族数量排名前 10 位的 IPC 小类并得到其分布情况（见表 14-3）。从各个小类的专利数量上可以推测出数字科技在该领域应用的广泛程度，从侧面反映了该领域相关产业的数字化转型的进展情况。专利数量多的说明数字科技在该领域应用得比较广泛，且数字科技与该产业技术耦合较紧密，可发掘出较多的应用场景。

表 14-3　主要 IPC 分类的技术组成

IPC 分类号	三方专利族数量（个）	主要数字科技组成
B25J（机械手）	2774	工业机器人、物联网、远程控制、人工智能
G06F（电数字数据处理）	1403	量子计算、量子通信、数字孪生、自然语言处理、人工智能、区块链、大数据、云计算、脑机接口、机器人、5G
G05B（控制或调节系统）	960	工业互联网、数字孪生、大数据、机器人
A61B（医疗诊断）	788	大数据、人工智能、数字孪生、脑机接口、机器人
H04L（信息通信）	587	云计算、区块链、量子通信、量子加密、自然语言处理、大数据、数字孪生、5G
G05D（机械控制系统）	567	物联网、数字孪生

（续）

IPC 分类号	三方专利族数量（个）	主要数字科技组成
G06Q（数据处理系统或方法）	522	高性能计算、大数据、云计算、机器学习
B65G（传输装置）	391	工业互联网、机器人
G06K（数据识别）	360	人工智能、机器学习、大数据、区块链、云计算、数字孪生、脑机接口、高性能计算
G01N（材料分析方法）	351	人工智能、数字孪生、机器学习、机器人

从表 14-3 可以看出整体应用按照广泛程度依次是机械手、电数字数据处理、控制或调节系统、医疗诊断、信息通信、机械控制系统、数据处理系统或方法、传输装置、数据识别、材料分析方法。每一个 IPC 分类中对应的数字科技组成要素如表所示，通信和数据处理相关的领域作为数字科技的支撑和研发产业，集中的数字科技要素最多；其次应用较多的是工业生产和医疗诊断。

值得注意的是，数据科技与传统的材料基础科学也有深度的耦合，体现了第四次工业革命学科融合的特点，并且有望在未来为更多的基础学科注入新的活力，加速基础研究的突破。过去新材料的发现主要依赖"试错"的实验方案或者偶然性的发现，一种新材料从研发到应用需要 10 ~ 20 年，已无法满足工业快速发展对新材料的需求。随着计算与信息技术的发展，利用计算系统发现新材料成为可能，将材料科学与下一代计算、人工智能以及机器人等技术相结合，必然加快材料发现的步伐。例如，目前材料基因工程的工作模式可大致总结为实验驱动、计算驱动和数据驱动 3 种。数据驱动模式与当前的思维和行为方式有着根本的不同，需要相应的全新基础设施来支撑，即一个以数据为中心的集成平台，整合基于高通量实验与高通量计算的"数据工厂"与数据设施，全面覆盖数据生产、存储、分析、共享各个环节。以"大数据 + 人工智能"为标志的数据驱动模式围绕数据产生与数据处理展开，代表了材料基因工程的核心理念与发展方向⊖。在此框架下，材料基因工程的 3 个技术要素实现了完美的协同。

此外，与数字科技相关的新应用场景也在不断地被探索和验证，并呈现出多行业联合的跨界趋势。美国 IBM 公司与美国安泰保险、安森保险、HCSC 保险公司以及 PNC 金融服务集团于 2019 年 1 月宣布合作建立区块链网络以提高医疗健康行业数据透明度和互操作性。区块链技术可减少医疗数据管理错误，促进医疗索赔和支付处理，实现医疗信息安全交换，在一个高度安全、共享的数据环境中使相关各方都受益。日本富士通也开发出了一种采用区块链技术的电力交易系统，

⊖　汪洪，项晓东，张澜庭 . 数据 + 人工智能是材料基因工程的核心 [J]. 科技导报，2018，36（14）：15-21.

可快速匹配剩余电力的买卖需求，通过分配电力销售需求优化交易流程，并通过交易记录提高电力交易透明度并准确分配节电奖励。在对 20 个电力用户的模拟测试中，该系统的电力需求响应成功率提高了 40%。

五、总结与展望

从总体专利申请量的趋势图中可以看出，全球数字科技产业自 2013 年进入"增长期"，每年专利申请量至今尚未触顶并持续保持上升趋势。数字科技相关技术尚未完全成熟，通用技术还有待进一步研发，未来发展空间巨大。

全球在数字科技领域的三方专利申请上出现了 3 次高峰，第三次高峰尚未触顶，这意味着伴随着第四次工业革命的技术发展和产业转型尚未达到成熟阶段，新旧技术代系替换尚未完成，还有进一步研发的潜力。

我国在数字科技领域的全部专利数量位居全球第 1 位，占总数的 60.43%，但高价值的三方专利族数量排名第 5 位占比仅为 3.92%。说明我国数字科技产业更多的是在国内发展而缺少全球布局，同时也相对缺少高价值的发明专利，在有价值的通用技术相关基础研发方面落后于日本、美国、德国、法国。这在一定程度上与中国高新技术企业认定等优惠政策的激励作用有关，对专利的数量和类型有具体要求，但是对高价值的专利缺乏明确的定义和引导。

企业类的三方专利申请人以绝对的数量优势占据数字科技的主导地位，共有 3913 家企业，占所有申请人数量的 91.83%，其次是个人，高校和研究机构参与较少，说明数字科技来源于应用需求，是与实际生产生活紧密结合的技术，而且上榜企业大多已具有实体化的商业产品。

数字科技领域三方专利的申请人来自多种不同的产业类型，且有近半数为传统产业。这说明数字科技已经成为传统企业进行转型升级的首选方案，在各自领域为现有生产力赋能、降低生产成本、提高生产效率，并在数字科技的共性技术的推动下逐步实现群体性的产业交叉融合和突破。

数据科技与传统基础科学也有深度耦合，其新兴应用场景也呈现多行业跨界趋势，体现了第四次工业革命学科融合和产业融合的特点。有望在未来为更多的基础学科注入新的活力，加速基础研究的突破，并且开发出更多的应用场景。

第十五章 | Chapter15

数字科技企业的竞争优势：知识产权[⊖]

数字经济指的是以使用数字化的知识和信息作为关键生产要素、以现代信息网络作为重要载体、以信息通信技术的有效使用作为效率提升和经济结构优化的重要推动力的一系列经济活动。互联网企业作为数字经济最重要的载体，在利用知识产权（intellectual property）保护和培育竞争优势方面扮演了重要角色。本章通过调研分析中国和美国的头部互联网企业借助知识产权构建竞争优势的典型做法及经验，探讨数字企业如何通过知识产权战略构建竞争优势。鉴于专利是知识产权中含金量最高的一项权力，本章对知识产权运营的探讨以专利为主，附带讨论商标和域名等。

一、典型互联网企业的知识产权战略

微软、谷歌、苹果、脸书是美国互联网企业的代表，商汤科技、华为、大疆无人机是中国互联网企业的代表。对这些企业的对比分析，基本可以看出典型互联网企业知识产权战略的主要特点。这些企业的基本情况如表 15-1 所示。

表 15-1　互联网企业调研对象情况

企业	行业^①	主要业务	成立时间	专利数^②	地域^③
微软	云计算	基础软件、云计算服务等	1975 年	44 741/11 082	美国
谷歌	搜索	搜索服务、云计算服务、人工智能等	1998 年	65 098/34 767	美国

⊖ 本章执笔人：中国科学院科技战略咨询研究院的刘海波、隆云滔。

（续）

企业	行业	主要业务	成立时间	专利数	地域
苹果	终端	终端设备（含操作系统、线上服务）等	1976 年	67 069/37 524	美国
脸书	社交	照片分享、社交网络、个性化推荐等	2004 年	12 616/7088	美国
商汤科技	人工智能	深度学习平台、人工智能、机器人等	2014 年	811/73	北京
华为	通信	通信设备、终端和云计算服务等	1987 年	173 987/61 101	深圳
大疆无人机	无人机	无人飞行器、专业航拍等	2006 年	7350/2745	深圳

① 大型企业大都跨多个行业领域，比如华为提供通信设备、终端和云计算服务等多个行业的产品/服务，这里只列举本报告对该企业重点关注的行业。

② 从智慧芽英策（https://insights.zhihuiya.com/）专利数据库以目标企业为当前专利人（即包括收购后的专利）检索得到的专利数据呈现（以"总数/有效数"的形式）。2020 年 1 月 9 日检索的公司是华为与大疆，除此之外的其他企业数据均在 2019 年 12 月 30 日检索。

③ 国外企业地域写所属国别，国内企业写所在城市。

（一）美国企业的知识产权战略

1. 微软

微软堪称知识产权管理的典范、知识产权战略的引领者。目前微软正从过去封闭的知识产权管理，转变到面向未来、开放共享创新的知识产权生态建设。

2017 年微软推出智能云知识产权保护计划⊖以帮助微软云用户避免专利诉讼的侵扰。智能云知识产权保护计划将专利保护范围延伸至云用户，以在与亚马逊和谷歌等企业的云平台竞争中取得优势。2018 年微软公布了意在借助合作伙伴捕捉创新性技术的共享创新计划，试图解决微软与客户企业合作产出的知识产权归属和使用问题：客户企业拥有双方合作过程中开发出的"创新"专利——不再担心微软利用合作技术进入其市场与之展开竞争，但微软将被授权许可"有限使用"——仅限于提高微软的平台技术。对微软来说，不再执着于共同持有专利，将合作创新的专利让给合作企业，是一个大胆的做法。共享创新计划是一个激进的知识产权战略计划，标志着微软知识产权战略的根本转变。微软希望借助共享创新计划，能够吸引更多的合作伙伴，拓展业务，在下一代颠覆性技术中抢占先机。这两大知识产权计划标志着微软知识产权战略向知识产权生态转变，力求构建一

⊖ 包括万件专利保护伞、知识产权诉讼无上限赔偿以及即用许可证三大核心内容。

个面向未来的、开放、共享的知识产权生态系统，以保持自身的竞争力。

在运用知识产权武器捍卫自身利益上，微软所采取的战略也别具特色：威胁，但不起诉（见图 15-1），试图以不战而屈人之兵的方式实现获利⊖。在专利诉讼旷日持久、相关判决给起诉方带来的收益远低于期望值的现实背景下，微软的做法确实有其高明之处。

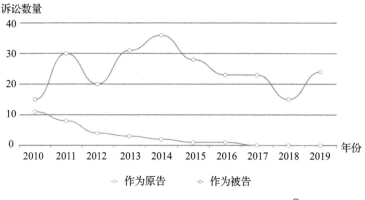

图 15-1　微软近 10 年专利侵权诉讼情况⊜

专栏 15-1：微软诉安卓阵营侵权案

　　微软诉安卓阵营侵权案是微软 IP 运营方面的经典案例。微软在发展过程中，充分运用知识产权武器为公司谋求更有利的竞争地位。微软虽然错过了移动互联网的发展机会，但并不意味着它未曾在这个领域获益。在移动市场占主导地位的安卓开源操作系统领域，微软持有大量技术专利。2010 年微软宣称谷歌安卓系统侵犯了其专利，随后以专利为武器向安卓阵营发难，要求各安卓手机厂商向其支付专利授权费用，对于不愿就范的厂商则威胁提起法律诉讼。这一事件的结果是，有 80% 的安卓设备供应商选择妥协、向微软支付专利费，为微软"威胁但不起诉"的战略丰富了新的案例，使得微软通过安卓专利费所获得的收入要远高于通过自身 Windows Phone 所获得的专利费收入。但硬币的另一面是，谷歌没有选择向威胁低头，而是积极应对、发起反诉，导致微软和谷

⊖　需要注意的是，这并不是说微软从不发起专利诉讼。

⊜　图中靠上的曲线表示原告，靠下的曲线表示被告。本图取自智慧芽英策专利数据库，检索时间为 2019 年 12 月。微软技术许可有限责任公司目前也只于 2015 年作为原告发起过一次专利侵权诉讼，所以并不是因为它转移了微软的专利诉讼。

歌两家公司开始了长达 5 年的专利战，给微软的发展造成了一定的负面影响。可以说，微软收购诺基亚一定程度上是觊觎它持有的大量通信技术专利，以便在专利战中更好地防御。微软和谷歌直到 2015 年才达成协议，同意终止专利侵权纠纷。这客观上为微软当时的战略转型提供了更好的外部环境。

2. 苹果

在知识产权运营上，苹果经过数十年的发展，积累了许多经验，主要表现在以下几个方面：

一是注重专利布局策略。苹果公司常用的一些专利布局策略有：首先是产品上市前集中进行专利申请，充分利用专利审查制度为之后的持续保护提供基础；其次是全球主要市场的布局迅速有利，通过 PCT 申请等方式尽可能扩大保护范围；最后是对产品进行全方位保护，通过延续申请、分案申请等方式形成一个专利族将产品的各个创新点予以层层保护，最大限度地延展了权利范围，实现对自身智力成果精细而有效的保护。

二是善于利用专利诉讼打击对手，捍卫竞争优势地位。在专利司法诉讼上，与美国其他大型科技公司相比，苹果被诉专利侵权的次数明显偏高（见图 15-2）。这一方面与苹果市值太高、导致专利流氓频频招呼有关，另一方面也一定程度上

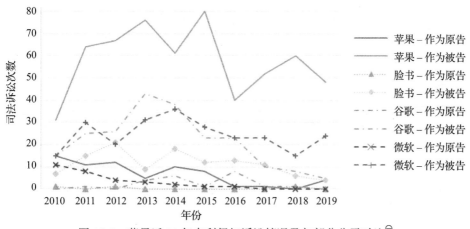

图 15-2　苹果近 10 年专利侵权诉讼情况及与部分公司对比⊖

⊖　本图取自智慧芽英策专利数据库，检索时间为 2019 年 12 月。注意微软技术许可有限责任公司自成立以来只有过 1 次诉讼（还是作为原告），因此并不存在因为它的存在而降低了微软的专利诉讼数量。

与苹果大肆利用手中的专利武器向诸多公司发起专利诉讼、被这些公司反诉有关。历史上，苹果与高通、谷歌、微软、三星等诸多专利大户都有过相互诉讼的案例，而且不止一轮次。可以看出，苹果非常善于运用专利诉讼这个工具。

❀ 专栏 15-2：苹果诉三星智能手机侵犯其外观设计专利案

　　2011 年，因三星初代的 Galaxy 智能手机的外观设计抄袭苹果的初代 iPhone 的智能手机外观设计，苹果为此提起诉讼，要求三星为"在智能手机和平板电脑方面复制其产品"赔付 10 亿美金。2012 年一审判决时，法庭认为三星的确有侵权行为，宣布三星败诉。但在赔偿金额问题上存在分歧，三星觉得处罚金额过高，发起了上诉，导致在损害赔偿问题上的重审。在历经 6 年的时间后，2018 年 5 月，美国一个陪审团作出裁决，认定三星侵犯苹果三项外观设计专利，应赔偿苹果 5.39 亿美元。2018 年 6 月 26 日，美国加州北部地区法庭公布的法律文书显示，两家主导着全球智能手机市场的制造商就专利诉讼达成和解。

---

3. 谷歌

在知识产权运营方面，谷歌积累了比较成功的经验，主要体现以下几个方面：

一是将知识产权保护作为提升竞争优势重要手段。谷歌作为一家科技企业，十分重视知识产权的保护作用，善于对基础算法进行生态构建，持续进行基础算法专利储备和布局。比如，谷歌在 2016 年 8 月对深度学习领域一种名为 Dropout 的基础性算法提出了专利申请，该专利于 2019 年 6 月 26 日正式生效。此外，谷歌还多次对其他领域的基础算法进行专利申请，如自然语言处理中的 Word2vec（一款用于词向量计算的工具）和视频压缩中的非对称数字系统（ANS）等。虽然其做法有时存在争议，但谷歌大力进行"预防性"专利申请，利用知识产权保护作为抢占技术先机、构筑市场竞争优势的战略目的却十分明朗。谷歌大力进行专利储备的另一个目是作防御专利诉讼之用，这一点在安卓专利战中得到了很好的诠释。

二是重视通过专利合作组织营造专利和平环境。2014 年谷歌牵头多家科技公司组建了许可转移网络（License on Transfer Network，LOT⊖）组织，承诺在对外

⊖　https://lotnet.com/ 。

出售专利时将这些被转让专利的使用权授予该联盟的其他成员，意在应对专利流氓的威胁[⊖]——被转让的专利不会成为专利流氓攻击 LOT 成员的武器。根据 LOT 官方资料[⊜]，截至 2019 年 10 月底，LOT 成员已超过 500 个，包括各领域拥有重量级知识产权的企业，国内不少企业如阿里、腾讯、京东也加入了这个组织。

2017 年，为保护安卓生态的开放性、减少安卓阵营内部的专利战争，谷歌推出一项名为"PAX[⊝]"的专利交叉许可计划，意在共享与安卓系统或谷歌应用有关的专利。该计划一上线，就吸引了包括三星、LG、富士康、酷派、HMD、HTC 等众多手机厂商的参与，涵盖的专利数量高达 23 万件。通过 PAX 计划，一方面可以保护安卓生态内的创新，另一方面，使得安卓阵营内智能手机厂商得以有效应对"专利流氓"的威胁，减少专利摩擦和纠纷。

三是积极与大型企业建立专利共享战略合作关系。2018 年 1 月，谷歌和腾讯控股达成协议，同意共享涉及一系列产品和技术的专利。全球两大科技巨头结成联盟，一方面两家公司通过专利共享可以减少专利侵权的可能，另一方面通过合作未来将联手开发各项技术，在便利谷歌开展中国业务的同时也有助于腾讯从占据鳌头地位的中国市场向外扩张，双方可以专注于为用户提供更好的产品和服务。此前，谷歌与三星电子以及其他公司也有类似安排。

专栏 15-3：建设"专利池"应对安卓专利威胁案例

2010 年开始，安卓竞争对手 IOS 系统（苹果公司产品）及 Window Phone 系统（微软公司产品）联合阵营，纷纷向以谷歌为首的安卓阵营发起专利诉讼，智能手机专利战引起世界关注。为捍卫安卓系统生态，积累薄弱的谷歌被迫大量收购专利：2011 年，谷歌通过 125 亿美元收购摩托罗拉移动获得超过 1.7 万项专利，从 IBM 手中购买了超过两千项专利，等等。谷歌希望通过打造一个专利池来应对苹果和微软等公司对安卓操作系统发动的"敌对的、有组织的"专利诉讼战役。同时谷歌还有策略地将收购获得的专利转让给安卓阵营的合作伙伴，以支持他们向对方发起反诉，支撑其防御安卓系统智能手机诉讼的战略。时至今日，智能手机操作系统间的专利战并没有完全结束，各种诉讼此起彼伏大有成为常态之势，但谷歌通过"专利池"战略成功打造与竞争对手对等的专

⊖　LOT 规定企业 50% 以上的毛收入都是通过专利诉讼获得的才能称为专利流氓。

⊜　https://lotnet.com/wp-content/uploads/2019/12/Introduction-to-LOT_12_5_19.pdf。

⊝　http://paxlicense.org/ 。

利威胁，为安卓生态提供可靠的保护，有效维系着安卓系统的勃勃生机，也成功捍卫了谷歌在智能手机领域的竞争优势地位。

4. 脸书

脸书的专利技术布局主要围绕社交网络平台、人工智能和虚拟现实三方面展开。社交网络平台业务相关的专利技术主要分布在社交平台管理与服务、用户管理、数据库管理、隐私管理与应用、用户评估与监控、资源管理、信息服务、社会关系分析应用、功能应用等方面。其中功能应用是其开拓的重点，有通过自拍摄像头分析用户的情绪，以及用手机的麦克风来确定用户在看什么电视节目等。脸书的专利揭示了它追踪用户行为的几乎每个方面的计划。

在知识产权运营上，脸书从一开始的不够重视，到经历专利诉讼洗礼后的大规模布局转变，逐渐积累了符合业务发展需要的运营模式，主要体现在如下方面。

一是积极研发业务核心技术，加强专利储备。社交网络平台是脸书的核心业务，脸书的技术专利储备也以社交网络应用为基础。脸书在成为最受欢迎的社交平台、形成规模优势后积极往人工智能领域发力。脸书人工智能方面的专利主要在语音处理、图像识别、自然语言处理、深度学习以及人脸识别等领域。脸书利用这些技术专利加持，提升整体竞争力。

二是重视专利收购，提升专利诉讼应对能力。与传统科技巨头型企业相比，初创或新兴企业，在专利积累上往往非常有限，要想在细分领域取得最佳的效果，购买是最直接的方法。脸书以收购闻名，不仅喜欢将具有潜在竞争威胁企业收归己有，最近几年更是大量收购其他公司专利布局业务发展。根据智慧芽英策检索到的数据，截至 2019 年 12 月，脸书从其他公司收购的专利已超过 4000 件，专利来源公司既有 AOL[⊖]、IBM、AT&T、阿尔卡特、诺基亚等传统通信巨头，也有富士胶片这种非互联网企业，如图 15-3 所示。

收购的这些专利有些是为了保护核心业务，如图片和视频压缩、图片播放、图片编辑和展示、照片洗印业务、个性化内容发布、社交网络用户关系判断等领域；有些是瞄向热门领域，例如脸部识别、增强现实、头部和运动追踪技术、虚拟显示器技术、视频、P2P 打印和语言翻译；还有些是防御性的，用以预防其他企业对其发起专利诉讼。作为发展迅速、市场规模跻身世界前列的互联网公司，脸书

⊖ 脸书的 AOL 公司专利有相当一部分是从微软公司收购而来，此前微软曾收购了许多 AOL 公司专利。

因为其前期对专利的忽视，一度陷入诉讼的尴尬境地，当前仍需要通过大量的经济补救才能挽回其在业务和品牌上的损失。对于脸书而言，加强专利储备以应对诉讼风险的行动应当一直持续。

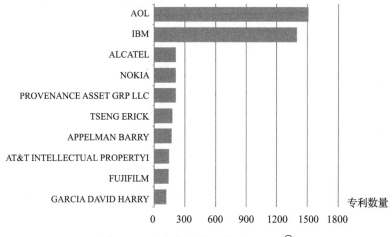

图 15-3　脸书专利转入来源 Top 10 ⊖

三是通过战略合作共享知识产权，以合作化解专利纠纷。2012 年，脸书和雅虎以非现金的方式就两家公司间的专利诉讼达成和解，以广泛的战略性合作取代专利纠纷，合作内容包括一些重要专利的交叉授权。

专栏 15-4：成功应对雅虎公司的专利诉讼

2012 年 3 月，脸书遭受雅虎发起的专利侵权诉讼，指控其侵犯雅虎 9 件专利和 1 件专利申请，其中 4 件涉及广告显示，2 件涉及隐私保护，2 件涉及页面个性化显示，1 件涉及社交网络，1 件涉及短信通信，几乎覆盖了当时 Facebook 的主要产品和功能，使即将上市的 Facebook 面临巨大危机。

为了对抗雅虎的专利指控，脸书从 IBM 和微软大量收购专利，筹划反击。2012 年 4 月，脸书公司反控雅虎侵犯其 10 件专利，涉及广告、网页显示及用户隐私等。这 10 件专利全部为已授权专利，但其中直接以脸书为申请人的专利仅有 2 件，涉及脸书核心技术之一的 Feed 订阅以及有关标注数字媒体内容的技术。剩下的 8 件专利，原始申请人均不是脸书而是来自收购，这些专利为脸书

⊖　图中数据摘自智慧芽英策专利数据库，检索时间为 2019 年 12 月。

公司的反诉讼发挥了巨大作用。

　　2012 年 7 月，脸书与雅虎达成和解，结束了正在进行的专利诉讼，官司以双方同意在互联网广告和专利授权领域建立广泛的合作伙伴关系告终。脸书用短短四个月就化解了公司上市前的诉讼威胁。

（二）中国企业的知识产权战略

1. 商汤科技

　　商汤科技重视专利的全球布局，有近 1/4 的专利在国外申请，其中通过世界知识产权组织申请占比超过 12%。在专利范围上，商汤科技重视核心技术研发及其在相关行业的应用，核心技术紧扣深度学习、计算机视觉、语音识别以及语义理解等人工智能领域；主要应用布局紧扣神经网络、目标识别、人脸图像、行人识别、视频压缩等人工智能深度学习尤其是计算机视觉领域和安防等行业联系紧密的技术。

　　一是制定知识产权战略并坚决执行，构建全面的知识产权制度体系。在公司知识产权部门成立初，便制定了"保护基础研究、保障商业市场"的整体知识产权宏观战略，合理布局知识产权，将基础科学研究成果通过国内外专利、技术秘密等形式进行合理保护，使得公司在人工智能计算机视觉与深度学习领域始终处于国际领先水平的大量研究成果得到充分的基础保护。另外与前端工程产品团队密切配合，结合产品特点，以发明、实用新型、外观设计等多种专利类型及国内外专利的组合保护等方式，多条产品线进行全方面保护，同时通过市场监控等手段，打击各种侵权行为，构建了较为完整的知识产权制度体系。

　　二是组建专业化的 IP 团队负责知识产权事务。公司组建伊始便成立知识产权团队，主要是北京与深圳两个研发团队，全面负责集团及各分公司的专利、商标、版权、域名、技术秘密、知识产权侵权诉讼、维权打假、知识产权运营、标准等知识产权事务，在人工智能这一新兴行业中努力探索新的知识产权创新、管理经验，已取得卓越成绩。

　　三是重视全方位知识产权积累。积极注册商标与计算机软件著作权，2016 年到 2017 年共申请商标 695 件，软件版权 177 件、域名 110 件；同时，通过《马德里条约》等方式进行国外商标申请 90 件。截至 2017 年年底，集团已拥有商标资产 751 件、软件著作权 199 件、域名 129 件。全方位、多层次的专利布局，商汤科技专利现已通过 PCT、《巴黎公约》等方式进入美国、欧洲、日本、韩国、印度、新加坡等国家或地区，一方面在业务优势领域，结合集团核心产品及服务申请核心专利，并针对技术替代方案在核心专利周围布局外围专利，阻击竞争对手。另一方面，通过从属专利钳制竞争对手，集团在竞争对手产品布局广泛的领域中加大专利申请力度，尤其针对对手的核心专利进行深入研究，利用从属专利限制其核心专利的效力。

四是具有良好的专利预警与运营机制。知识产权团队对人工智能行业与主要竞争对手展开全面摸底，并对集团产品与技术分支进行类别划分，同时对竞争对手的产品分布与技术分布进行定期专利检索与调查分析，完成行业专利技术地区的绘制工作，为集团技术研发及市场决策提供专业支持。

2. 华为

在知识产权积累上，华为特别注重知识产权在全球范围内的申请与布局。华为虽然在 1987 年就已成立，但在 1995 年时才成立知识产权部，第一件专利也申请于 1995 年，至此华为开始日益重视知识产权保护，此后其专利申请量逐年增长。

在专利技术地域分布上，华为在中、美、欧等主要国家和地区的专利申请量和授权量长期名列前茅。2018 年，华为在美国当年获得的专利授权数量排名第 16 位，在欧洲专利局当年专利授权数量排名第 2 位。华为同时也是拥有中国授权专利最多的公司。

华为 2010 ~ 2018 年间在中国、美国、欧洲授权专利数据如图 15-4 所示：

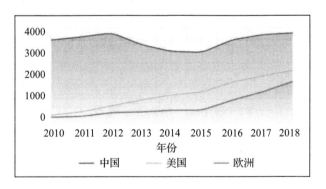

图 15-4 华为在中国、美国、欧洲专利年度授权数量[一]

[一] 图中曲线，从上到下依次代表中国、美国、欧洲。本图取自华为 2019 年 6 月 27 日发布的《尊重和保护知识产权是创新的必由之路》华为创新与知识产权白皮书。

此外，华为也是全球 PCT 专利申请最多的公司之一，2018 年华为向世界知识产权组织（WIPO）提交了 5405 份 PCT 申请，WIPO 总干事 Francis Gurry 称："这是有史以来，一家公司创下的最高纪录。"

在知识产权运营上，华为已打造了属于公司自己的 IP 创新模式，一方面，通过制度和流程确保员工尊重他人知识产权。另一方面，华为按照国际通用规则，通过交叉许可或付费许可的方式实现专利许可的合法共享使用。在自身成长的同时，分享利益，促进全产业的繁荣发展和合作共赢。此外，华为积极通过自身实践促进世界各国的知识产权法规、产业政策的不断完善。华为已具有良好的知识产权运作机制，目前形成了较为完善的经验模式⊖。

一是以组织、制度和流程确保知识产权管理合法合规。华为建立了覆盖全公司各个业务领域和功能部门的合规管理组织，由首席法务官兼任首席合规官，全面负责公司经营活动的合法合规。自成立以来陆续颁布了多项关于第三方知识产权保护的管理规定，如《关于尊重第三方知识产权及其他合法权益的管理规定》《关于尊重与保护他人商业秘密的管理规定》《开源软件及软件开源管理办法》《华为公司商标管理办法》等管理制度，对员工在经营活动中严格保护第三方保密信息、商业软件、专利、商标等各类知识产权有明确详细的要求。华为每年例行组织员工进行员工商业行为准则 BCG 学习和承诺签署、开展自查自纠，并严格查处违规行为，努力保障各项制度能够得到落实。

二是遵循行业规则，通过许可或交叉许可来共享使用知识产权。华为积极参与 ETSI、ITU、IEEE、CCSA 等主流产业标准组织的知识产权政策的讨论修订，倡导尊重而不滥用知识产权，努力推动主流标准组织的知识产权政策有利于全行业的健康发展。在"公平、合理及无歧视"（FRAND）的原则下通过交叉许可或付费许可实现专利技术合法共享使用是通信行业的基本商业规则，华为积极履行 FRAND 许可谈判义务，2001 年至今，华为曾与诺基亚、爱立信、高通、北电、西门子、阿尔卡特、BT、NTT DoCoMo、AT&T、苹果、三星等行业主要权利人／厂商签署 100 份以上专利（交叉）许可协议。

华为通过付费合法地获取他人的专利技术进行使用。自 2001 年签署第一份专利许可合同至今，历史累计支付专利使用费超过 60 亿美元，而其中接近 80% 是支付给美国公司。华为在通过许可或交叉许可来合法地使用他人技术的同时，也积极共享自身知识产权给其他产业伙伴使用。迄今经过友好谈判签署的收费专利许

⊖　华为 2019 年 6 月 27 日发布的《尊重和保护知识产权是创新的必由之路》华为创新与知识产权白皮书。

可协议超过 10 份，这些协议的付费方涵盖美国、欧洲、亚洲公司。自 2015 年以来华为获得交叉许可后的知识产权净收入超过 14 亿美元。

三是以自身实践，促进知识产权法规、产业政策不断完善。华为以全球化的知识产权视野和成功法律实践，积极在世界主要司法区域的立法、知识产权相关产业政策修订活动中提供建议和输入，不断提升和完善全球知识产权保护环境。华为积极参与中国知识产权保护的立法，将国际司法实践引入中国司法程序，促进中国知识产权保护水平与国际接轨。华为在中国《专利法》《商标法》《著作权法》《反垄断法》等知识产权保护相关法律法规、实施细则及司法解释的立法、修法活动中积极提交产业建议和意见，倡导加强知识产权保护力度，努力促进中国创新和知识产权保护环境的持续优化。

四是积极与国际知识产权机构合作交流。华为通过自身实践，推动全球范围内知识产权司法标准的不断完善。欧盟最高法院 2015 年以华为命名的，关于标准必要专利适用禁令救济的指导意见，就是在华为作为专利权人的案件中给出的，该指导意见成为迄今企业间就标准必要专利开展许可谈判，法院裁定救济手段的基础准则。

此外，华为积极开展中国知识产权局、欧洲专利局、美国专利商标局、日本专利局以及世界知识产权组织的合作与交流，为知识产权申请和保护实践积极提供产业输入和建议。在中美、中欧等国际知识产权国际会议中，提供意见、实践经验和具体案例，促进主要国家间知识产权保护活动的合作交流。

专栏 15-5：华为公司注重专利风险防范

华为在 2003 年与思科一战之后，已经对专利储备极其重视，以华为的国际地位来讲，专利不是最主要的问题。2011 年 8 月起，华为、中兴连续遭遇 5 起美国调查 "337 调查"，涉案金额高达 14 亿美元。最终，经过艰难的诉讼，两家公司都取得了胜利。近几年，华为公司在专利发展方面不再被动，2016 年 5 月，与苹果公司签署专利交叉授权协议；2017 年 4 月，三星因专利侵权法院一审判决赔偿华为 8000 万。所有这些风光，都是这些年华为因专利被动挨打的沧桑。笔者认为，如今华为公司能够在同行业专利技术领域如此硬气，很大程度因其专利储备在做支持。

3.大疆

大疆特别注重知识产权的申请与布局。在知识产权运营上，大疆已形成了以下成功经验。

一是大疆积极布局知识产权，已填补国内多项无人机技术空白，发展成为行业领军企业。大疆创新围绕无人机发展陆续推出了最早的商用飞行控制系统、领先世界的直升机飞控系统、多旋翼飞控系统等无人机飞控技术以及大疆独有的飞行影像系统，在填补国内外多项技术空白的同时，大幅提升了在全球无人机市场中的竞争优势，迅速发展成为全球同行业的领军企业。

二是已申请多项无人机专利，拥有了世界领先研发实力。大疆在无人机的研发中不断加大资金投入力度，广纳人才，目前已建成了一支1500多人的科研团队，研发突破了无人机关键核心技术，拥有了世界领先的研发实力，并且掌握着世界最领先的无人机核心技术专利。2019年10月，大疆公司发布"御"MavicMini航拍小飞机，可折叠设计、249克机身重量、1200万像素、30分钟的单块电池续航时间等设计。据世界知识产权组织公布的2018年全球国际专利申请排名情况，大疆科技全球排名第29，申请数为656项，大疆科技的专利申请主要集中于B64类，飞行器、航空、宇宙航行领域。

随着大疆无人机在全球无人机市场份额占比的不断增加，专利等知识产权将成为其与国内外同行业企业竞争的焦点与重点，近年来大疆无人机面临的国内外知识产权侵权诉讼案件不断增多，无论是2006年Synergy Drone公司向大疆无人机提起的专利侵权诉讼案件，还是2018年美国Autel Robotics公司大疆创新及其关联公司对美出口、在美进口或在美销售的无人机及其组件侵犯其专利权，以及同年与国内深圳市道通航空技术有限公司就无人机专利侵权诉讼案件，反映出大疆无人机知识产权保护压力不断加大。

（三）中美企业的知识产权战略比较

纵观全球数字经济最活跃的中、美两国企业知识产权运营模式，发现典型的知识产权运营手段不外乎以下几点：

1.通过自主研发核心技术并申请知识产权（如专利），构筑核心竞争力

在激烈的市场竞争中，专利等知识产权在数字企业竞争优势构建过程中扮演着重要的角色。通过以专利为代表的知识产权培育技术优势、品牌优势、成本优势和差异化优势，可以有效推动企业竞争力的提升。科技巨头们所持有的大量专利，说不定哪天会成为某个企业的命门。新兴的科技企业也只有不断地加大研发

投入，才能保住自己的核心竞争力。

2.通过购买知识产权用于防御，以对等的威胁或有效的反诉化解来自竞争对手的知识产权诉讼威胁

由于专利申请公开的滞后性，在短期内想让专利储备达到一定量级，新兴公司难免有些吃力，但可以通过购买等方式在短期内加强专利储备，前述案例也一再展现了专利储备的重要性。有关这方面策略运用的最新案例是脸书公司应对黑莓的诉讼。2018年3月，黑莓起诉脸书侵犯了其专利，称脸书旗下的 WhatsApp、Instagram 等产品侵犯其7项专利。脸书没有选择坐以待毙，于2018年9月发起反诉，指控黑莓在"语言消息技术"上侵犯其相关的6项专利。

3.通过专利诉讼打击竞争对手，强化竞争优势，谋取利益

专利是商业成功和盈利的重要组成部分，在产品开发阶段，外观设计的保护非常重要，但在产品开发以后，对核心的知识产权进行保护，就显得十分重要。在美国，保护好一件技术产品而进行专利诉讼，往往是能够有效打击竞争对手的好方法。在美国通过专利诉讼已成为一家企业打击竞争、保护自己商业利益对手的一种强硬手段。一旦一个公司站在知识产权的被告席，就可能使消费者对其产生怀疑。诉讼不仅仅是经济利益上的考虑，也是一个企业树立维护社会正义形象的机会。

4.通过知识产权许可、转让进行盈利，获得高额收益

许多大型科技公司通过大量转让专利获取高额利润，IBM 就是在这方面最负盛名的一个。IBM 致力于创新，并积极申请专利，但经常转让所获得的专利，而不是基于专利开发产品。

5.成立专门的部门或子公司实现集中统一的知识产权运营管理

除了前述案例中所提到的外，IBM 公司在集团设有知识产权管理总部，负责处理所有与 BM 公司业务有关的知识产权事务。知识产权管理总部领导着一个庞大的知识产权管理机构（IBM Public License，IPL）来专门负责知识产权管理工作，其职责范围是处理一切有关 IBM 业务的知识产权事务，如专利、商标、著作权、集成电路布图设计保护、商业秘密、字型及其他 IPL 的事务。IPL 的重要作用之一就是适当保护其研究开发的成果，在确保其营业活动自由的必要范围内，持久地维护较好的专利财产。

二、互联网企业知识产权竞争优势模型设计和举措建议

(一)模型设计

　　通过以上中美互联网企业案例比较研究后可以看出,中美数字企业如何运用知识产权来提高竞争优势,因各自企业所处的阶段与特征而有所不同。如华为在海内外的知识产权战略与布局为我国企业树立了良好榜样。公司在整体系统架构方面,非常重视知识产权的布局与运营,如谷歌为优化自身专利布局,从摩托罗拉购买大量专利,重视商标等各类形式知识产权保护。华为非常注重知识产权制度建构,结合知识产权法律,制定了适合企业的知识产权法规,并以组织、制度和流程确保知识产权管理合法合规,遵循行业规则,通过许可或交叉许可来共享使用知识产权。企业通过知识产权战略构建核心竞争力,在数字经济条件下,创新是数字经济发展的源泉,更是企业发展的灵魂,保护知识产权目的在于激励创新。知识产权是决定企业未来竞争成功与否的关键性战略资源,发展数字经济,加强对知识产权的保护,对企业发展至关重要。如何通过知识产权更好地构筑企业的竞争优势,也是当下国家与企业共同关注的焦点。

　　企业可通过进一步深化知识产权战略,以提高自身的市场竞争力,以应对新技术与新业态涌现所带来的挑战。作为数字经济领域的企业,一方面需要在大型企业已布局的知识产权范围内争取自己的一席之地,另一方面,要应对来自同行企业的创新竞争,新进入者的威胁以及新产品的迭代等,如图 15-5 所示。

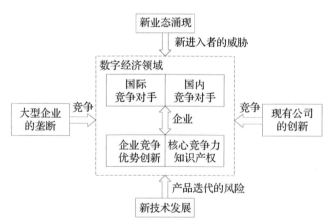

图 15-5　数字经济领域企业竞争生态图

　　在大数据与人工智能时代,数字企业拥抱新的商业模式、新生产要素,同时

有新的基础设施如工业经济基础设施、农业经济基础设施以及互联网基础设施等作为公共支撑条件，在平台经济、智能经济与分享经济等全面发展的背景下，企业核心竞争优势在于对知识产权的运营，这也体现了企业的创新能力、管理能力以及风险控制能力，如图 15-6 所示。

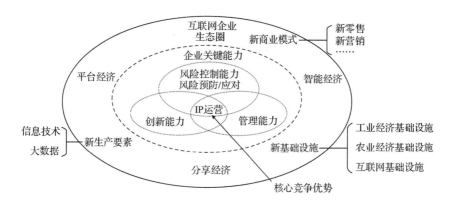

图 15-6　数字企业构建竞争优势模型图

数字经济背景下，构建数字企业竞争优势，必须提高知识产权的保护意识，加强知识产权保护，优化知识产权布局。在知己知彼的前提下，发展市场空间，占据市场优势。此外，大力实施知识产权和标准战略，强化知识产权保护，提升我国企业应对国际新形势与新挑战的能力。在知识产权运营中，需积极创造良好的营商环境与法制化市场生态，不断完善执法力量，加大执法力度，发挥法律的威慑作用，从而为企业与个人知识产权创造、保护、运用提供制度性保障。

（二）举措建议

通过考察知识产权制度对企业创新的促进作用，借鉴国际经验，结合我国华为、商汤科技等高科技公司的发展经验，发现旨在促进知识创新和技术创新的知识产权制度的运用包括战略运用，是企业获取国内外增量利益和提高竞争优势的重要保障。企业可从以下几个方面着手：

第一，企业在研究开发等知识创新、技术创新活动中，应当有明确的知识产权指标和知识产权管理指引，将企业研发活动、科技创新活动与其知识产权管理有效结合，实现两者的有效融合。

第二，企业特别是具有竞争实力的高科技企业应当具有核心技术突破的创新战略规划，并利用知识产权保护手段及时将获得的技术成果进行知识产权确权与保护等。

第三，企业应特别重视创新成果的产品化、市场化和商业化，通过知识产权保护及时占领市场和获得市场竞争优势。

第四，企业应具有全球知识产权布局的意识，尤其是国际化的企业应当高度重视"兵马未到、粮草先行"的策略，以知识产权作为重要抓手为企业开拓市场保驾护航。

第五，企业应注重开展知识产权制度的规范化与体系化建设，有效开展企业知识产权文化建设，提高自身知识产权运营能力。

Chapter16 ┊ 第十六章

数字科技企业的创新路径："一心两翼"[⊖]

一、企业在数字科技发展中具备独特优势并发挥关键作用

(一) 企业在数字科技发展中具备创新的独特优势

一是数字科技企业有市场需求、应用场景和大量数据优势。首先体现在数据的获取能力，只有拥有充足的数据，才能拥有数据向知识转化的能力。数据是数字科技实现大闭环、实现数字世界和物理世界有效融合互动的最基础条件。其次，只有企业才有真实的一线市场需求和真实的应用场景，这是推动数字科技发展的关键力量，包括人工智能、自动驾驶、量子计算等前沿技术的突破都需要有具体的场景做支撑。我国腾讯、阿里巴巴、百度等一批龙头企业正在发挥其各自在人工智能、物联网、云计算以及医疗、交通、农业、零售、社交等产业应用领域的优势，形成了一批亮点产品和应用。

二是科技企业有快速迭代的组织、人才和效率优势。数字科技从微观到宏观各个角度向纵深演进，学科多点突破、交叉融合趋势日益明显。比如，量子计算是包含物理、化学、计算机、数学、电子工程等多学科交叉的领域，对团队人才提出了很大挑战，企业可以通过市场化组织来协调和组织，短期整合资源的能力

⊖ 本章执笔人：中国科学院科技战略咨询研究院的侯云仙。本章内容是课题组前期研究成果的凝练和总结。

较强，在招聘、组建团队、资源集中上速度较快；但对于科研院所和高校，受组织和体制限制，不够灵活。同时企业的工程实现能力较强，比如量子计算进入到基础应用研究阶段，需要通过工程验证来推进原理完善，企业可以快速将基础技术原理等进行成果转化和工程验证，并不断反馈推进。而且随着技术越来越碎片化，技术方向百花齐放，同时市场需求碎片化和多样化，技术变现和应用需求会有更多机会，企业可以在市场中不断摸索适合自身的技术转化路径。

（二）企业是数字科技创新的引擎并发挥关键作用

科技企业在本轮数字科技浪潮中展现出强大的研究实力，技术创新的深度、高度、交叉度和复杂度也得到前所未有的突破与延伸，为适应快速迭代、周期缩短的竞争趋势，通过群体性技术交叉突破、颠覆性技术创新等多种方式获取技术创新竞争优势。科技企业通过探索数字科技前沿研究和不断加快价值创造，正在成为数字科技创新的引擎和主导力量。

一是从创新投入来看，企业已经成为基础研究的重要投入者。以国内为例，《2019 中国科技统计数据》显示，2018 年全国研究与开发人员按照执行部分划分，企业占 78.2%，科研院所和高校分别占 9.4%；全国研究与开发经费支出按照执行部门划分，企业占 77.4%，科研院所和高校分别占 13.7% 和 7.4%；国内专利申请量，企业占比 74.6%，专利授权量，企业占比 68.9%，腾讯、华为等企业并已自发组织上下游大中小企业及大学、科研院所进行产业技术创新合作。

二是从创新产出来看，企业已经成为部分前沿领域的科研引领者和技术领跑者。企业不仅产生大量的知识产权，更集聚着一批科学技术前沿领域的科研尖子人才和领军科学家；同时科技企业尤其是科技创新型大企业，正在发挥重要的产业技术创新带动作用，是探索产业技术创新发展方向、推出颠覆性创新产品服务、引领产业技术创新变革的先锋。部分企业在一些重要领域实现从跟踪为主向跟踪和并跑、领跑并存跃升，在移动通信北斗导航、电动汽车、5G、量子计算、云计算等数字科技方面突破一批重大关键技术，形成一批战略产品，有力促进了数字科技培育和发展，科技含量和核心竞争力不断提升。

三是从外部联动来看，科技企业是重塑产业生态和创新体系的关键力量。首先，企业作为主体正在主导数字科技创新产业生态的构建。随着历次工业革命的发展，企业核心竞争力经历了由"技术 + 产品"向"软硬件 + 系统"以及"平台 + 生态"的变化。企业为主体正在主导数字科技创新产业生态的构建。企业尤其是龙头企业正在迅速重塑众多行业，包括社交、消费品、医疗保健和汽车行业。从腾讯微信、亚马逊 Alexa、苹果 Siri、数字医疗，到宝马和大众的网联汽车生态系统，通过数字赋能合作满足客户最新需求的生态已经初步形成。依托强大的用户基础、科技创新的投入和快速迭代的工程创新和反馈，成功的数字生态系统都是由主导市场的平台企业协调整合的。其次，企业在创新体系中的推动和引领作用也很重要。科技创新相对模式创新风险高，周期长，大型企业的领军作用在一些开拓性和基础性方向尤其重要。而且围绕"政产学研融用"创新主体协同建设，企业作为全国研究与开发经费支出最多的主体，在创新体系建设中可以发挥所长、联合政府、大学、研究机构、金融、用户等各大创新主体实现协同创新，共同推动数字科技关键领域的突破和发展。

二、全球典型数字科技企业创新的路径和实践⊖

(一) 谷歌路径

谷歌以人工智能和量子计算为主要方向进行未来技术布局，围绕平台和生态，在自动驾驶等领域已形成领先优势。谷歌抓住互联网时代机遇，以创新搜索引擎起家，目前已成为全球运营产品最多的一家科技公司，且每款产品拥有 10 亿的用户基数，包括 Android、Chrome、Drive、Gmail、Google Play Store、地图、照片、搜索和 YouTube 等。人工智能和量子计算是谷歌下一轮技术布局的重点。谷歌在人工智能领域布局较早，2011 年谷歌建立 Google Brain，布局人工智能领域，2016 年开始谷歌战略从"Mobile First"转向"AI First"，逐渐形成了从 Waymo、Google Assistant 到 TensorFlow、Cloud AI 再到 Cloud TPU、Edge TPU——从应用到技术再到硬件的平台矩阵。其中 Waymo 无人驾驶在业界一直处于领先，是直接影响自动驾驶技术和走向的风向标。

2019 年谷歌又提出"量子霸权"，量子计算机作为新一代计算机将能够比普通计算机快一百万倍或更多倍地破解复杂方程，世界即将进入计算的"火箭时代"。2020 冬季达沃斯论坛上，谷歌首席执行官 Sundar Pichai 提出"人工智能和量子计算的结合将帮助解决一些出现的最大问题"。量子计算未来将在生物医药、农业、气候、能源等方面发挥颠覆性作用。量子计算将能够模拟分子结构，从而帮助发现更好的药物，更精确地模拟分子和蛋白质折叠，也将有助于科学家在遗传学和合成生物学方面取得进展；量子计算可以模拟自然的能力，也可以帮助延缓全球变暖，例如预测天气模式和降雨量，减少农业碳排放；量子计算为更好的电池和存储

⊖ 本节参考吴军于 2019 年出版的《浪潮之巅》下册。

解决方案提供新的途径，在未来社会将更广泛使用可再生能源等。

（二）微软路径

微软作为一家"操作系统软件"基因的企业，推动并主导了计算机产业生态的形成，目前实现了云计算的战略转型。微软兴起于个人电脑的浪潮，以桌面软件为核心，长期占领着计算机领域生态链最上层的一环。微软核心人物盖茨具备非常长远的眼光并进行长期布局。微软一直把控着垄断整个计算机行业的关键——操作系统，在推出 Windows 3.0 后真正实现了在软件业的垄断地位，突破了 DOS 在使用计算机资源上的限制，使得所有软件开发商都可以最大程度的利用硬件资源，开发多种软件，同时大大刺激了硬件开发商提高硬件功能的动力，这也是满足"安迪 - 比尔定律"的。这样，微软通过控制"操作系统—软件—硬件—整个计算机工业生态"推动计算机生态链从此定型，微软也占领了最上游也是最关键的上游操作系统，可以说围绕微软操作系统形成了计算机产业生态。后续微软又依靠操作系统优势，加快网络浏览器布局，把握通往互联网的入口，推出微软 IE 浏览器，并和 Windows 捆绑，免费提供给用户，打败了网景等竞争对手，实现了有力扩张。微软迎来黄金时代，Office、MSN、IE 浏览器等软件，以及微软与 Intel 组成的"Wintel"联盟，引领着整个 PC 市场发展。

随着互联网时代的到来，微软依靠卖软件的思路并未在开拓网络服务、商业模式创新等方面获取持续性成功，最终市场输给了谷歌等互联网代表企业。后续的以智能手机为核心的移动互联网布局、智能家居布局均未取得成功。其中微软智能家居布局太超前，当时物联网、人工智能、大数据等软硬件技术尚不成熟，虽然方向准确，但仍没能抢占到智能家居的市场，败给了后来的谷歌的 Google Home 以及亚马逊的 Echo 智能系统。

从 2014 年萨提亚·纳德拉接任微软董事和首席执行官后，公司战略又回到以 Office 和数据库为核心的企业级软件业务，并转型云计算。微软的云计算业务 Azure 依然主要围绕其核心优势 Office 来开展，将 Office 从过去的软件销售变成在线软件订购服务。微软 Azure 平台市场占有率目前在 20% 左右，实现了计算机公司向互联网和云计算公司的转型，这也是与整个 IT 发展阶段相符的。微软作为一家科技公司尤其平台级企业，正在积极布局计算的未来走向。计算并不是脱离于世界存在的，计算正被嵌入世界每一个角落和每一台设备，所有行业都在被数字化技术所改变，数字科技、平台生态及行业下沉是下一轮竞争焦点。

（三）Facebook 路径

从自身社交属性出发，形成一个以社交网络为代表的互联网 2.0 平台，并聚集大批开发者和用户。Facebook 是典型的互联网 2.0 平台，通过新的技术给所有互联网使用者赋能，容许用户在平台上开发本身的应用递次，并提供给他人使用，Facebook 上面聚拢了上百万的软件专业人士，基于 Facebook 开发了不计其数的软件。Facebook 以社交为核心，以拥有与其能够形成互补功能的企业为重点，充分利用外部并购的力量，实现公司业务的快速发展，其中以并购 Instagram 和 WhatsApp 为典型。Instagram 有效帮助 Facebook 实现在社交网络上扩大内容分享的方式；WhatsApp 帮助 Facebook 抓住了移动互联网的机遇。其中值得一提的是 2014 年 Facebook 收购 VR 公司 Oculus，VR/AR 在 2016 年迎来发展元年，但随着资本市场的冷静和产业本身爆发出来的技术不完善、内容缺失等问题，VR/AR 发展正在回归正常。虽然短期来看 Facebook 这项投资没有获利，但长远来看 VR/AR 依然是未来数字世界和物理世界有效互动的有力入口和技术。Facebook 在 VR/AR 也形成了自己的技术储备和业务布局。

（四）亚马逊路径

亚马逊的"微服务模块"为云计算奠定了基础，掀起了云计算的变革并大获成功，目前在机器学习、AI 等领域加快投入。亚马逊由一家在线销售图书的服务公司发展到现在，不仅是一家占据主导地位的零售商，而且还是云计算等新兴服务的先驱。重要事件包括：亚马逊最早的在线图书颠覆了图书出版行业；接着开拓的在线零售对整个零售行业的影响巨大；阅读硬件市场上原本烽烟四起，现在 Kindle 独占市场；AWS 掀起了云计算的革命；Google 和苹果做了很久的语音助手但都没获得成功，但是亚马逊低调推出的带 Alexa 语音助手的 Echo 受到了消费者青睐，市场占有率第一；Amazon 通过 Amazon Go 这个无人零售店重新回到线下等。可以看到亚马逊打破了自身的边界，开始多维度发展，它一系列创新产品已经超越了单一行业和地域限制，成为科技浪潮中一个特立独行的存在。

亚马逊主导的商业模式直接推动了全球进入云计算时代。自 2006 年亚马逊 AWS 发布了第一代 IaaS 服务以来，整个 ICT 高科技产业就在发生一场重大的商业模式改变——从产品销售向订阅服务转型，而企业客户在采购时也从直接购买产品和解决方案转向租用技术服务的模式，整个行业来看，传统技术商业模式逐渐终结。从亚马逊的收入结构看，虽然其电商属性依然很明显，但是新的商业模式也在不断涌现。现阶段，国内的电商巨头们纷纷尝试线上线下结合新零售，亚马逊则在布局线下 Amazon Go 实体店的同时，不断加大在机器学习、人工智能、物联网、机器人和无服务器计算等领域的创新投入，如 Alexa 语音助手，Prime Air 无人机配送服务，亚马逊 Kiva 机器人等，在全球化创新布局中形成了一个特色创新生态体系。根据权威研究机构 Gartner 发布的全球云计算市场数据，2019 年全球云计算市场向头部进一步集中，全球云计算市场 3A 格局稳固，亚马逊 AWS、微软 Azure、阿里云 AliCloud 已经占据七成市场份额。亚马逊、微软、阿里云市场份额分别占 45%、17%、9.1%。亚马逊在云计算市场领先地位呈现突出性优势。

亚马逊的"微服务模块基因"为云计算奠定了基础。亚马逊早期除了在线卖书外，另一项主要业务是通过开放市场，允许第三方商家在平台上售卖商品，并对其提供统一的网站托管服务，建立一些通用的交易平台，为商家托管网上商店。为了满足众多商家的需求，亚马逊开始自建数据中心，接着其客户群体就扩展到任何想通过互联网提供服务的公司和个人，亚马逊开始出售计算资源，这是亚马逊云计算的来源，是不同于 IBM 商业模式以卖云计算的服务器为主，以及谷歌开发云计算初衷是为了其大计算量的搜索服务，亚马逊云计算强调的是对用户的服务。亚马逊最开始驱动 Amazon.com 网站的是一个大型的、单体的"在线书店"程序和对应的单体大型数据库。主程序最初是专为在线书店而开发的，所以每当想要增加新的功能，或为用户提供新产品，比如视频串流功能，就必须重新编写整个程序的代码，但大大影响了企业的创新速度和敏捷度。于是制定了《分布式计算宣言》，并将其作为公司寻求变革的蓝图，提出了基于"微服务模块"的新的系统应用架构。采用微服务架构之后，软件系统由独立的组件构成，每个进程都作为一项服务存在。而每项服务都代表一项业务能力，比如购物车。由于每项服务独立运作，由单独的开发小组负责，所以开发小组可以自主升级、部署和扩张这项服务，以满足整个系统对特定服务模块的需求，大大提升了创新效率。"微服务模块"也成为亚马逊的基因，贯彻到了公司每个业务领域，包括电商、Kindle、云计算等，无论是对内部还是客户。比如云计算，AWS 提出将存储、运算等模块独立，AWS 云服务弹性非常大、扩张非常快，能够满足几乎所有企业上云的不同需求。

（五）苹果路径

无论在 PC 时代还是智能手机时代，苹果始终坚持通过硬件实现软件的价值，形成以硬件产品为核心、基于 iOS 的相对封闭的生态。苹果是一家非常独特的企业，尤其是在其技术方向和路线上，不同于其他家企业开放的路线，苹果始终走一条相对封闭的道路，始终坚持软件硬件一起卖，没有开放给市场上大量的兼容机厂厂商。从个人电脑时代开始，苹果生态遭到以微软、IBM 以及大批兼容机厂商等联合的挑战，到智能手机时代，苹果生态遭到以谷歌 Android、其他手机厂商联合的挑战。但是无论在个人电脑还是智能手机市场，苹果是一家伟大的企业，走出一条高端时尚、相对封闭、差异化的道路。由于安迪 - 比尔定律作用，在 IT 工业产业链中，处于上游的是软件和信息服务业，下游是半导体和硬件，而上游掌握着大部分利润，微软、谷歌、Facebook 都是从上游入手，唯一例外的就是苹果，苹果通过硬件实现软件的价值，打造相对封闭的 iOS 生态，由于其高端领先性，获得了成功。但苹果的经验基本是难以复制的。

此外，苹果从个人电脑起家，逐渐扩展到 iPod、iPhone、Mac，iPad、iWatch 等多产品，无论从产品设计还是用户体验都能做到极致。同时苹果在处理器芯片上的创新也推动了整个行业的进步。苹果通过自主研发和生产芯片，掌握产业链主导权。尽管苹果、高通和华为处理器均为 ARM 架构，但苹果手机的性能领先其他，同时 iOS 系统可以根据苹果 A 系处理器芯片来量身打造，最大程度地发挥处理器的性能。2020 年苹果还在 Mac 上使用自己研发的处理器，不再使用 Intel 处理器，这给整个行业带来巨大影响。

三、国内数字科技龙头企业实施"一心两翼"的路径和实践

(一)数字科技龙头企业的"一心两翼"路径

所谓"一心两翼"是指龙头企业以强化自身数字科技能力为核心，以打造围绕企业的数字科技创新体系和数字科技产业生态为两翼（见图 16-1）。通过内生驱动和外部联动，抓住数字科技发展机遇，依托企业独特优势，找到合适位置，并发挥企业的关键作用。在第四次工业革命的大背景下，数字科技创新越来越成为一种大生态（数字科技产业生态）和大体系（数字科技创新体系）的创新，在应用性牵引作用显著、基础研究愈发重要和技术群体性交叉的趋势背景下，龙头企业引领、政产学研融用主体参与、平台共享赋能、生态能量释放正在成为主流。而龙头企业"一心两翼"的实践是符合这样的趋势和潮流的，并通过该实践发挥企业的关键作用。整体上看，国内数字科技龙头企业基本以强化数字科技能力为核心，打造面向未来的科技引擎；同时发挥自身的引领作用以及平台和生态的力量，打造了一批具有中国特色和优势的亮点数字科技产业生态。但在以产学研为核心主体的创新体系建设方面还存在很多机制和操作问题，自下而上的创造力和自主性尚未被充分发挥出来。

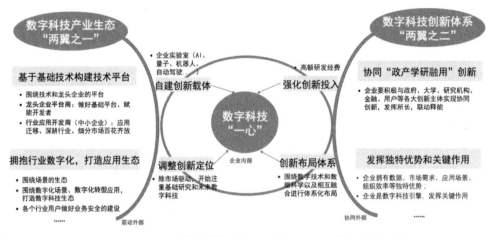

图 16-1　国内数字科技龙头企业的"一心两翼"路径

（二）"一心"：企业以强化数字科技能力为核心，打造面向未来的科技引擎

1. 强化研发投入是数字科技企业打造"一心"的基础前提

研发投入是企业强化数字科技能力的基础前提。世界级的科技企业都具有很高规模和强度的研发经费投入，研发人员数量及其占比也很高。企业发展初期的研发投入经费投入不管是绝对数量还是相对值都与企业的创新效率显著相关，例如亚马逊（研发经费总额排名第一）、诺基亚（研发经费占比 21.2%）都是很好的例证。根据普华永道发布的《2018 全球创新企业 1000 强报告》，科技公司中亚马逊以 226 亿美元（约合 1564 亿元）的研发支出位居全球研发支出榜首，谷歌等入榜。同时研发人员是掌握和运用技术的主体，是企业重要的人力资源，是企业技术创新的真正源泉。

根据中国企业整体研发投入情况，数字科技企业占据绝对领先地位，研发投入最多。欧盟委员会发布《2018 年欧盟工业研发投资记分牌》（The 2018 EU Industrial R & D Investment Scoreboard）显示，其对全球 46 个国家和地区的 2500 家主要企业 2017 会计年度研发投入进行了调查。中国华为以 113.34 亿欧元的研发投入名列中国企业之首，在全球名列第五位。腾讯以 22.35 亿欧元的研发投入名列中国企业第五，在全球名列第 61 位。跻身全球百强榜的中国企业共有 11 家。以下是根据 2500 家企业的大名单整理出研发投入最高的前 11 家中国企业（见表 16-1）。表中数据显示，中国企业研发投入前 8 家所属行业均为科技行业，且都是数字科技相关行业，分别为华为、阿里巴巴、鸿海精密、台积电、腾讯、中兴、百度、联发科，其中华为在研发投入上遥遥领先。华为长期坚持长期在研发上大规模投资，将销售收入的10%以上投入研发，从不因短期经营效率的波动或短期的财务目标而减少在创新方面的投入。《华为公司基本法》第十一条规定："将按照事业可持续成长的要求，设立每个时期的足够高的、合理的利润率和利润目标，而不单纯追求利润的最大化"。2019年研发经费达到113.34亿欧元，占全年销售收入的14.7%，近10年累计研发投入近5000亿元，其目的就是要构筑华为可持续发展的核心竞争力。

表16-1　2018年中国企业研发投入前11强（跻身全球百强版）⊖

国内排名	全球排名	公司名称	所属行业	研发投入（单位：亿欧元）	占销售比率
1	5	华为	科技：硬件和设备	113.34	14.7%
2	51	阿里巴巴	科技：软件和计算机服务	29.14	9.1%
3	59	鸿海精密	科技：电子和电气设备	22.85	1.7%
4	60	台积电	科技：硬件和设备	22.55	8.3%
5	61	腾讯	科技：软件和计算机服务	22.35	7.3%
6	76	中兴	科技：硬件和设备	17.98	12.9%
7	81	百度	科技：软件和计算机服务	16.58	15.3%
8	83	联发科	科技：硬件和设备	15.97	24.0%
9	86	中国建筑	建设和材料	15.86	1.2%
10	88	中国石油	石油和天然气生产	15.78	0.6%
11	99	中国铁路总公司	交通运输	14.22	1.6%

2. 强化AI、量子计算等数字科技研发，通过建设内部实验室等创新载体提升企业基础研发和前沿技术能力

企业根据自身特点，建立适合公司特征的创新载体和研发组织模式，强化AI、量子计算等数字科技研发能力。国内企业主要通过建设内部实验室等创新组织提升企业基础研发和前沿技术能力。根据创新类型，创新载体一般可分为两类：面向业务的应用型研发组织结构和面向未来的探索型研发组织结构。

（1）腾讯构建以AI、前沿科技（量子等）为基础的两大科技实验室矩阵，从基础研究和应用市场两端共同发力，强化数字科技能力

面对新一轮科技革命的挑战，腾讯已建立以人工智能与前沿科技（机器人、量子计算、5G、边缘计算、IoT和多媒体技术等）为基础的两大科技实验室矩阵，打

⊖　表中数据摘自《2018年欧盟工业研发投资记分牌》。

造面向未来的科技引擎，吸引了一批海内外知名科学家担任实验室的负责人，从基础研究和应用市场两端共同发力，支持"两张网"发展，以"用户为本、科技向善"为使命愿景，不断强化数字科技能力。一是高度重视基础研究，立志攻克价值与挑战并存的核心大问题，包括多模态研究、通用人工智能等，力求最大释放技术原力；二是推动数字技术创新在农业、工业、零售到医疗等多行业落地。腾讯成立了 AI Lab、AI 平台部、优图实验室、微信智聆语音实验室、医疗 AI 实验室，专注于机器学习、计算机视觉、语音识别及自然语言处理等领域研究和应用落地工作，并提出了"学术上有影响，工业上有产出"的要求。截至 2019 年 8 月，腾讯拥有 AI 全球专利近 5000 件，中国专利近 4000 件。在 CVPR、ACL、ICML、NIPS 和《自然》杂志子刊等国际顶级 AI 学术会议或期刊中表论文数量近 400 篇。

聚焦于通用人工智能与多模态未来交互的 AI Lab 于 2016 年 4 月在深圳成立，AI Lab 致力于不断提升 AI 的认知、决策与创造力，向" Make AI Everywhere "的愿景迈进；聚焦于计算机视觉研究领域的优图实验室，成立于 2012 年，专注人脸识别、图像识别、OCR、机器学习、数据挖掘等领域，优图实验室的研究成果多次在人工智能国际权威比赛中创造世界纪录。如 2019 年，优图研发步态识别技术，并刷新了步态识别领域两大核心数据集 CASIA-B 数据集和 OU-ISIR MVLP 数据集的成绩，部分情景识别准确度提升 11.3%。聚焦于语音技术开发和应用的微信智聆语音实验室起源于前腾讯研究院模式识别组，基于新一代深度学习技术，微信智聆打造出一流的语音识别技术。在手机输入法场景下达到 97% 的语音识别正确率。2011 年以来，语音识别技术在腾讯内部 50 多个产品中落地应用，包括微信语音输入、微信语音转文字、王者荣耀语音转文字、QQ 音乐搜索等，现在月服务用户 3 亿人，每天请求量达 7 亿次，总计 78 万小时。腾讯同传、腾讯云智能语音识别，智聆口语评测平台都是源于微信智聆的语音技术。

腾讯量子实验室成立于 2017 年年底，在科学家张胜誉的带领下，量子实验室聚集了一批有研究理想的科研人员，实验室针对实体量子计算机研究与软件算法两个方向，从事基础前沿研究与应用落地方向。在量子计算硬件研究方面，成立了包括物理、化学、电子工程、计算机等不同学科，以及来自多个国家的科研人员，组成全国领先的多学科的团队。量子实验室的软件算法团队致力于使用多种计算手段来模拟量子系统，助力药物小分子的高效研发。已将量子化学模拟软件 PySCF 部署在腾讯云上，模拟计算 20 万个分子的多个量子力学性质；使用 AI 技术进行药物小分子的成药性研究，以帮助药物化学家进行更高效的药物设计；并正在使用强化学习技术，帮助设计药物分子的有效合成路径。此外，量子实验室积极与海内外的药企和学术机构合作，推动新药研发领域的长期发展。

腾讯 Robotics X 是腾讯的企业级机器人实验室，于 2018 年初在深圳建立，致力于机器人前沿技术的研究与应用，探索连接虚拟与现实世界的下一代"可进化机器人"。在未来，机器人将以多种方式影响和改变社会，腾讯 Robotics X 致力于研究机器人的机电一体化、触觉感知、精密控制等技术，研发能提升人类智能、增强人类体能、关怀人类情感、推进人机协作的下一代机器人，从而创造人机共存、共创和共赢的未来。实验室目前由在机器人与人工智能领域有 30 年丰富经验的技术专家、ACM 及 IEEE 双院士张正友博士领导，已组建一个多元国际化的团队，吸引了来自全球多个国家和地区的顶级研究人员加入，并提倡营造多元化、跨领域和有活力的研究氛围。

（2）华为成立"2012 实验室"，负责对未来科技的研究探索和创新，提升数字科技能力

华为"2012 实验室"于 2011 年成立，负责对未来技术的研究探索、创新和不确定管理，并在不断加大占整体研发费用的比重，目标将来是要达到 30%，其他的 70% 用于确定性的技术和产品开发。华为提出要投入未来的科学研究，构建未来十年、二十年的理论基础，公司要从工程师创新走向科学家与工程师一同创新。2012 实验室是集团整体研发能力提升的责任者，是集团的创新、研究、平台开发的责任主体，是公司探索未来方向的主站部队。通过技术创新、理论突破、奠定技术格局，引领产业发展；肩负以低成本向 BG 提供服务的责任，构建公共交付件竞争力。2012 实验室下设中央研究院、中央软件院、中央硬件工程院、海思半导体与器件业务部、研发能力中心以及海外研究院。

华为"2012 实验室"是华为的总研究组织，主要研究方向包括新一代通信、云计算、音频视频分析、数据挖掘、机器学习等，主要面向的是未来 5 到 10 年的发展方向，很好地支持了华为在 5G 领域的突破。其中"诺亚方舟实验室"（隶属于2012 实验室）从 2012 年成立以来，已发展成为华为 AI 研究中心，主要围绕人工智能展开研究，由以下五大部门组成：一是自然语言处理和信息检索部门，该部门专注于如何以无缝的方式和自然语言让机器与人沟通，并从文本和社交数据中挖掘有价值信息；二是大规模数据挖掘和机器学习部门，该部门主要专注于开发高扩展性和有效性的数据挖掘和机器学习算法，也包括对大数据挖掘系统的开发；三是社交媒体和移动智能部门，该部门重点是发展最先进的算法和利用社交媒体、社交网络和移动数据进行自我学习的系统的研发，并从社交网络数据中获得深刻洞察；四是人机交互系统部门，该部门的主要职责是帮助人们更好地理解如何开发顺畅的人机交互系统，从而使得人机沟通变得更为自然和轻松，同时，该部门也负责开发大规模智能系统；五是机器学习理论部门，该部门主要通过建模和数学理论来研究人机学习和自适应能力。

目前"2012 实验室"旗下有很多以世界知名科学家或数学家命名的神秘实验室，包括"香农实验室""高斯实验室""谢尔德实验室""欧拉实验室""图灵实验室"等。此外，"2012 实验室"在欧洲、印度、美国、俄罗斯、加拿大、日本设立8 个重要的海外研究所。欧洲研究所在全球的研究所中有着极其重要的地位，因为它是华为两大数学中心之一，拥有 5G 研究的重量级团队。

（3）阿里通过阿里达摩院统筹企业整体科技布局和发展，包括内部研发和外部联合实验室等

2017 年 10 月 11 日，阿里巴巴正式宣布成立达摩院，达摩院正是体现阿里科研决心的实体组织。阿里达摩院研发体系由三大主体组成：一是在全球建设的自主研究中心；二是与高校和研究机构建立的联合实验室；三是全球开放研究项目——阿里巴巴创新研究计划（AIR 计划）。达摩院建立了遍布全球的研发网络，在中国、东南亚、欧洲、中东、北美、以色列等地均设立了研发中心，并与全球 150 多所知名高校的 100 多个科研团队开展科研项目合作。

其中 AIR 计划专注开展全球学术合作，攻克核心技术。AIR 计划是阿里致力于探索科技创新而设立的科研项目，目标是推动计算机科学领域基础性、前瞻性、突破性研究，以校企合作的方式面向全球构建技术生态。AIR 在达摩院研究方向上，提出 8 大技术方向，让全球科学家一起定义和解决问题。8 个技术方向包括机器学习、自然语言理解、多媒体与人机自然交互、知识引擎、基础设施、系统软件、数据计算和安全。与以往学术合作不同，阿里将开放真实的业务场景，与全球院校的顶尖科研实力相结合，让前沿技术在真实场景中快速迭代，发挥更大价值。目前，阿里已和全球超过 50 所院校的学者合作，他们来自瑞士苏黎世联邦理工学院、伦敦大学学院、中国科学院、清华大学、北京大学等国内外顶尖院校。以往，科研机构研发过程一直缺乏场景结合，阿里基于 8 个技术方向，开放了数十个真实的业务场景，让学校研究在真实环境中快速迭代，来发挥产业界牵引向作用。阿里的学术合作生态分三步走，即开放真实的业务场景，共同发现和定义问题，内外协作最终解决问题。近年来，阿里在基础科研上持续发力，除创立达摩院、平头哥之外，阿里还创设"青橙奖"奖励青年科学家，举办全球数学竞赛激励年轻一代投身数学事业。阿里"青橙奖"更侧重信息产业，奖项范围针对在"信息技术、半导体和智能制造"等基础研究领域，涵盖了云计算、大数据、物联网、智能传感器等方向，均是国家战略性新兴产业。

2020 年 3 月阿里达摩院宣布正式成立 XG 实验室，该实验室致力于推动下一代网络通信技术的研究，现阶段主要聚焦 5G 技术和应用的协同研发。XG 实验室将依托阿里应用生态，专注 5G 基础设施技术和应用的协同创新，为超高清视频、在线办公、AR/VR、工业互联网、智能物流、自动驾驶等场景研究符合 5G 时代的视频编解码技术、网络传输协议等，并制定相关标准。

（4）百度成立百度研究院，划分七大实验室，聚焦基础前沿技术研究

百度研究院的发展可以追溯到 2013 年初，当时组建了深度学习研究院，即百度研究院的前身。2017 年 3 月，百度明确把人工智能作为战略，整合 AI 核心技术，成立 AI 技术平台体系（AIG），由王海峰担任总负责人。至此，百度研究院聚焦基础前沿技术研究的定位更加清晰。2018 年 11 月百度研究院在硅谷宣布正式成立顾问委员会；2019 年 6 月底，百度研究院完整公布了新的架构，七大实验室包括大数据实验室（BDL）、商业智能实验室（BIL）、认知计算实验室（CCL）、深度学习实验室（IDL）、量子计算研究所（IQC）、机器人与自动驾驶实验室（RAL）和硅谷人工智能实验室（SVAIL），覆盖不止于 AI 的前沿技术领域，研究方向包括机器学习、数据挖掘、计算机视觉、语音、自然语言处理、商业智能、量子计算等。

3. 从数字科技本质出发，企业开始更多关注未来能力布局，更多投入基础研究领域

数字科技企业已经不再是简单的科学研究成果的应用开发者，而开始向积极的科学研究者和前沿技术探索者转变，在学科交叉、领域融合的基础前沿技术领域上开展基础研究和应用基础研究。

（1）腾讯科技升级，在战略上向基础领域布局，探索迈向基础研究"无人区"

依靠用户体验的快速反馈和迭代创新是腾讯早期创新的主要模式。腾讯的创新从解决用户痛点开始。一切以用户价值为依归、强调用户导向是腾讯创新的标签。腾讯技术创新一定从用户需求出发，而非为了技术而做技术，有着强大的应用性创新能力和技术落地能力。比如在过去不理想的互联网环境中，如何使软件安装包微小化、如何让 QQ 不掉线等，都是针对影响用户体验的主要痛点。为创新而创新，容易让工作变型。"小步快跑、试错迭代"的渐进式创新是腾讯的成功经验。同时利用"极速研发模型"实现敏捷创新。腾讯对内部研发团队的一个根本要求便是速度，其首个企业级研发模型就是"极速研发模型"，该模型由极速设计、极速研发、极速上线等部分构成。纵观腾讯的成长历史，在相当长的时间里，腾讯的转型及迭代驱动力，并非来自既定的战略，而是产品的持续创新。而创新亦非来自实验室，而是市场不断变换的需求。但是正如美国未来学家库兹维尔在《奇点临近》提到的，"技术的力量正以指数级的速度迅速向外扩充。人类正处于加速变化的浪尖上，这超过了我们历史的任何时刻"。对于企业来讲，过于迎合用户的

时代已经结束，未来战略诉求将着力于从技术出发，才能创造更多需求。

腾讯正在做这样的布局，往前一步进行科技升级，探索迈向基础研究"无人区"。腾讯在机器学习、计算机视觉、语音识别以及自然语言处理等 AI 领域的基础研究和应用落地已经有较大进展；量子计算实验室也以基础研究为主要任务，注重基础前沿的探索。与公司的前沿投入同时，自 2016 年以来，腾讯创始人马化腾先生先后向中国未来科学大奖、美国科学突破奖以及西湖大学等项目捐赠，这些项目都围绕着基础科学和前沿科技领域。腾讯已经在战略上向基础应用领域进行布局，正在从业务驱动模式转向科技创新驱动的模式，不断突破现有思维，保持对前沿和未来领域的关注和投入，以更有分量、更具结果的导向去创造更大价值。除了技术和产品的微创新，更加注重面向未来、探索未来，通过创造力实现更大的社会价值。

（2）华为提出"基础研究＋理论创新"的创新 2.0 战略

华为以往一直都是以基于客户需求的技术和工程创新为主，以从 1 到 N、产品创新、技术创新和方案创新为特点；产品研发以客户需求为导向，而非技术导向。技术只是企业实现商业成功的一种手段和工具。2002 年任正非提出"我们不是做院士，而是工程商人"。华为整个公司的大方向是以客户需求为导向，但实现这个目标要依靠技术。尽管 2011 年华为明确提出了"双轮驱动"战略，要以满足客户需求的技术创新和积极响应世界科学进步的不懈探索这两个轮子，来推动公司进步。但是华为创新是紧紧围绕客户需求进行的，即便是在客户需求和技术双轮驱动并强调技术牵引的时候，也必须回答技术如何满足客户需求，为客户创造什么价值。基于客户需求的技术和工程创新，是华为过去三十年的成功基础，而信息技术迅猛发展的创新环境变化，以及华为跻身科技企业龙头位置的经验，使其提出未来华为创新 2.0 更要注重基于愿景驱动的理论突破和基础技术发明，并指出这是产业发展和华为未来成功的基础。华为设立战略研究院，并将其定位为负责 5 年以上的前沿技术的研究机构，通过每年 3 亿美金的合作经费，支持学术界开展基础科学、基础技术、技术创新的研究，是华为技术体系的重要一环。华为将和大学、研究机构等一起共同推动理论创新和基础技术创新，重点将围绕信息的产生、计算存储、传送、处理、显示，通过与全球大学合作以及进行技术投资。

华为提出其在某些技术领域已经进入"无人区"，为了保持领先，不仅要做基础研究，还要做理论创新。理论创新是科研发明的源头，不掌握源头将对企业创新效率大打折扣。理论创新才能产生大产业，技术理论创新也能前进，一条基础理论，变成大产业要经历几十年的时间，华为在基础研究和理论创新突破方面拥有足够的战略耐性。华为未来创新，一是以"开放式创新、包容式发展"为思想理念,重视开源和产学研政各方合作,破除思想藩篱和机制阻碍,加快创新实践。二是以"愿景假设＋技术突破"为方法论,以符合市场需求的企业愿景为中心,围绕该愿景加强关键技术突破。三是以"信息为中心,增加布局突变的技术",信息产业迅猛发展,人工智能、大数据、云计算、区块链等新一代信息技术极大地影响着企业发展战略,重点布局具有颠覆作用的新技术,是企业发展的重要路径。四是以"大学合作、技术投资"为战略举措,重视高校实验室和科研机构的作用,投入资本和技术,支持科研进度和技术孵化,特别是数学、物理和通信等基础学科的布局,培育人才来加快创新。

(三)"两翼"之一:数字科技产业生态实践,企业初步形成一批生态

国内数字科技产业生态的优势主要围绕重点应用场景展开,围绕基础底层架构和核心技术的产业生态构建上还较弱,但企业也在开始发力。

1. 腾讯开放技术能力、强化前沿科技布局,形成从技术、产品、场景到应用,聚集大批中小企业和开发者的数字科技产业生态

腾讯"始于技术,发展于场景,落地于行业"的数字科技产业生态已成为业界领先。尤其是围绕社交和数字内容的生态已经完整并已形成全球影响力。同时腾讯围绕医疗、智能制造等重点传统行业发力,基于解决方案的开源和共享,从行业出发,做好行业的数字化助手。目前腾讯与产业生态合作伙伴已累计在政务、医疗、工业、零售、交通、金融等 19 个行业引入超过 100 个联合解决方案,共同服务客户超过 20 万家。线下通过 AI、SaaS、WeCity 加速器帮助和扶持中小创业者,打造腾讯开放新生态。继 AI、SaaS 加速器后,腾讯设立首个面向行业的加速器,WeCity 加速器,致力于与广大中小企业和开发者共建智慧城市,包括数字政府、智慧出行、智慧建筑、智慧医疗、智慧教育、智慧社区等领域。比如在 AI 医疗领域,腾讯利用 AI 技术在医疗影像、疾病诊断、临床决策、新药研发、健康管理等领域提升医疗诊断效率和服务质量。在国家科技创新体系中,腾讯承担了医疗影像国家新一代人工智能开放创新平台的建设工作。重点开展人工智能医学影像研究,探索建立多病种病症影像和电子病历标准化数据库,推动相关算法、模型、数据的开放共享,引导更多人工智能中小企业进入医疗行业。目前腾讯觅影已在基于内窥镜技术的医疗影像、基于眼底相机的眼底成像、肺检查等医学领域取得较大进展。再如在智能制造行业,腾讯建设智能制造人工智能开放创新平台,重点加强工业领域技术、经验、数据的积累与整合应用,在制造业关键领域实现专业级标准数据集输出,为加工制造企业提供数据智能型工具、全链路智能算法及

系统解决方案。在智能家居领域，腾讯推动智能家居人工智能开放创新平台建设，打造智能家居人工智能产业云，在智能家居应用领域实现标准数据集输出，在家居终端实现以物联网为载体的人工智能融合应用，实现智能家居推广应用，腾讯已联合众多制造厂商、广大中小 SaaS 企业形成智能制造和智能家居产业生态。比如前沿的量子计算领域，腾讯也在围绕行业和生态发力，这也是龙头企业在数字科技发展中的关键作用。2017 年，腾讯量子实验室旨在研究量子计算与量子系统模拟的基础理论，以及在相关应用领域和行业中的应用。实验室在腾讯云上研发计算化学软件和平台，建立化学及制药，材料，能源等相关领域的生态系统。

同时，腾讯通过开放基础技术能力，围绕小程序形成了技术和开发者生态。小程序开放含官方组件 + 官方 UI 素材及开放接口能力，打通了超过十亿用户与丰富内容和服务的通道，生态中大量的技术开发、运营维护等服务需求为众多服务商提供了繁荣生长的数字土壤。开发者可以在腾讯提供的基础组件的基础上，创造从商业服务、政府公共服务、组织内部管理以及小工具、小游戏等多种类型。小程序生态低门槛的进入方式、敏捷的快速开发和智慧的服务支持，能为开发者提供强大的支持。今年的新冠肺炎疫情暴发后，小程序充分发挥了数字科技的力量。从国务院客户端小程序上线疫情督查功能、到海关出入境健康申报服务、工信部重点物资保障服务，以及"地方群防快线平台"等，从政务管理到公共应急，腾讯依托基础技术能力，在短时间内上线了 100 多个小程序，快速支撑政府服务和公众需求。

2. 华为坚持"硬件开放，软件开源，使能服务"的生态发展策略，构筑鲲鹏计算产业生态

华为过去 30 多年一直在 ICT 领域做基础研发，从算法、算力、材料、芯片，到美学、工艺、设计等方面能力都已取得很好的积累。2019 年华为推出以"鲲鹏 + 昇腾"为底座，构建"华为鲲鹏生态"的战略，并在未来 5 年投入 105 亿重点发展。鲲鹏计算产业是一个基于鲲鹏处理器构建的全栈 IT 基础设施、行业应用及服务，包括了 PC、服务器、存储、操作系统、中间件、虚拟化、数据库、云服务、行业应用以及咨询管理服务等。华为只聚焦于发展鲲鹏处理器的核心能力，坚持"硬件开放，软件开源，使能服务"的生态发展策略，坚持上不碰应用、下不碰数据，通过战略性、长周期的研发投入，吸纳全球计算产业的优秀人才和先进技术，构筑鲲鹏处理器的业界领先地位，为产业提供绿色节能、安全可靠、极致性能的算力底座。

华为开放以指令集、芯片架构为主的平台硬件，对外提供主板、SSD、网卡、

RAID 卡、Atlas 模组和板卡，优先支持合作伙伴发展服务器和 PC 等计算产品。目前，正式开放的鲲鹏主板，不仅搭载了鲲鹏处理器，还内置了 BMC 芯片、BIOS 软件，同时采用 xPU 高速互联、多合一 SoC、100GE 高速 I/O 等关键技术。通过开放鲲鹏主板的接口规范和设备管理规范，提供整机参考设计指南，全面向伙伴开放华为的技术积累和实践经验。未来，合作伙伴可以基于鲲鹏主板和整机参考设计指南，快速开发出自有品牌的服务器和台式机产品。

华为将开源操作系统、数据库和 AI 计算框架等软件，使能伙伴发展自己品牌的产品并为开发者提供覆盖端、边、云的全场景开发框架。除了针对软硬件的开放和开源，华为已构建在线鲲鹏社区使能伙伴，提供加速库、编译器、工具链、开源操作系统等，帮助合作伙伴和开发者快速掌握操作系统、编译器以及应用的迁移调优等能力。在鲲鹏计算产业的规划中，未来的目标将是"构建全行业、全场景鲲鹏计算产业体系，完成鲲鹏计算产业从关键行业试点到全行业、全场景产业链建设"。

（四）"两翼"之二：数字科技创新体系实践，企业发挥的作用仍有限

目前以企业为主体、政府宏观指导、市场为导向、学校科研机构为基础力量、产学研深度融合、金融用户力量充分发挥的数字科技创新体系仍待完善。尤其是产学研合作方面仍存在很多问题，主要表现为合作机制不畅通，各方立足点和利益达不成统一，导致很多研究合作进展受限，龙头企业的关键作用尚未充分发挥。

1. "官产学研融用"六大创新主体中，腾讯在金融、用户方面表现突出，在官产学研合作方面仍在积极探索

"官产学研融用"创新体系是指企业（产业界）积极与政府、大学、研究机构、金融、用户等各大创新主体实现协同创新，发挥所长，联动释能。用户在腾讯的产品和技术创新发展中发挥了很重要的作用。纵观腾讯的成长历史，腾讯的每一步转型及迭代驱动力，都是来源于不断从市场用户需求出发的产品创新。腾讯有一个"10/100/1000 法则"：产品经理每个月必须要做 10 个用户调查，关注 100 个用户博客，收集反馈 1000 个用户体验，高度重视对用户需求的深入洞悉。

腾讯充分利用外部投资，提升数字科技能力，紧密围绕腾讯的 AI 等业务来进行相关的产业布局。细分投资领域包括自动驾驶、智慧医疗、语音识别、机器人等；其中既有腾讯自身一直在重点研究的方向，也有产业互联网相关应用领域。自 2014 年开启 AI 投资后，腾讯便走向密集投资期，据不完全统计，腾讯投资团队累计投资 700 多家企业迄今为止有数十项 AI 相关的投资。从地域上看，腾讯的

AI 投资横跨海内外，除中国外，也包括美国、加拿大、以色列等。在这之中不乏特斯拉等知名企业的身影。不管是国内和还是国外投资，腾讯的主流策略是投"赛道"。例如，腾讯看好自动驾驶，既投资了蔚来汽车（NIO），也投了特斯拉（占 5% 的股份），智能机器人领域也舍得下重注。在产业投资上，腾讯不断围绕行业解决方案生态、技术平台生态和底层基础设施三个方向展开。在行业解决方案生态中，不断加大对 SaaS 应用生态的支持，加强对底层设施领域中的前沿技术创新的关注并探索海外企业服务市场，持续建设完整的产业互联网生态圈。

腾讯参与的鹏城实验室作为一所新型研发机构，是广东省政府批准设立的事业单位，由政府主导，以哈尔滨工业大学（深圳）为合作单位，协同清华、北大、腾讯、华为等多所高校、科研院所、大科学装置、企业等优势单位共建，聚合国内优质创新资源，建设相关重大科学基础设施，开展跨学科、大协同的创新攻关，以网络通信，先进计算和网络安全为三大方向，保障国家网络空间安全，推动网络信息产业发展。实验室将探索建立符合大科学时代科研规律的科学研究组织形式，腾讯作为企业代表，将充分发挥企业的价值创造作用，协同政府、大学、研究机构等主体，在数字科技基础研究和前沿技术方面探索"官产学研"四维螺旋体创新。比如腾讯优图实验室与中科院软件所、中科院自动化所、上海交通大学、厦门大学、密歇根州立大学、中山大学等国内外高校开展高校合作项目，在人脸人体基础技术、神经网络模型压缩、视觉内容检索、智能硬件平台、视频内容分析等研究方向上进行合作研究，并落地应用到 AI 等相关行业，取得创新性成果。但是目前合作深度有待深入，合作机制和利益分歧等问题仍然较多。

2. 阿里与浙江省政府、浙大共同成立之江实验室，积极探索新型产学研合作，但成效受限

阿里协同打造"官产学研"基础研究载体。2017 年，浙江省政府、浙大、阿里共同成立之江实验室，实验室按照"一体、两核、多点"架构组建。"一体"指实验室是具有独立法人资格、实体化运行的混合所有制单位；"两核"指依托浙江大学、阿里巴巴集团，聚焦人工智能和网络信息领域，开展重大前沿基础研究和关键技术攻关；"多点"指吸纳国内外在人工智能和网络信息领域具有优势的科研力量，集聚创新资源。

之江实验室瞄准国家实验室布局领域以及国家实施重大科技专项的重点领域，立足浙江现有科研基础与优势，聚焦网络信息技术前沿，以重大科技任务攻关和大型科技基础设施建设为主线，以大数据和云计算为基础，以泛智能、强实时、高安全为抓手，聚焦人工智能和网络信息两大领域，重点在智能感知、智能计算、

智能网络和智能系统四大方向开展基础性、前沿性技术研究，推进前沿基础研究和应用技术研究的有机互动和深度融合，以全球视野谋划和推动创新。2019 年 11 月 2 日，之江实验室牵头，联合浙江大学、阿里巴巴等多单位共同研发打造的"天枢"人工智能开源开放平台在浙江杭州正式发布。之江实验室主要任务包括重大前沿基础研究、大科学装置和科研平台建设、国内外科研合作与交流、高层次科研人才培养、承担国家战略性人工智能创新项目、科研成果转移转化及其产业化。之江实验室在创新体系的打造、协同产学研主体关系等新型产学研合作方面积极探索，但在实践中仍有很多问题需要协调，各大主体没能实现真正的融通创新，技术上中下游的对接和耦合等方面尚有上升空间。

　　当前，网络式生态化的协同式创新正在释放更多的活力，即从基础研究到应用开发的中间环节，呈现出网络式的研究特点，多主体参与，创新模式发生了质变；同时科学技术诸多领域在交叉汇聚过程中，呈现出多源爆发、交汇叠加的"浪涌"现象。数字科技作为引领第四次工业革命的核心引擎之一，面向物理世界和数字世界的互动融合，一方面需要解决实际应用、面向用户需求、开发全新市场的场景式研发与创新，从用户需求出发对科学研究形成逆向牵引，另一方面在各类基础学科、基础技术领域的各项基础和应用创新寻求突破。数字科技龙头企业在基础研究、应用研究、产业生态、平台开放等领域全面布局，尤其在围绕产业生态和平台等方面表现突出。龙头企业在数字科技发展中将发挥不可或缺的关键作用。

第十七章 | Chapter17
数字科技企业创新实践：腾讯案例[⊖]

企业是科技创新的主力军，特别是龙头科技企业已成为科技创新的重要载体之一。龙头企业依托独特的组织要素、组织迭代等优势，在企业内部持续推动科技创新，利用平台优势集聚大量中小企业共同持续创新，从而带动产业推动科技重大科技成果的产出。在数字科技领域，龙头科技企业以强化自身数字科技能力为核心，以打造围绕企业的数字科技产业生态和数字科技创新体系为两翼，形成"平台＋生态"的企业科技创新模式。

一、腾讯数字科技发展进化历程

腾讯成立至今，一直重视在科技创新上的投入，以应对市场竞争和社会发展中出现的难题。在业务成长过程中始终伴随着技术创新，并围绕着技术创新的需求，加快研发投入、组织架构、基础设施建设，不断进行调整以适应技术创新的需要。目前腾讯已在网络架构、大数据分析、分布式存储、互联网安全等互联网工程技术领域积累大量经验。腾讯成立以来的科技探索发展历程，整体上经历了三个发展阶段，包括创立之初的奠基阶段（1998 年至 2012 年）、快速成长阶段（2012 年至 2016 年）和探索阶段（2016 年至今）。

⊖ 本章执笔人：腾讯科技（北京）有限公司的史琳、张谦、刘云。

（一）海量之道，满足用户连接需求

腾讯成立最初十年，面对指数级增长的用户规模，摸索出一套以 IT 基础核心技术为主干、以"海量之道"和"敏捷创新"为特征的技术解决方案，快速解决海量用户的全业务连接需求驱动技术创新，构建起稳定可靠、永不掉线的互联网生态平台，这也是本阶段腾讯创新的主线。

伴随着移动互联网时代的到来，终端的普及，移动应用场景得到极大丰富。OTO、分享经济等新业态应运而生，腾讯业务发展和技术创新都经历了快速成长阶段。

（二）技术驱动，应用基础研究突破

在海量之道的技术发展过程中，伴随着云计算技术的普及，以微信为代表的移动互联网产品大规模应用。腾讯致力于智能计算、模式识别、自然语言处理、数据挖掘等应用基础研究，孵化出腾讯优图、微信智聆等领先业界的人工智能团队，为腾讯云全面开放、深度拥抱产业互联网提供了大数据处理、网络安全、数据通信和机器学习等诸多方面的技术储备。

AlphaGo 的胜利成为人工智能史上一座新的里程碑，预示着人工智能技术终将改变人类的生活，技术壁垒将成为未来企业竞争的核心，互联网企业开启对前沿科技的探索之路。腾讯也正式从 2016 年开启科技探索阶段。

（三）强化"从 0 到 1"前沿科技研究探索，全面启动科技升级战略

2016 年年初，《自然》杂志刊登了一篇关于谷歌 DeepMind 团队使用两种新的深度神经网络，解决了人工智能历史难题的论文，这极大地震撼了腾讯。随后，2016 年 3 月，AlphaGo 击败了代表人类出战的李世石，被认为几乎等同于"1947 年秋天，两位工程师在新泽西州郊区的实验室里发明了晶体管"——那项发明直接开启了人类的信息时代。而人工智能的突破，使腾讯意识到一个全新的智能时代正在到来。腾讯公司总裁刘炽平的判断是"公司也许到了靠产品和技术双引擎驱动的时候了"。

自 2016 年开始，腾讯开始依靠产品和技术双引擎驱动，全面启动科技升级战略，更加致力于"从 0 到 1"的前沿科技研究。AI Lab、量子实验室、机器人实验室、未来网络实验室等一系列基础研究实验室陆续成立，开启腾讯的前沿数字科技探索之路。

二、腾讯数字科技创新的具体实践与探索

（一）在技术压强实战过程中实现快速成长

腾讯的以"海量之道""敏捷创新"为特征的技术解决方案，能够快速解决海量用户的全业务连接需求，构建起稳定可靠、永不掉线的互联网生态平台。

QQ实时在线用户已超过2亿，而另一款社交产品微信月活用户也已超过12亿，2019年微信商业支付日均交易笔数超过10亿。由于业务场景需求不断丰富，数据量和业务量都在极速增长。如何以有限的研发资源来应对不断增长的业务需求，是摆在腾讯技术人员面前的一大挑战。在这样的背景下，腾讯技术团队不断修炼内功，在技术层面深度挖掘，通过引入外部先进的技术理念，不断优化方案，在一次次技术压强实战过程中，使系统承载力不断提升，并在数据中心、服务器存储、网络架构设计、资源调度、容灾备份、安全等互联网工程技术上不断进行基础创新，积累经验。

在网络层，腾讯网络基础设施覆盖全球，实现百T级流量实时调度。腾讯网络技术经历了三个不同技术发展阶段，从纯租用运营商网络设备，到利用商用网络设备和商用技术搭建网络，再到利用自研数据中心网络、DCI骨干网、光网络架构成型并逐步完善。目前，通过坚持自主创新，已摆脱商用网络设备＋商用技术道路。海量设备的DCN数据中心网络和OpticalN光传输网络率先在硬件设计进行革新，DCI骨干网络和腾讯互联网交换平台（TIX）公网交换网络则将商用设备复杂的功能进行剥离，由腾讯自主创新的SDN集中控制网络分布式集群系统，构建了敏捷、可靠、低成本、业界领先的云网络平台。

同时围绕网络架构、边缘计算网络开源平台等进行积极布局，主要致力于构建使能5G/IoT网络与业务协同的网络层PaaS服务，同时在p2p网络通信协议、超大规模组网等区块链领域进行前沿布局。

❖ ─────────────────────────────────

专栏17-1：网络技术坚持自主创新

2019年正式推出自主研发的数据中心交换机可全面取代现有商用交换机，是业界首款横插子母卡硬件架构，符合数据中心使用习惯。相对商用，自研交换机配置BMC模块可实现与服务器统一运维，能够在云时代下大大提升业务运营效率。

2019年正式发布的TOOP腾讯开放光网络平台，采用光电解耦的思路来解

决开放问题，自主设计的光层系统 OPC-4 和深度定制电层设备 TPC-4，彻底打破原有的不同厂商技术壁垒，传输网络首次可实现任意厂商的设备的组网。

2017 年 DCI 网络成功上线了全球首个基于商业通用交换机和 SR-TE 技术实现的流量工程方案。该方案通过引入腾讯自研 SDN 控制器，实现了超大规模数据中心园区间通信的端到端智能化调度。控制器可以根据实时的网络带宽利用率、传输时延、线路质量和成本等多维度信息进行动态调度，该方案标志着腾讯 DCI 网络进入精细化运营时代。

2015 年 TIX 网络开始引入 SDN 实现 BGP 流量的智能调度，2019 年创新性提出并研发上线无策略化 SDN 控制器，将现有网内 BGP 路由选路逻辑全部通过控制器计算，通过控制器算法实现出口调度，大幅度降低工程师进行设备变更的次数，并可持续快速迭代。

在数字层，大力搭建稳定可靠的数字基础设施，这是腾讯所有互联网业务的基础，在服务器、存储和数据中心等领域投入了大量的创新资源。腾讯利用产品化手段解决数据中心建设问题。从 1999 年拥有第一台服务器、2000 年在深圳东门建成第一个数据中心腾讯数据中心，从传统数据中心到超大规模绿色数据中心、再到模块化绿色数据中心（TMDC），直至第四代自研可移动机房 T-block 数据中心，T-block 家族系列产品 Mini T-block，经过近四代数据中心技术的演进，大幅降低了数据中心的准入门槛和投入成本，适用于边缘计算、雾计算以及 IoT 场景，为 5G 时代边缘计算场景创造了更便利的条件，也使腾讯在 2019 年成为一家拥有百万台服务器集群的企业，全面支撑着十亿级的腾讯业务生态。

专栏 17-2：自研数字科技基础设施

T-block 数据中心性能业界领先

腾讯自研 T-block 数据中心具有极低的 PUE、多重制冷模式、标配清洁能源、可视化数据中心管控等特点。在工信部测试的 PUE 为 1.0955，在全球数据中心 PUE 测评结果中处于领先水平。截至 2018 年，腾讯数据中心在全国各省份部署 1100 多个加速节点，覆盖移动、联通、电信及十几家中小型运营商，海外布局 200 多个加速节点，覆盖全球 30 多个国家和地区，支持全球用户就近获取所需服务，降低访问延迟。T-block 一举斩获 2016 年度"Internet

Data Center"（互联网数据中心）和"Modular Deployment"（模块化部署）两项"DataCenter Dynamics APAC"大奖，这两个奖项堪称数据中心届的奥斯卡大奖。

Mini T-block，数据中心界的 U 盘

2018 年，腾讯推出 T-block 家族第四代数据中心产品 Mini T-block，它将若干 IT 机柜、配电设备、冷却设备等功能设备，包含网络、布线、消控等集成于同一单位体积（ISO20/40 尺标准箱体）内，是一个可"独立运行、即插即用、用完即走"的"数据中心界的 U 盘"。搭配腾讯自主研发的数据中心智能化管理系统——腾讯智维，让数据中心的规划、建设、运维更加简单。相比 T-block，Mini T-block 更加轻量化，对场地的要求更低，可抗八级地震，能够在外部湿度 5%～100%、外部温度 -40～55℃、阳辐射强度低于 1120W/m² 、污秽等级 Ⅳ 级以内的环境下正常工作。Mini T-block 常见适用的场景包括有余电数据中心扩容（如老旧机房挖潜扩容），具有临时性的场合（如大型赛事转播），具有应急性的场合（如救灾现场），对边缘计算有需求的工业场景（如石油开采现场），对私有云、混合云有需求的其他场景（如偏远地区网络课堂）。

在网络安全方面，腾讯 21 年服务超 10 亿用户，拥有海量安全运营经验。腾讯公司从成立之初一直在非常关注安全能力建设，并于 2005 年正式成立腾讯安全平台部，负责为腾讯自身的全线产品、业务、数据提供安全防护，能力涵盖网络保障、漏洞收敛、应用防护、入侵对抗、威胁情报、金融风控、营销保护、流量分析、安全质量提升等多方面。目前，腾讯已形成完备的内部安全体系，包括自主研发的 DDoS 攻击防护系统，WEB 防火墙、WEB 漏洞扫描系统、反入侵系统等多款内部安全工具，通过构建一站式业务安全智能解决方案保障腾讯自身业务的安全运行。在 DDoS 防护方面，腾讯沉淀了十多年的自研防护能力，依托腾讯云平台向外输出专业的 DDoS 防护产品，依托腾讯云平台向外输出专业的 DDoS 防护产品，为游戏、互联网、视频直播、金融支付、电子商务和政务等多个行业保驾护航，2018 年成功抵御了高达 1.23Tbps 的国内已知最大流量攻击，助力客户网络防护。

在长期的互联网网络安全实战对抗中，腾讯安全互联网安全技术研究已经走在行业前列，并成立国内首个互联网安全实验室矩阵——腾讯安全联合实验室，旗下涵盖科恩、玄武、湛泸、云鼎、反病毒、反诈骗、移动安全七大实验室，各

安全实验室专注安全技术研究及安全攻防体系搭建，汇聚了国内顶尖的"白帽黑客"，安全防范和保障范围覆盖了连接、系统、应用、信息、设备、云六大互联网关键领域，并在车联网安全、物联网安全、人工智能、云安全、自研杀毒引擎、安全人才培养、社会责任等诸多方面取得突破进展。

专栏 17-3：腾讯互联网安全大数据矩阵

腾讯安全经过多年核心安全能力积累，海量大数据运营经验，构建起全球最大安全云数据库，内容涵盖风险网址、诈骗电话、骚扰短信、银行账号黑名单、木马、APK 等丰富而全面的网络安全数据。同时，利用腾讯海量的计算和储存资源，每天可以对数据进行建模分析，并结合领先的大数据及可视化分析技术，打造最强的态势感知能力，通过海量数据多维度分析、及时预警，对威胁及时做出智能处置，实现企业全网安全态势可知、可见、可控的闭环。

目前，腾讯安全云库已服务 99% 中国网民，每天对 15 亿网址进行安全检测、对 2.5 亿的 APK 文件进行检测、对 1.2 亿个电话号码进行识别、对 3000 万 PE 文件进行检测。

（二）始终坚持自主创新，夯实技术实力

值得一提的是，腾讯结合自身需求和优势在图计算平台方面积累了大量经验，取得了较好的发展。错综复杂的社交网络服务背后是基于超大规模图数据的计算。图计算的效率直接决定了业务迭代周期以及时效性。传统的分布式计算框架难以在性能和内存开销方面满足超大规模图计算的需求，直接导致了许多重要的算法只能以月度为单位进行计算，每次计算都需耗费几天时间，无法充分发挥数据的时效性。而部分算法需要耗费大量内存，无法在有限资源下完成超大规模的图数据的计算，徒有海量数据却未能充分利用。

面对超过十亿节点的超大规模图计算的迫切需求，腾讯图计算平台吸收了来自已有图计算系统的设计精髓，结合腾讯业务特点，逐渐走上一条自主研发、自主创新的高性能图计算之路。最终，腾讯图计算平台实现了在受限资源下能够以分钟级别完成腾讯全量社交数据计算的高性能分布式图计算，达到行业领先水平。目前腾讯图计算平台已作为腾讯基础设施服务于公司内所有部门的上千业务中，

其中不乏微信、广告、视频、音乐、游戏等多款核心产品。以腾讯图计算平台为"圆心"，一个以高性能计算技术与产品深度融合的社交网络计算应用生态圈已然成型。

专栏 17-4：腾讯图计算平台发展历程

腾讯图计算平台经历了两代的技术发展阶段。第一代腾讯图计算平台采用了基于 MapReduce 的计算模式。面对稀缺的内存资源以及不稳定的服务器环境，第一代图计算平台能够充分利用碎片化的资源，稳定的运行长达数天的计算任务。随着计算机技术发展，内存以及网络资源变得充足且稳定，第一代图计算平台逐渐暴露出一些性能上的问题。在此背景下，第二代腾讯图计算平台应运而生。

第二代腾讯图计算平台建立于内存计算的基础上，针对图数据的特点，结合腾讯业务特性，从网络、内存、寄存器、指令集等各个层面对算法和应用进行极致优化，充分利用计算设备的每一分性能，达到真正意义上的高性能。在计算模式方面，第二代腾讯图计算平台吸收并改进了学术界研究成果，提出了多种不同的计算模式以适应复杂多变的算法需求。高度抽象的计算模式使得用户可以在短时间内完成高性能大规模分布式程序的编写，极大地提升了开发人员的效率，缩短研发周期。在性能方面，第二代图计算平台实现了十亿规模节点网络在受限资源下的分钟级计算，以优于十倍甚至百倍的性能优势超越现有工业界图计算解决方案。

针对产业互联网场景日趋复杂、云计算软硬件技术协同和云原生技术能力不断提升的发展趋势，为克服传统服务器机型功能复杂、成本高、应用周期长等技术局限，腾讯开始推动服务器"自研上云"。2018 年，腾讯开始自研服务器。第一款服务器为 AMD ROME 平台，第二款为 Intel Copper Lake、ICE Lake 平台，存储方面引入了 2U24、JBOD 机型，在成本、质量、效率等方面均有一定的收益。2019 年，腾讯云正式发布首款拥有完全自主知识产权的服务器——"星星海 SA2"。基于"星星海"服务器的云服务实例综合性能提升 35% 以上，其中视频处理速度提升 40%、图形转码得分提升 35%、Web 服务页面 QPS（每秒查询率）提升 152%。在 ODM 模式下，腾讯自主设计、研发、组织生产的 100 万台服务器集群正式建成，部署在全球各地的数据中心，对内支撑腾讯海量业务的发展，为QQ、微信等数个亿级产品提供保障。

（三）开展组织机制创新，为科技升级保驾护航

1. 自建实验室分类"长短结合"，计利当计全局利

在探索科技创新的道路上，企业根据自身特点，建立适合公司特征的创新载体和研发组织模式。自建实验室是企业集中优势资源快速开展科研工作的重要途径之一。通过建设企业内部实验室等创新组织提升企业基础研发和前沿技术能力。如腾讯建立以人工智能与前沿科技（机器人、量子计算、5G、IoT 和多媒体技术等）为基础的两大科技实验室矩阵，从基础研究和应用市场两端共同发力，强化数字科技能力。

科技企业建设的实验室主要分为面向业务的应用型研发组织结构和面向为未来的探索型研发组织结构两种类型。一类是与现有业务紧密结合的应用型研发，依托产品"有的放矢"，设定 1～2 年研究目标。重点考核实验室对行业共性关键技术、行业开源技术的贡献度、应用落地情况，如腾讯优图实验室专注于机器视觉技术的研究及产业化应用、微信智聆实验室专注于语音识别技术的研究与应用等。另一类是面向未来科技的中长期探索，不追求短期收益，放眼 3～5 年之后。因此实验室结构相对独立，人员及资源配置稳定，保证科研人员能力戒浮躁、潜心钻研，如腾讯量子实验室，通过对未来科技的研究探索和创新，提升数字科技能力。目前国内企业仍以前者为主，但随着科技企业通过自建实验室，着眼未来，布局前沿，后者未来将会变多。

2. 科研团队"多兵种配置"，成果转化"迭代推进"

科技企业有快速迭代的组织、人才和效率优势，这是企业开展科技创新的独特优势之一。建立科学实验室是腾讯举自身之力，致力科研攻关，提升企业基础研发和前沿技术能力的主要手段。从 2016 年以后，大量的科研人员涌入了腾讯，一些科学家成为腾讯新近设立的科技实验室的负责人，AI Lab、量子实验室、微信智聆实验室、未来网络实验室、医疗 AI 实验室等相继成立。一方面，对于基础前沿及关键技术的研发，通常涵盖多个交叉学科，需要实现科研团队的"多兵种配置"。研发人员是掌握和运用技术的主体，是企业重要的人力资源，是企业技术创新的真正源泉。比如腾讯机器人实验室团队拥有物理、化学、电子工程、计算机等不同学科背景，量子计算更是包含物理、化学、计算机、数学、电子工程等多学科交叉的前沿领域，各学科研究人员更要"协同作战"。

另一方面，基础前沿技术一旦进入应用研究阶段，就集中整合资源，努力提供应用场景进行成果转化和工程验证，并不断反馈迭代推进。如 2020 年，腾讯 AI Lab 深化前沿智慧病理与医药研究，推出首个 AI 驱动的药物发现平台"云深智药"平台，提供覆盖临床前新药发现流程的主要模块。

3. 推倒"技术烟囱"，搭建技术中台，培养开源协同新文化

一场团战——技术中台蓄势爆发。任何企业都应在顺境中始终保持对前沿科技的追求。在移动互联网应用大发展的环境下，腾讯公司各项业务始终保持着快速增长，由微信打造的业务生态不断丰富，公司股价逐级攀升，每个季度收入都在创新高。公司内各事业群的"赛马机制"持续着优异表现，不断讲述微信式的故事——在充分的竞争中诞生出爆款产品，也是腾讯 20 年来胜利的来源。但赛马机制带来了"重复造轮子"的问题。每一个产品为了快速制胜，必须形成闭环，就要拥有一支只服务于自己的技术团队。"等哪个公共团队做出成熟技术了，用户早就走光了。"最终各部门自成一体，自给自足，难以共享，就像在工厂里立了一根根粗壮的烟囱，但又各自生机盎然。腾讯在过去也曾试图合并"烟囱"，建立中心化技术中台，但在快速发展的移动互联网时代最终都以失败告终。当前全球正处于新一轮科技革命和产业变革的浪潮之中，与以往的科技革命不同，这次科技革命的重要特征之一可能是科学革命与技术革命将同步展开。而企业的组织架构要与技术和时代发展相适应。在竞争对手纷纷利用技术中台支撑着集团军作战、异军突起时，20 岁的腾讯启动了第三次架构调整，内部称之为"930 变革"，推倒上百个技术烟囱，开源协同，自研上云，建立大中台服务内部各产品，并通过腾讯云向外输出公司级的技术能力。

"代码开源、技术协同、云上生长"新代码文化。领先的互联网工程技术是腾讯能够持续创新、创造出多款国民级互联网应用产品的强大底座。自 2018 年以来，为了进一步提升研发效率、降低技术和产品创新的门槛，腾讯启动了"代码开源、技术协同、云上生长"的新代码文化。腾讯将开源协同作为腾讯研发体系升级的重要方法，通过内部分布式开源协同加强基础研发，从而进一步优化腾讯互联网工程技术的运营效率与质量。同时，腾讯逐步将体量庞大的自研业务全部搬迁到云上，通过自研上云来进一步促进云能力的快速提升，上云本身也是一种对开源文化的拥抱。

开源协同和自研上云共同促进了腾讯在基础研发、环境部署以及生产服务等方面的统一，对开源产业链和云原生生态做出重要贡献，最终为研发效率和研发质量提供更多保障，让技术创新更容易在腾讯生长。2019 年 1 月，腾讯成立了技术委员会，以开源协同和自研上云为两大重要方向。不过，开源协同和自研上云

并不只是腾讯技术委员会的工作，甚至不只是腾讯两万多名技术员工的工作，全体腾讯人都逐步参与到开放的、协同的技术文化营造中来，从而为腾讯的科技能力提升创造更加坚实的基础。

4. 布局前沿、重点技术专利，保护技术创新成果

在科技创新的过程中，专利即是一种技术实力的证明，也为技术的发展起到了重要护航作用。获得专利之后所形成的排他权，能够排除他人对相同或等同技术方案的实施，从而为企业带来竞争优势。专利权作为保护技术创新成果的方式之一，专利的质量与数量是企业创新能力和核心竞争能力的体现，是企业在该行业身份及地位的象。

腾讯在即时通信、网络安全、游戏、视频、微信、智能硬件、支付、广告、音乐等重点领域着重进行了专利布局，构建完善的立体保护体系。对于这两年的新兴发展领域和前沿研究成果，及时进行专利布局，例如智能家居、直播技术、人工智能、智能交通、云技术、可穿戴设备、NFC、VR 技术等都积极进行专利保护，逐步构建完善的专利布局。

同时，更加注重底层技术的专利保护。如在音视频编解码、量子计算、人工智能等底层技术研究及算法，在这些领域均进行专利申请、布局，腾讯单在人工智能领域专利申请就超 2000 项。公司一直致力于底层技术的标准化推进，并期望通过开源和标准化的方式推动整个互联网行业共同进步，例如协同自主研发的 TPG 图像编码技术纳入 AVS2 标准，申报了与标准提案相关的专利申请。

5. 创新机制"良性赛马"，鼓励试错容忍失败

创新往往意味着巨大的不确定性，但不创造各种可能性就难以获得真正的创新。腾讯通过"赛马机制"在企业内部不断突破自我。无论是科学研究还是产品研发，都不能保证技术路线一定正确，因此企业对创新的"冗余"成本充分理解，容忍失败，允许适度浪费，鼓励内部竞争和试错，通过在内部保持良性竞争，来实现技术和产品的创新。

（四）重点布局数据处理和知识自动化，加快数字世界的模拟运行，以及向物理世界的反馈优化

在数据处理环节，腾讯独具优势的媒体数据压缩和传输、多媒体内容管理，以及大数据处理（云计算）能力领先业界。2014 年，随着各种不同类型音视频数据的编解码、网络传输和实时通信需求，腾讯成立了音视频实验室，专注于多媒体技术领域的前沿技术探索、研发、应用和落地，包含音视频编解码、网络传输

和实时通信，基于信号处理和深度学习的多媒体内容处理、分析、理解和质量评估，沉浸式媒体（VR、AR、点云等）系统设计和端到端解决方案；同时积极参与国际国内行业标准制定，在多个国际标准组织中担任重要席位。在科学家刘杉博士的带领下，腾讯多媒体实验室于 2018 年开始参与 VVC（Versatile Video Coding）标准制定。2019 年 8 月，腾讯以董事会成员身份受邀加入国际 8K 行业联盟（8K Association）；2019 年 9 月，腾讯以董事会成员身份正式加入开发媒体联盟（Alliance of Open Media，AOMedia），参与 AV2 编码标准的制定，成为腾讯在多媒体技术领域探索的又一个重要里程碑。迄今为止，已经向多个国际标准组织提交超过 250 个技术提案，其中约 70 个技术提案已被标准采纳，成为国际行业标准不可忽视的影响者和领导者。

在数据分析方面，面对快速增长的数据挖掘需求，腾讯开发了面向机器学习的高性能分布式计算框架——Angel 平台。Angel 采用参数服务器架构，涵盖了机器学习的各个阶段，特征工程，模型训练，超参数调节和模型服务，支持数据并行及模型并行的计算模式，能支持十亿级别维度的模型训练。Angel 已在微信支付、QQ、腾讯视频、腾讯社交广告及用户画像挖掘等业务中应用。随着联邦学习开始从理论研究迈向批量应用的落地阶段，腾讯自研 Angel 联邦学习算法平台，并已在腾讯内部如金融私有云、广告联合建模等实际场景中落地。

在仿真建模环节，腾讯从平台定位出发，积极参与国内数字孪生城市的建设，并通过外部投资包括数字孪生地图公司 SenSat 等在内的科技公司，强化相关能力建设；5G、云计算、人工智能与大数据等代表的新基建，为数字政府、智慧城市建设的扩大、改善与升级提供了变革性的技术供给，成为其进行运行模式创新、转型的数字底座和动力引擎。我国数字政府和智慧城市建设在供需两侧的协同影响下，正加快迈入全面数字化新时代。

专栏 17-5：WeCity2.0 打造"一横六纵"能力体系的探索

未来城市发展既需善用数字技术加强社会治理和综合服务，更需兼顾打造新经济增长极的目标。WeCity 提出"新空间、新治理、新服务"理念，以"数字孪生、万物互联、信息融合创新"为核心，构建全域数字底座，打造融合、弹性、智能的新型数字化基础设施，全面构建经济社会发展所需要的新连接、新计算、新交互和新安全等泛在支撑能力；打造一体化融合引擎，为生态提供面向多元服务架构的融合平台，构建未来城市的可拔插、一体化能力中枢；通过升级服务、协同、监管、决策、治理、产城六大领域能力，打通泛在终端入口，连接政府、民众和企业／机构三端流量，全面提升城市综合能力。

"新空间"，即将服务的目标场景细化到服务社区、城市、都市圈、乡村等，进一步提升城市空间服务；"新治理"则是通过跨区流动、一网统管，帮助政府部门从之前的采取常态化治理手段，升级为面对突发事件和不确定事物时，也能灵活处理，以数字化能力提高城市韧性，做到城市的精细化管理；"新服务"则是进一步扩大"一网通办"的服务范围，提高效率，打通政务服务的"最后一公里"，同时探索产业服务新模式，实现产城融合，带动数字经济发展。

在知识自动化环节，通用人工智能是具有一般人类智慧，可以执行人类能够执行的任何智力任务的机器智能。是人工智能未来研究的最终目标，AGI 是通过数据处理和知识自动化加快数字世界的模拟运行，以及向物理世界反馈优化的实践。开展通用人工智能的研究成为腾讯 AI Lab 成立伊始便已确立的核心长远目标，即创造能感知和理解真实世界并能有效执行各种不同任务的 AI 系统。实现这一目标，既需要软件上的突破，也需要硬件的迭代创新，还更需要目前行业普遍缺乏的软硬件的有效整合与集成。

2020 年，腾讯 AI Lab 和 Robotics X 实验室主任张正友博士提出了一个全新的概念：虚实集成世界（Integrated Physical-Digital World，IPhD）。它将 AI、虚拟现实（VR）、增强现实（AR）、混合现实（MR）与互联网和物联网的思想融合。在此基础上，一个通过互相交织和共同进化的软件与硬件、虚拟与现实、人与人工智能和机器人实现通用人工智能的愿景呈现在了世人眼前。在虚实集成世界框架下，现实虚拟化、虚拟真实化、全息互联网、智能执行体四大发展方向将成为腾讯 AI Lab 和 Robotics X 实验室未来发展的重要指导。

虚拟人是虚实集成世界的重要组成部分。根据来源的不同，虚拟人可大致分为两类，人类的数字化模型和虚拟世界原生虚拟人。腾讯 AI Lab 通过计算机视觉、语音识别和生成、自然语言理解和生成等多种技术的融合推出虚拟人。在建造人类的数字化模型方面，AI Lab 在 2018 年公布了一个基于真人建模得到的虚拟人 Siren。2020 年 10 月，腾讯 AI Lab 提出了一种基于 RGB-D 自拍视频创建高拟真度 3D 虚拟人的方法。这项技术的核心是 3D 人脸 Mesh 估计、高清纹理贴图及法线细节贴图的合成算法，实现了成本极低但速度很快的 3D 人脸合成——仅需手机拍摄的视频作为输入和 30 秒处理时间即可。在创造虚拟世界原生虚拟人方面，腾讯 AI Lab 开发的多模态虚拟人"AI 艾灵"已于 2020 年 5 月与公众见面。

（五）加快探索数字世界的前沿科技的节奏

面对本轮科技变革，腾讯构建起一系列前沿科技实验室矩阵，打造面向未来的科技引擎，赋能产业升级。作为 AI 科技的前沿探索者，腾讯在积极探索最前沿的 AI 技术的同时，也致力于将这样的潜力转化为切实可行的应用，以更好地服务用户和造福社会。腾讯在 AI+ 医疗、AI+ 医药、AI+ 游戏、AI+ 农业、AI+ 内容等领域进行探索，并利用 AI 解决地球所面临的最大挑战，已让用户深深感受到 AI 技术所带来的变化和影响，让未来生活有了无限可能。

专栏 17-6：AI Lab 的前沿探索

AI+ 医疗：用 AI 抗击疫情和辅助病理医生

AI+ 医疗是腾讯 AI Lab 的核心研究方向之一。在新冠肺炎疫情肆虐全球的背景下，AI 技术在医疗领域更是具有无可比拟的应用前景。2020 年 7 月，钟南山院士团队与腾讯 AI Lab 联合发布了一项利用 AI 预测新冠肺炎患者病情发展至危重概率的研究成果，可分别预测 5 天、10 天和 30 天内病情危重的概率，有助于合理地为病人进行早期分诊。该研究发表于《自然》杂志的子刊。

AI+ 药物：首个 AI 驱动的药物发现平台问世

2020 年 7 月，腾讯 AI Lab 重磅发布了首个 AI 驱动的药物发现平台——云深智药。云深智药整合了腾讯 AI Lab 和腾讯云在前沿算法、优化数据库以及计算资源上的优势，提供覆盖临床前新药发现流程的五大模块，包括蛋白质结构预测、虚拟筛选、分子设计 / 优化、ADMET 属性预测及合成路线规划。

AI+ 农业：iGrow 再获丰收，农业仿真落地现实世界

农业是事关人类生存的基础性行业。腾讯 AI Lab 利用 AI 算法和技术经验打造的云原生——腾讯 AIoT 智慧种植方案 iGrow 在 2020 年已落地中国农业大省辽宁。第一期番茄试点迎来小丰收，每亩每季净利润增加数千元，iGrow 的商业价值得到了初步验证。

继化肥、农药和大规模机械化种植之后，AI 和物联网有望让农业更进一步摆脱靠天吃饭的传统模式。通过分析和预测天气条件、温湿度、二氧化碳浓度变化动态调整种植策略，可让产量得到最优的提升。未来如果再配合自动化温室和垂直农场等新型农业技术，农业的生产效率可望实现质的飞跃，甚至可推广到原本不适宜农业生产的地区，助力消除人类社会仍未解决的饥饿问题。

AI+ 内容：TranSmart 再升级，用 AI 赋能人工翻译

腾讯交互翻译 TranSmart 是目前业界唯一可实现人机交互的互联网机器翻译产品。经过三年积累，功能已覆盖人工翻译全流程，如按键、词、短语、句子、翻译记忆等。2020 年，TranSmart 开启商业化探索之旅，获得业界伙伴积极认可。

在社会公益领域，秉承"科技向善"的理念，AI 技术在与传统产业和场景融合的同时，也正像水和电一样，润物细无声地应用于医疗、养老等行业，通过使用语音识别、图像识别、智能分析等 AI 技术，服务于残障、留守儿童、空巢老人等弱势群体，腾讯秉承"科技向善"的技术价值观，一直致力于通过 AI 等技术手段解决人类面临的社会问题，先后推出支持跨年龄寻人、多语种翻译等相关公益项目。

腾讯优图首创跨年龄人脸识别技术，重点解决寻人场景中婴幼儿被拐的情况。2019 年 4 月，优图与腾讯守护者计划联合团队先后协助四川、广东深圳两地警方开展专项行动，成功找回多名被拐 10 年以上的儿童，其中被拐最长时间已达 18 年。截至 2019 年 9 月，使用该技术的福建省公安厅"牵挂你"防走失平台累计找回 1081 多人。

在可持续发展方面，目前，人类和地球在食物、能源、水等资源领域面临巨大挑战，饥饿和营养不良至今仍在影响着地球 20 多亿人，人类正以前所未有的速度消耗着石油、天然气和煤炭资源。到 2030 年将有相当比例的世界人口居住在高度水短缺的地区。

人工智能等新兴技术可以为人类的可持续发展提供可靠的支持。腾讯首席探索官 David Wallerstein（网大为）认为："科技的发展必须用于解决地球所面临的最大挑战。也就是食物、能源和水资源，FEW（Food，Energy，Water），这些问题是人类未来需要面对的最重要、最基础的问题。同时，FEW 是环环相扣的，一个领域的问题得到解决的同时，另一个领域的问题也得到了解决，一个领域的失败，都可能会使链条上的其他领域变得更加脆弱。"因此，网大为发起"AI for FEW"项目，旨在利用 AI 技术解决地球级挑战。

腾讯以此也向国际社会提出"AI for FEW"倡议。2019 年 4 月 3 日，联合国人居署与腾讯在纽约联合国总部共同举办主题研讨会，探讨人类所面临的最基础的挑战，以及如何利用人工智能等新兴技术提供解决方案，创新高效地实现可持续发展目标。联合国人居署执行主任、联合国副秘书长 Maimunah Mohd Sharif、

联合国人居署助理秘书长 Victor Kisob，以及多国大使、新兴科技企业代表、可持续发展研究专家参加研讨。

三、企业成为技术创新和产业带动的主体

以企业为主体、政府宏观指导、市场为导向、学校科研机构为基础力量、产学研深度融合、金融用户力量充分发挥的数字科技创新体系正在构建。民营企业将在国家战略科技创新研发中扮演更重要的角色。

在联合科研方面，腾讯与清华大学、北京大学、哈尔滨工业大学、华中科技大学、香港科技大学和新加坡南洋理工大学成立联合实验室，携手推动前沿技术研究与产学融合实践，取得了较好的预期成果。

人工智能领域成为民营企业发挥科技创新优势的重要战场。腾讯成立了 AI Lab、AI 平台部、优图实验室、微信智聆语音实验室、医疗 AI 实验室等，专注于机器学习、计算机视觉、语音识别及自然语言处理等领域研究和应用落地工作，并提出了"学术上有影响，工业上有产出"的要求。截至 2020 年 3 月，腾讯拥有 AI 全球专利超过 6500 个，中国专利超过 5000 个。在国际顶级 AI 学术会议或期刊中表论文数量近 460 篇，位居国内企业前列。2018 年 10 月，腾讯获批承建"医疗影像国家新一代人工智能开放创新平台"（以下简称"平台"）。获批后，腾讯从创新创业、全产业链合作、学术科研、惠普公益四个维度开展平台建设，构建了一个医疗机构、科研团体、器械厂商、AI 创业公司、信息化厂商、高等院校、公益组织等多方参与、多方受益的开放平台，共同推进 AI 技术在智慧医疗领域的探索和应用。

民企在畅通科研转化链路、深耕前沿科技突破等方面发挥重要作用。

腾讯一直关注人才生态环境的建设并积极推动国家人才教育的改革。自 2006 年起，腾讯先后在全国 21 所高校成立了"腾讯创新俱乐部"，并通过举办派校园大赛、T 派公开课、T 派夏令营以及腾讯大讲堂、校园优才计划等活动，为在校大学生提供学习先进技术、体验开放文化及个人实践成长的平台，帮助学生跨出迈向互联网梦想的第一步。同时，腾讯聚焦国家创新人才的培养及教育改革的推动，率先同清华大学共建"国家工程实践教育中心"，连续举办了五届"腾讯校园之星互联网应开发大赛""T 派移动互联网创新创业大赛""QQ 浏览器杯 T 派创新创业大赛"以及"微信公众平台创新大赛"等校园竞赛。作为战略合作伙伴，腾讯全面支持"中国'互联网+'大学生创新创业大赛"，为众多学生提供了独具发展潜力的创新创业平台。

2017 年 4 月，腾讯与教育部签署战略合作备忘录。在教育部的指导下，与我

国高校在"新工科"人才培养、创新创业教育改革及教育信息化建设等方面继续开展合作，目前已与上海交通大学、北京航空航天大学、复旦大学、天津大学和西安电子科技大学等高校签署新工科建设合作备忘录。

专栏17-7：产教融合优秀案例

　　通过借助腾讯公司在移动计算、云计算、人工智能、大数据领域打造的平台和积累的技术资源以及在"互联网＋"时代产品开发、推广以及高效运营的经验，结合高校的雄厚人才基础和丰富教学经验，腾讯梳理了相关专业的课程内容、课程体系、人才培养模式，探索培养符合以新技术、新业态、新产业、新模式为特点的新经济要求的新一代创新型工程科技人才方式、方法、模式和内容，包括与武汉大学开展"基于产学研合作的高校电子竞技创新创业教育体系建设"，与北京邮电大学开展"基于腾讯开放资源的创新创业课程体系建设"，与上海交通大学开展"基于上海交通大学双创示范基地的游戏行业人才培养体系建设"等。

　　此外，腾讯还通过设立犀牛鸟基金、犀牛鸟专项研究计划等方式与海内外学界专家展开前沿技术的交流，与全球超过100所高校进行科研联合项目合作，共同探索产学研合作创新的有效路径。腾讯通过犀牛鸟基金鼓励和帮助中青年骨干教师开展科研项目，也产出了大量优质专利。在腾讯成立20周年之际，由腾讯公司董事会主席兼首席执行官、腾讯基金会发起人马化腾，与北京大学教授饶毅，携手杨振宁、毛淑德、何华武、邬贺铨、李培根、陈十一、张益唐、施一公、高文、谢克昌、程泰宁、谢晓亮、潘建伟等知名科学家共同发起"腾讯科学探索奖"。每位获奖者将连续5年获得总计税后300万元的奖金，奖项启动资金由腾讯基金会资助。"腾讯科学探索奖"奖励的是科技工作者所从事的基础科学和前沿核心技术未来发展的可能，看中潜力而非仅仅关注当下。自2019年来，已连续举办两届，共产生100位获奖者，可以说选出了一批有潜力的青年科学家。

　　在学术交流方面，腾讯积极展开与IEEE、ACM、中国计算机学会和中国电子学会等海内外学术团体的合作与交流，建立战略合作关系，并参与支持顶级学术会议及其国内论文预讲会。腾讯自2011年开始持续赞助"CCF终身成就奖"，支持老一辈科学家精神的传承。

　　国家积极布局新基建，给数字经济注入了强劲的发展势能，对产业互联网的算法、算力、安全提出了更高要求，各行业的数字化转型都要依靠科技的力量，产业的诸多难题解决依赖于技术的突破。在当前复杂多变的国际竞争态势中，作为数字科技龙头企业，做好自己的事情、实现科技自立自强是最根本、最重要的，企业要继续坚持需求导向和问题导向，发挥企业技术创新主体作用，推动创新要素向企业集聚，促进产学研深度融合，整体提升产业的科技创新合力，强化国家科技战略力量的建设。

产业数字化转型：战略与实践

书号：978-7-111-65667-8 作者：中国科学院科技战略咨询研究院课题组 定价：89.00元

　　聚焦产业数字化转型，从理论篇和实践篇两个部分展开研究。理论篇对中国产业数字化转型的战略和政策进行了整体梳理，涵盖产业数字化转型的内涵外延、理论机理、战略理念、贡献测算、指数评价；实践篇分别选取汽车、物流和医疗三大产业领域进行了产业路径和模式研究，涵盖产业数字化转型的全球经验、国内现状、发展思路、主要任务、政策建议，是对中国产业数字化转型2.0的深入全面研究

数字时代的企业AI优势：IT巨头的商业实践

书号：978-7-111-65877-1 作者：[美]托马斯·H. 达文波特 译者：李毅 定价：89.00元

　　本书不仅概述了统计机器学习、神经网络、深度学习、自然语言处理（NLP）、基于规则的专家系统、物理机器人以及机器人过程自动化（RPA）等强大的技术，更解释了它们是如何使用的，以及大型商业企业（如亚马逊、谷歌、脸书）所做的人工智能工作，并概述了成为认知型企业的战略和步骤。适合管理者、CEO和那些为他们的企业寻找人工智能开发指南的人阅读。这本书主要关注企业如何利用人工智能/认知技术来获得商业利益和竞争优势。